高等职业教育“十四五”规划畜牧兽医宠物大类新形态纸数融合教材

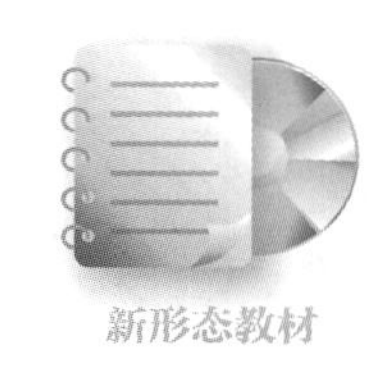

动物繁殖技术

DONG WU FAN ZHI JI SHU

主　编　赵青松　许　芳　杜晨光

副主编　李福泉　刁云飞　周凌博　伍维高　王　勤

编　者　（按姓氏笔画排序）

丁　玫　贵州农业职业学院
刁云飞　吉林农业科技学院
王　勤　达州职业技术学院
伍维高　湖南环境生物职业技术学院
许　芳　贵州农业职业学院
杜晨光　内蒙古农业大学职业技术学院
李志惠　贵州农业职业学院
李福泉　内江职业技术学院
宋艳画　河南农业职业学院
周凌博　娄底职业技术学院
周家炳　达州职业技术学院
郑　娟　湖北三峡职业技术学院
赵青松　湖北三峡职业技术学院
海日汗　内蒙古农业大学职业技术学院

華中科技大學出版社
http://www.hustp.com
中国·武汉

内容简介

为适应新时期高素质新型农牧人才培养的需求，全面落实《高等学校课程思政建设指导纲要》和加强涉农院校耕读教育的指示精神，根据“三教”改革提出的开发新形态教材的要求，以动物繁育员的岗位标准为指导编写了本教材。

本教材内容主要包括动物生殖器官，生殖激素及其应用，母畜的发情，人工授精，受精、妊娠与分娩，繁殖控制技术和动物繁殖管理技术 7 个教学项目，共计 22 个工作任务和 17 项技能训练。本教材充分发挥院校联合编写的优势，收集、整理了丰富的数字化学习资源，通过直观真实的感知加深了学生对理论知识的理解，突破重难点。同时，通过视频或动画的形象演示提高学生的动手能力和模仿能力，以更好地体现职业性、实践性和开放性。

本教材可供高职高专、成人教育畜牧兽医类专业学生使用，也可作为企业管理人员、技术人员及养殖人员的培训教材和参考书。

图书在版编目(CIP)数据

动物繁殖技术/赵青松，许芳，杜晨光主编. —武汉：华中科技大学出版社，2022.7(2022.8 重印)
ISBN 978-7-5680-8385-0

Ⅰ. ①动… Ⅱ. ①赵… ②许… ③杜… Ⅲ. ①动物-繁殖 Ⅳ. ①S814

中国版本图书馆 CIP 数据核字(2022)第 106357 号

动物繁殖技术 赵青松 许 芳 杜晨光 主编
Dongwu Fanzhi Jishu

策划编辑：罗 伟
责任编辑：罗 伟
封面设计：廖亚萍
责任校对：刘 竣
责任监印：周治超
出版发行：华中科技大学出版社(中国·武汉) 电话：(027)81321913
武汉市东湖新技术开发区华工科技园 邮编：430223
录 排：华中科技大学惠友文印中心
印 刷：武汉市籍缘印刷厂
开 本：889mm×1194mm 1/16
印 张：13.5
字 数：405 千字
版 次：2022 年 8 月第 1 版第 2 次印刷
定 价：49.80 元

高等职业教育“十四五”规划
畜牧兽医宠物大类新形态纸数融合教材

编审委员会

网络增值服务

使用说明

欢迎使用华中科技大学出版社医学资源网 yixue.hustp.com

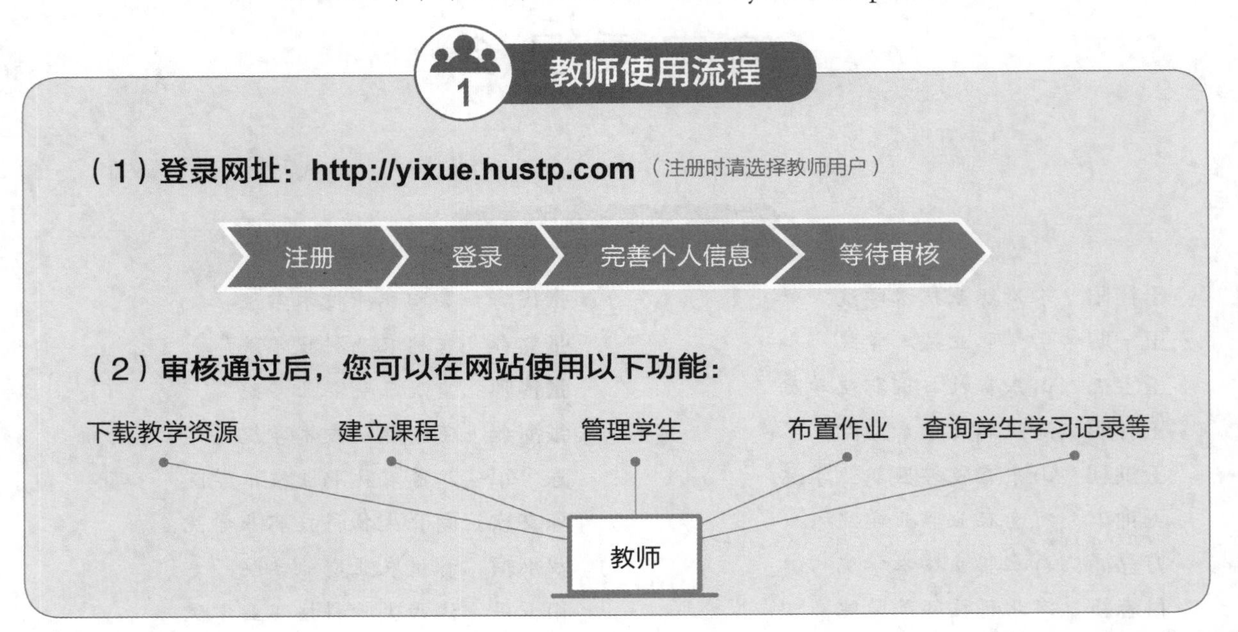

（建议学员在PC端完成注册、登录、完善个人信息的操作）

（1）PC 端操作步骤

① 登录网址：http://yixue.hustp.com（注册时请选择普通用户）

注册 → 登录 → 完善个人信息

② 查看课程资源：（如有学习码，请在个人中心－学习码验证中先验证，再进行操作）

（2）手机端扫码操作步骤

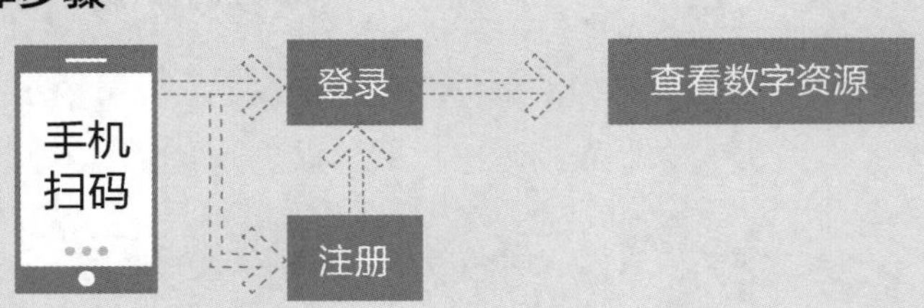

随着我国经济的持续发展和教育体系、结构的重大调整，尤其是2022年4月20日新修订的《中华人民共和国职业教育法》出台，高等职业教育成为与普通高等教育具有同等重要地位的教育类型，人们对职业教育的认识发生了本质性转变。作为高等职业教育重要组成部分的农林牧渔类高等职业教育也取得了长足的发展，为国家输送了大批"三农"发展所需要的高素质技术技能型人才。

为了贯彻落实《国家职业教育改革实施方案》《"十四五"职业教育规划教材建设实施方案》《高等学校课程思政建设指导纲要》和新修订的《中华人民共和国职业教育法》等文件精神，深化职业教育"三教"改革，培养适应行业企业需求的"知识、素养、能力、技术技能等级标准"四位一体的发展型实用人才，实践"双证融合、理实一体"的人才培养模式，切实做到专业设置与行业需求对接、课程内容与职业标准对接、教学过程与生产过程对接、毕业证书与职业资格证书对接、职业教育与终身学习对接，特组织全国多所高等职业院校教师编写了这套高等职业教育"十四五"规划畜牧兽医宠物大类新形态纸数融合教材。

本套教材充分体现新一轮数字化专业建设的特色，强调以就业为导向、以能力为本位、以岗位需求为标准的原则，本着高等职业教育培养学生职业技术技能这一重要核心，以满足对高层次技术技能型人才培养的需求，坚持"五性"和"三基"，同时以"符合人才培养需求，体现教育改革成果，确保教材质量，形式新颖创新"为指导思想，努力打造具有时代特色的多媒体纸数融合创新型教材。本教材具有以下特点。

(1)紧扣最新专业目录、专业简介、专业教学标准，科学、规范，具有鲜明的高等职业教育特色，体现教材的先进性，实施统编精品战略。

(2)密切结合最新高等职业教育畜牧兽医宠物大类专业课程标准，内容体系整体优化，注重相关教材内容的联系，紧密围绕执业资格标准和工作岗位需要，与执业资格考试相衔接。

(3)突出体现"理实一体"的人才培养模式，探索案例式教学方法，倡导主动学习，紧密联系教学标准、职业标准及职业技能等级标准的要求，展示课程建设与教学改革的最新成果。

(4)在教材内容上以工作过程为导向，以真实工作项目、典型工作任务、具体工作案例等为载体组织教学单元，注重吸收行业新技术、新工艺、新规范，突出实践性，重点体现"双证融合、理实一体"的教材编写模式，同时加强课程思政元素的深度挖掘，教材中有机融入思政教育内容，对学生进行价值引导与人文精神滋养。

(5)采用"互联网+"思维的教材编写理念，增加大量数字资源，构建信息量丰富、学习手段灵活、学习方式多元的新形态一体化教材，实现纸媒教材与富媒体资源的融合。

(6)编写团队权威，汇集了一线骨干专业教师、行业企业专家，打造一批内容设计科学严谨、深入浅出、图文并茂、生动活泼且多维、立体的新型活页式、工作手册式、"岗课赛证融通"的新形态纸数融合教材，以满足日新月异的教与学的需求。

本套教材得到了各相关院校、企业的大力支持和高度关注，它将为新时期农林牧渔类高等职业教育的发展做出贡献。我们衷心希望这套教材能在相关课程的教学中发挥积极作用，并得到读者的青睐。我们也相信这套教材在使用过程中，通过教学实践的检验和实践问题的解决，能不断得到改进、完善和提高。

高等职业教育"十四五"规划畜牧兽医宠物大类
新形态纸数融合教材编审委员会

动物繁殖技术是涉农类高等职业院校畜牧兽医类专业的一门主干课程。本教材依据《教育部关于加强高职高专教育人才培养工作的意见》《关于加强高职高专教育教材建设的若干意见》和《高等学校课程思政建设指导纲要》的指示精神组织编写，适用于2～3年制的畜牧兽医专业及其相近专业的学生，也适合作为动物医学专业（宠物方向）开设选修课的教材。

习近平总书记在全国高校思想政治工作会议上作重要讲话时指出：要坚持把立德树人作为中心环节，要用好课堂教学这个主渠道，把思想政治工作贯穿教育教学全过程，实现全程育人、全方位育人，努力开创我国高等教育事业发展新局面。在本教材编写中，我们始终秉承这一重要讲话精神，落实立德树人根本任务，将价值塑造、知识传授和能力培养三者有机融合，寓价值观引导于知识传授和能力培养之中，帮助学生塑造正确的世界观、人生观和价值观。

本教材在课程内容的选择上以"应用"为主旨和特征，突出实用性和实践性，紧扣工作实际过程和规程来编写内容，对于相对独立完整的工作过程，依照任务的具体步骤、操作要领、注意事项仿工作手册进行叙述，直观通俗、简单明了，力求让学生能够现学现做，知行合一。

本教材内容包括绪论和7个项目。其中绪论由赵青松编写，项目一由宋艳画、郑娟编写，项目二由周凌博编写，项目三由许芳、丁玫、李志惠编写，项目四由李福泉、赵青松编写，项目五由刁云飞编写，项目六由杜晨光、海日汗编写，项目七由伍维高、王勤、周家炳编写。

我国幅员辽阔，各地动物资源种类不一，养殖模式各有特色，对人才的需求也不尽相同。使用本教材时，可根据地域实际情况来选取或调整教学内容。实验实习、技能训练、技能考核也宜因地因校有选择地安排。本教材得到华中科技大学出版社的大力支持，在此谨表由衷的感谢。

本教材的编写力求做到结构紧凑、文字精练、通俗易懂、特色鲜明，但由于编者水平有限，错误和不当之处在所难免，欢迎广大读者提出宝贵的意见和建议。

编　者

目录

绪　　论

扫码学课件
绪论

学习目标

▲知识目标

1. 了解动物繁殖的含义及其技术应用对动物生产的意义。
2. 了解本课程的学习内容及任务。

▲技能目标

1. 能够走访调查本地区主养动物繁殖技术的推广利用情况。
2. 能够对动物繁殖技术的利用情况提出合理化建议。

▲思政目标

1. 具有良好的职业道德意识和爱岗敬业精神。
2. 具有热爱科学、求真务实的学风和创新意识，具备进一步学习和创业的能力。
3. 树立工匠精神、农业情怀、不惧苦累、甘守寂寞的职业理念。
4. 谈成就，树立“四个自信”；讲差距，担民族复兴大任。

一、动物繁殖的含义

动物繁殖是动物通过产仔或产卵制造与自身类似新个体的过程，是物种延续的最基本的生命活动。就个体而言，繁殖过程是暂时的，非动物维持生命所必需；但就物种而言，繁殖过程是永久的，是物种存在和延续必不可少的。

二、繁殖技术对动物生产的意义

动物繁殖是动物界所有物种具有的普遍现象，尽可能多地繁衍后代来扩大种群和延续种族是物种的本能特征之一。但对动物生产而言，动物繁殖及其技术应用的意义远大于此。

1. 提高生产效率　在动物生产中，应用繁殖管理技术合理调整畜群结构，或应用先进的繁殖技术提高公畜和母畜繁殖力，均可显著提高动物生产的效率。

2. 提高畜种质量　繁殖是动物育种的关键环节之一，应用先进的繁殖技术既可加快育种进程，又可提高优秀种畜的利用率，从而大大提高动物的生产质量。在我国瘦肉型猪、优质细毛羊、中国荷斯坦奶牛等新品种的成功培育中，先进的繁殖技术起着重要作用。

3. 减少生产资料占有量　在动物生产过程中，种公畜和种母畜都是重要的生产资料。应用人工授精、胚胎移植、显微受精、体外受精、克隆等先进的繁殖技术提高种畜利用率后，种畜饲养量减少，生产成本降低，不仅可以提高动物生产经济效益，还可减少饲草、饲料资源的占用量，对保护生态环境、促进资源的合理利用具有重要意义。

三、本课程的学习任务和内容

学习本课程可以让学生掌握动物生殖生理的普遍规律及其种属特征，使其能够运用这些规律去指导动物的繁殖实践，保持动物正常的生理机能和繁殖能力。同时，通过学习现代繁殖技术的相关理论和操作技术，进而调整或控制繁殖的某些生理过程，以最大限度地挖掘动物繁殖潜力，为社会提供量多质优的动物产品。

Note

本课程的主要内容包括以下三个方面。

1. 生殖生理　生殖生理是动物繁殖技术的理论基础，其主要内容是阐述动物各种生殖活动（包括性别分化、配子的发生、性成熟、发情、受精、妊娠、分娩、泌乳和性行为等）的生理、内分泌调节机理和各种影响因素，并对生殖器官、生殖细胞的形态结构和生化特性进行描述与分析。

2. 繁殖技术　繁殖技术是在认识生殖规律的基础上，为提高动物繁殖力所采取的技术手段，包括同期发情、超数排卵、胚胎移植、人工授精、体外受精、显微受精、胚胎分割、性别控制、动物克隆、发情鉴定、妊娠诊断、生殖免疫等。其中人工授精和发情鉴定等技术在现代畜牧业生产中发挥着极其重要的作用，尤其人工授精技术是迄今为止应用最广泛并最有成效的繁殖技术。

3. 繁殖管理　繁殖管理主要学习动物繁殖力的评价和影响因素，繁殖障碍的诊治以及提高繁殖力的措施等。

四、我国动物繁殖技术的应用与进展

1780 年意大利生物学家 Spallanzani 成功进行了犬的人工授精试验。此后，人工授精技术就逐渐在畜牧生产中得以推广和应用。至 20 世纪中期，人工授精技术已成为动物改良的重要手段，并在畜牧业生产中产生了巨大的经济效益和社会效益。

我国猪的人工授精于 20 世纪 50 年代在广西试点。改革开放以后，广东省一批高水平猪场率先尝试使用猪人工授精技术，并积极接受与应用国外先进理念和技术。至 20 世纪 90 年代，广东、广西开始全面推广猪人工授精技术。2007 年，中央出台政策大力开展猪人工授精，以及促进生猪遗传改良的良种补贴项目，为猪人工授精技术推广工作开启了新篇章。2018 年，我国发生了非洲猪瘟疫情，疫情的扩散和蔓延给我国的生猪养殖业带来了重大损失，也让生猪养殖模式和技术发生了重大变革。现代化公猪站、猪冷冻精液、子宫深部输精技术等繁殖新技术得到了快速发展。

20 世纪 60 年代我国开始普及奶牛的新鲜精液人工授精技术，从 1977 年开始在全国推广牛的冷冻精液。此后，奶牛的人工授精基本得到普及，只是配种所需的冻精较大程度上依赖进口。至 2019 年，全国肉牛开始普及冻精配种，共有 38 个种公牛站，全年生产肉牛冻精 3151.7 万支，同比增长 20.3%。随着流式细胞仪（X、Y 精子分离仪）的应用技术日臻成熟，国内肉牛和奶牛均已广泛推广性控冻精，有效探索了性别控制技术。

羊的人工授精在我国起步较早，新中国成立之后即引进苏联绵羊人工授精技术，用于西北等地区绵羊的繁殖与品种改良工作，至 1972 年，绵羊人工授精技术在西北地区已较普及，情期受胎率达 50%～70%。随着繁殖技术的不断发展，羊的人工授精技术经历了采鲜精输精→稀释精液输精→冷冻精液输精→腹腔镜子宫输精的过程，推广应用更为普遍。同时，结合人工催情技术，情期受胎率也达到 80%以上。此后，人工授精在山羊中也成功推广应用。

随着科技的不断发展，动物繁殖技术的研究不断深入，繁殖技术的应用日益广泛。从常规的人工授精到胚胎移植和体外性控胚胎生产等一系列高新技术的应用，使得动物繁殖的速度更快，生产性能更高，繁殖准确性更好，给畜牧业带来了巨大的经济效益和社会效益，为畜牧业的现代化发展提供了强劲动力和竞争力。

Note

项目一　动物生殖器官

学习目标

▲知识目标

1. 通过标本或图片掌握雄性、雌性动物生殖器官的组成、形态结构和生理功能。
2. 通过观察睾丸和卵巢的组织切片或图片，了解精子和卵子的形成过程，掌握精子和卵子的基本结构与生理特性。
3. 熟悉精液的组成及理化特性。
4. 掌握外界因素对精子活力的影响。

▲技能目标

1. 能够正确识别雄性、雌性动物生殖器官浸制标本的部位名称。
2. 能够正确绘制或标注动物生殖系统的结构图。
3. 能够正确绘制或描述睾丸和卵巢的组织切片图。
4. 能够利用所学知识在实习实训期间实施雄性去势术，在人工授精、生殖器官检查操作时能准确找到相关解剖位置。

▲思政目标

1. 具有科学求实的精神和态度。
2. 具有胆大心细、敢于动手的工作态度。
3. 具有规范操作、严格消毒的专业意识。
4. 注重团队合作，遵守工作纪律。
5. 注重理论与生产实际相结合，重视问题，解决问题。
6. 树立良好的职业道德意识、艰苦奋斗的作风和爱岗敬业的精神。

任务一　雄性动物的生殖器官

扫码学课件
任务 1-1

任务分析

雄性动物的生殖器官任务单

任务名称	雄性动物的生殖器官	参考学时	2 学时
学习目标	1. 掌握雄性动物生殖器官的组成、形态结构和生理功能。 2. 掌握睾丸、曲精细管的组织结构和生理功能。		
完成任务	利用实训室或实训基地，按照操作规程完成任务。 1. 观察雄性动物生殖器官的浸制标本，能够正确描述各部位的名称。 2. 观察睾丸的组织切片，绘制睾丸的组织结构图。 3. 绘制雄性动物生殖器官的结构图，并正确标注各部位的名称。		

Note

续表

<table>
<tr><td>学习要求
（育人目标）</td><td colspan="3">1. 具有科学求实的精神和态度。
2. 具有胆大心细、敢于动手的工作态度。
3. 具有规范操作、严谨端正的专业意识。
4. 注重团队合作，遵守工作纪律。
5. 注重理论与生产实际相结合，重视问题，解决问题。
6. 树立良好的职业道德意识、艰苦奋斗的作风和爱岗敬业的精神。</td></tr>
<tr><td rowspan="2">任务资讯</td><td colspan="2">资讯问题</td><td>参考资料</td></tr>
<tr><td colspan="2">1. 雄性动物生殖器官的构成和功能有哪些？
2. 不同雄性动物的生殖器官有哪些差异？
3. 对雄性动物进行去势的方式有哪些？</td><td>1. 线上学习平台中的 PPT、图片、视频及动画。
2. 倪兴军. 动物繁育[M]. 武汉：华中科技大学出版社，2018。
3. 杨利国. 动物繁殖学[M]. 3 版. 北京：中国农业出版社，2019。</td></tr>
<tr><td rowspan="3">考核标准</td><td>知识考核</td><td>能力考核</td><td>素质考核</td></tr>
<tr><td>1. 查阅相关知识内容和有关文献，完成资讯问题。
2. 准确完成线上学习平台的知识测试。
3. 规范完成任务报告。</td><td>1. 能够正确使用和识别雄性动物的生殖器官标本。
2. 规范使用显微镜，正确识别切片结构。
3. 规范绘制雄性动物的生殖器官结构图和组织切片图。</td><td>1. 遵守学习纪律，服从学习安排。
2. 积极动手实践，观察细致认真。
3. 操作规范、严谨，具有探索精神。</td></tr>
<tr><td colspan="3">结合课堂做好考核记录，按项目进行评价，考核等级分为优秀、良好、合格和不合格四种。其中优秀为 85～100 分，良好为 75～84 分，合格为 60～74 分，不合格为 60 分以下。</td></tr>
</table>

视频：公猫绝育术

视频：猪去势术

任务知识

动物繁殖活动的正常进行需要正常结构的生殖器官和正常运行的生理机能来保障，因此认识和熟悉动物生殖器官的构造和基本功能，是学习动物繁殖技术的重要基础。

一、雄性动物生殖器官的组成

雄性动物的生殖器官包括睾丸、附睾、阴囊、输精管、副性腺、尿生殖道、阴茎、阴囊等（图 1-1）。各种动物上述生殖器官的形态结构和生殖功能大致相同，但其大小、重量、结构和发育又各有其特点。

二、雄性动物生殖器官的形态、结构及功能

（一）睾丸

1. 睾丸的形态和位置 睾丸是雄性动物的性腺，正常哺乳动物的睾丸成对存在，分别位于腹壁外阴囊的两个腔内。雄性胎儿的睾丸在腹腔发育，于出生前后受睾丸引带和性激素的影响，由腹腔迁移至内侧腹股沟环，再通过腹股沟管降至阴囊内，此过程称为睾丸下降。睾丸下降的时间因动物种类而异，有时睾丸未降入阴囊，在出生后乃至成年仍位于腹腔内，这种现象称为隐睾。隐睾的动物睾丸内分泌机能不受影响，但精子的发生受到抑制。

不同动物睾丸的大小、重量随动物种类不同和体型大小而异（表 1-1）。猪、绵羊和山羊的睾丸相对重量较大，牛、马的左侧睾丸大于右侧。季节性繁殖的动物睾丸大小和重量有明显的季节性变化，绵羊在非繁殖季节的睾丸重量仅占繁殖季节的 60%～80%。

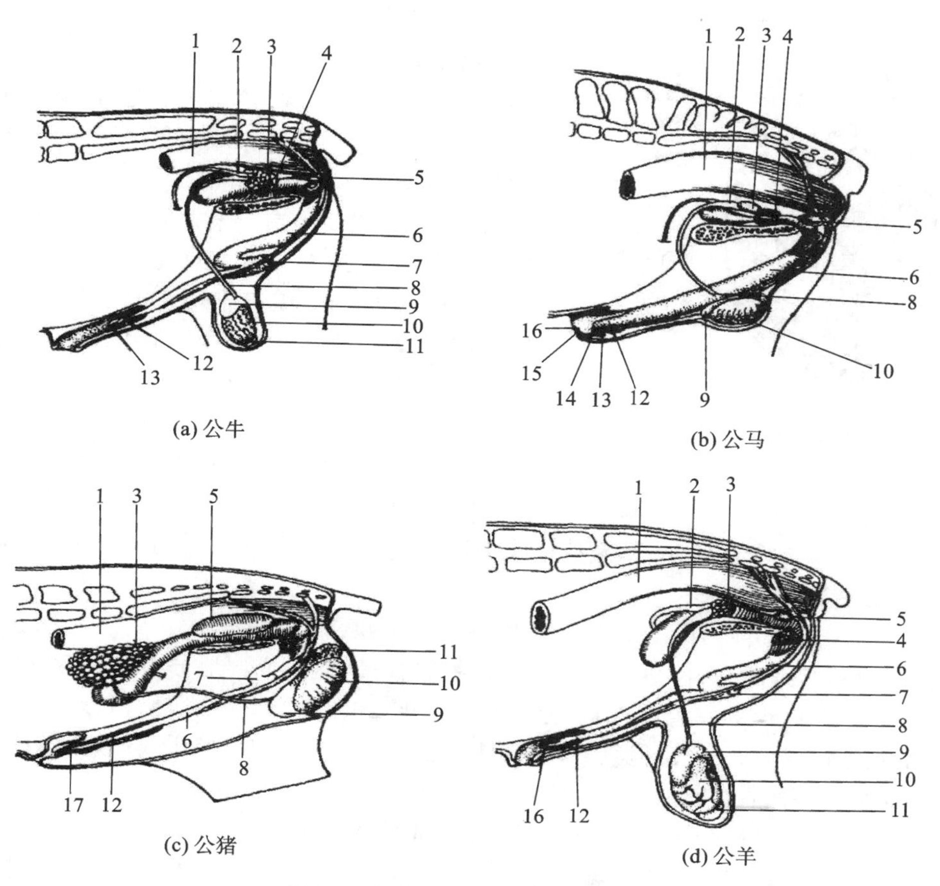

犬的生殖系统
扫码看彩图
图 1-1-1

猫的生殖系统
扫码看彩图
图 1-1-2

图 1-1 雄性动物生殖器官示意图

1.直肠 2.输精管壶腹 3.精囊腺 4.前列腺 5.尿道球腺 6.阴茎 7.S状弯曲 8.输精管 9.附睾头 10.睾丸 11.附睾尾 12.阴茎游离端 13.内包皮鞘 14.外包皮鞘 15.龟头 16.尿道突起 17.包皮憩室

表 1-1 各种动物睾丸重量比较表

动物种类	两个睾丸重量	
	绝对重量/g	相对重量(占体重百分比)/(%)
牛	550～650	0.08～0.09
水牛	500～650	0.069
牦牛	180	0.04
猪	900～1000	0.34～0.38
绵羊	400～500	0.57～0.70
山羊	150	0.37
马	550～650	0.09～0.13
驴	240～300	—
狗	30	0.32
猫	4～5	0.12～0.16
兔	5～7	0.20～0.30

睾丸呈卵圆形或长卵圆形，其中一端和附睾头相接触，称为头端，另一端为尾端。睾丸的一侧有附睾附着，为附着缘，另一侧为游离缘。各种动物睾丸长轴和阴囊位置各不相同。牛、羊睾丸的长轴和地面垂直，悬垂于腹下，附睾位于睾丸的后外侧缘，附睾头朝上、尾朝下；马、驴的睾丸长轴和地面平行，紧贴腹壁腹股沟区，附睾附着于睾丸的背外侧缘，头朝前、尾朝后；猪睾丸的长轴呈前低后高倾

扫码看彩图
图 1-2

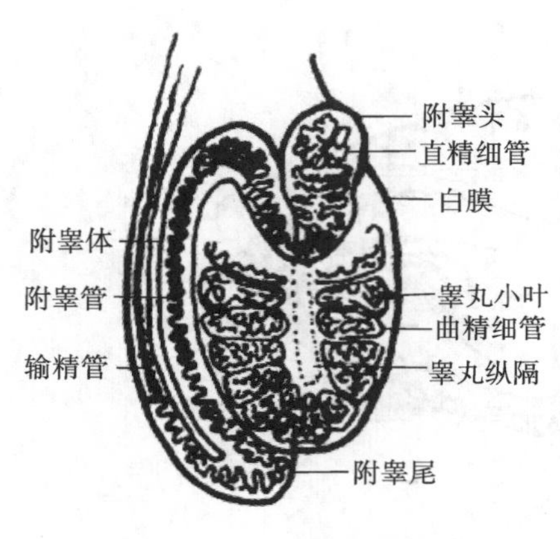

图 1-2　睾丸的组织构造图

斜位，位于肛门下方的会阴区，附睾位于背外侧缘，头朝前下方，尾朝后上方；犬、猫等肉食动物的睾丸位置相似，位于肛门下方的会阴区，附睾位于背外侧缘；兔睾丸位于股部后方肛门的两侧，在性成熟后才下降到阴囊内，且可再进入腹腔。

2. 睾丸的组织构造　睾丸的表面被覆以浆膜(即固有鞘膜)，其下为致密结缔组织构成的白膜，白膜由睾丸头端形成一条结缔组织索伸向睾丸实质，构成睾丸纵隔。纵隔向四周发出许多放射状结缔组织小梁直达白膜，称为中隔。中隔将睾丸实质分成上百个锥形小叶，小叶的尖端朝向睾丸的中部，基部坐落于白膜。每个小叶内有一条或数条盘曲的曲精细管，管腔内充满液体。曲精细管在各小叶的尖端先各自汇合成直精细管，穿入睾丸纵隔结缔组织内，形成弯曲的导管网，称作睾丸网(马无睾丸网)，为精细管的收集管，最后由睾丸网分出 10～30 条睾丸输出管，汇入形成附睾头的附睾管，如图 1-2 所示。

曲精细管的管壁自外向内由结缔组织纤维、基膜和复层生殖上皮构成。生殖上皮主要由生精细胞和支持细胞(也称足细胞)两种细胞构成。生精细胞数量较多，成群地分布在支持细胞之间，排列成 3～7 层，根据不同时期的发育特点，可分为精原细胞、初级精母细胞、次级精母细胞、精子细胞和精子。支持细胞体积较大而细长，但数量较少，呈辐射状排列在精细管壁中，分散在各期生精细胞之间，其底部附着在精细管的基膜上，游离端朝向管腔，顶端常有数个精子深入胞浆内。支持细胞对生精细胞起着支持、营养、保护等作用，支持细胞功能异常将影响精子的形成。

在睾丸小叶内的曲精细管之间有疏松结缔组织构成的间质，内含血管、淋巴管、神经和间质细胞等。其中的间质细胞能够分泌雄激素。

3. 睾丸的功能

(1) 生成精子　曲精细管内的生精细胞经过多次分裂及最后的变形，最终形成精子。每克睾丸组织平均每天能产生的精子数随动物种类不同而异：公牛为 1300 万～1900 万个，公猪为 2400 万～3100 万个，公羊为 2400 万～2700 万个，公马为 2400 万～3200 万个。

(2) 分泌雄激素　分布在曲精细管之间的睾丸间质细胞能分泌雄激素，可刺激及维持雄性其他生殖器官发育，促进和维持第二性征，激发雄性的性欲及性兴奋，维持精子发生及附睾中精子的存活等。

(3) 产生睾丸液　曲精细管和睾丸网产生的大量睾丸液，含有较高浓度的钙、钠等离子成分和少量的蛋白质成分，提供精子生存的环境，并有助于精子向附睾头移动。

(二) 附睾

1. 附睾的形态和位置　附睾附着于睾丸的附着缘，由头、体、尾三部分组成。头、尾两端粗大，体部较细。附睾头由睾丸网发出的 10～30 条睾丸输出管盘曲组成，借结缔组织联结成若干附睾小叶，再由附睾小叶联结成扁平而略呈杯状的附睾头，贴附于睾丸的前端或上缘，各附睾小叶管汇成一条弯曲的附睾管。弯曲的附睾管从附睾头沿睾丸的附着缘逐渐延伸为细长的附睾体，在睾丸的尾端扩张成附睾尾，其中的附睾管弯曲减少，最后逐渐过渡为输精管(图 1-2)。

2. 附睾的组织构造　附睾管壁由环形肌纤维和假复层柱状纤毛上皮构成，从组织学上可将附睾区分为三个区域，但与三个大体解剖区域不相一致。起始部柱状上皮细胞高，具有长而直的纤毛，管腔狭窄，管内精子很少；中段纤毛稍变短，管腔变阔，管内有较多精子存在；尾部纤毛很短，管腔很宽阔，管内充满精子。

3. 附睾的功能

(1) 促进精子成熟　从睾丸曲精细管生成的精子，刚进入附睾头时颈部常有原生质小滴，活动

微弱，几乎没有受精能力。精子在进入附睾后的运行过程中，原生质小滴向后移行，附睾内的物理、化学及生理特性使精子逐渐成熟，获得受精能力和向前直线运动能力。

附睾管分泌的磷脂和蛋白质包被在精子表面，形成脂蛋白膜保护精子，防止精子膨胀，抵抗外界环境的不良影响。附睾体分泌的前向运动蛋白，使精子的随机运动变成向前直线运动。精子表面的一些蛋白质在附睾中丢失或被改造，而附睾管分泌的一些蛋白质被整合到精子膜表面特异的区域，成为精子膜的一部分，使精子获得正常受精能力以及使受精卵正常发育的能力。

(2) 吸收和分泌作用　附睾头和附睾体的上皮细胞具有吸收功能，但99%的睾丸液在附睾头部被重吸收。来自睾丸的稀薄精清中的水分和电解质被吸收，使附睾尾的精子浓度大大提高。如牛的睾丸液中精子密度为1亿/mL，而在附睾尾中精子密度为50亿/mL。

附睾能分泌多种有机物质，如甘油磷酰胆碱、肉毒碱、糖蛋白、酸性磷酸酶、磷酸核苷酶、前向运动蛋白、唾液酸等，参与维持渗透压、保护精子及促进精子成熟。

(3) 储存作用　精子主要储存在附睾尾。成年公牛两侧附睾储存的精子数为700多亿，等于睾丸在3.6天所产生的精子数，其中约有54%储存在附睾尾；公猪附睾储存的精子数为2000亿左右，其中约70%储存在附睾尾。附睾的分泌作用和附睾中的弱酸性、高渗透压、较低温度和厌氧的内环境，使精子代谢和活动维持在很低的水平，故精子可在附睾储存较长时间。例如，牛精子在附睾尾储存60天仍有受精能力，但随着储存时间的延长，精子活力下降，并可导致畸形和死精子数增加。

(4) 运输作用　精子在附睾内缺乏主动运动的能力，附睾主要通过管壁平滑肌的收缩以及上皮细胞纤毛的摆动，将来自睾丸输出管的精子由附睾头运送至附睾尾。

(三) 阴囊

阴囊是腹壁形成的囊袋，由皮肤、肉膜、睾外提肌、筋膜和总鞘膜构成，包被着睾丸、附睾及部分输精管。阴囊具有温度调节作用，使睾丸保持低于体温的温度，通常为34～36 ℃，以保证精子正常生成。阴囊皮肤有丰富的汗腺，肉膜能调节阴囊壁的厚薄及表面积，并能改变睾丸和腹壁的距离。气温高时，肉膜及皮肤松弛，使睾丸位置下降，阴囊变薄，散热表面积增大；气温低时，阴囊肉膜和睾外提肌收缩，使睾丸上提，紧贴腹壁，阴囊皮肤紧缩变厚，减少散热。

(四) 输精管

1. 输精管的形态结构　输精管由附睾管延续而来，管壁由内而外分为黏膜层、肌层和浆膜层，与通往睾丸的神经、血管、淋巴管、睾内提肌一起组成精索。精索经腹股沟管进入腹腔，此后输精管单独分开向上进入骨盆腔，至膀胱背面，两侧输精管都进入尿生殖道皱襞内，并彼此靠拢，有的动物(如马、驴)输精管变粗形成输精管壶腹，其末端变细，与精囊腺的排泄管共同开口于精阜后端的射精孔。

2. 输精管的功能

(1) 输送精子　射精时，输精管肌层发生规律性收缩，使附睾尾和输精管内的精子排入尿生殖道。

(2) 分泌作用　壶腹部有丰富的分支管状腺，其分泌物也构成精清的一部分。马的壶腹部最发达，其次是牛、羊，猪和猫没有明显的壶腹部。马精液中的硫组氨酸，牛、羊精液中的部分果糖来自壶腹部。

(3) 储存、分解和吸收作用　壶腹部能储存少量精子，输精管也可分解和吸收死亡及老化的精子。

(五) 副性腺

副性腺包括精囊腺、前列腺、尿道球腺，由前向后依次排列(图1-3、图1-4)。射精时，其分泌物和输精管壶腹部的分泌物共同将来自附睾的高密度精子稀释，形成精液。副性腺的发育离不开雄激素的刺激作用，动物达到初情期后，其形态和机能迅速发育，去势和衰老的动物副性腺逐渐出现萎缩和机能丧失。

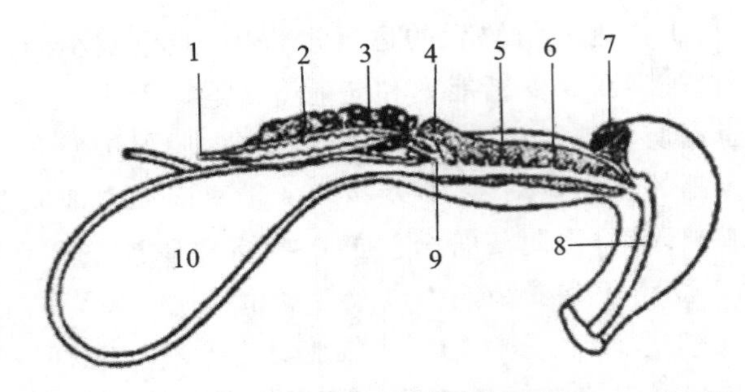

图 1-3　公牛尿生殖道骨盆部及副性腺(正中矢状面)

1. 输精管　2. 输精管壶腹　3. 精囊腺　4. 前列腺体部　5. 前列腺扩散部
6. 尿生殖道骨盆部　7. 尿道球腺　8. 尿生殖道阴茎部　9. 精阜及射精孔　10. 膀胱

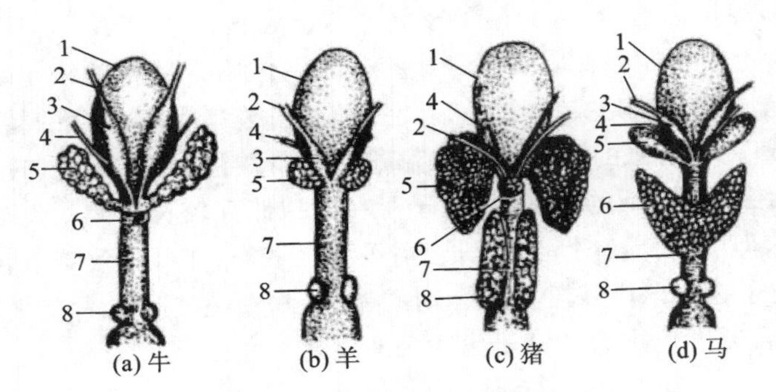

图 1-4　各种公畜的副性腺(背面观)

1. 膀胱　2. 输精管　3. 输精管壶腹　4. 输尿管　5. 精囊腺　6. 前列腺　7. 前列腺扩散部　8. 尿道球腺

1. 副性腺的形态和组织构造

(1) 精囊腺　精囊腺成对存在,位于输精管末端的外侧。各种动物中猪的精囊腺最大;牛、羊、猪的精囊腺为致密的分叶状腺体,腺体组织中央有一较小的腔;牛、羊精囊腺的排泄管和输精管共同开口于尿生殖道起始端顶壁上的精阜,猪则各自独立开口于尿生殖道。马的精囊腺为长圆形盲囊,其黏膜层含分支状的管状腺。犬、猫和骆驼没有精囊腺。

精囊腺分泌物为白色或黄色、偏酸性的黏稠液体,在精液中所占比例分别为:猪 25%~30%,牛 40%~50%。其成分中果糖和柠檬酸含量较高,其中果糖是精子的主要能量来源,柠檬酸和无机物共同维持精子的渗透压。

(2) 前列腺　位于精囊腺的后方,由体部和扩散部两部分组成。体部为分叶明显的表面部分,扩散部位于尿道海绵体和尿道肌之间,外观上看不到。前列腺为复管状腺,多个腺管开口于精阜的两侧。牛和猪体部小,扩散部较大;羊无体部,仅有扩散部,且被尿道肌包围;马的前列腺较发达,位于尿生殖道骨盆部背面,有两个侧叶与峡部相连。犬和猫的前列腺相对较大,两叶紧接,呈圆球状,位于耻骨前缘或膀胱颈部与尿道相连。

(3) 尿道球腺　又称考贝氏腺,成对位于尿生殖道骨盆部后端,坐骨弓背侧。猪的尿道球腺体积最大,呈棒状,表面有尿道肌覆盖;牛、羊的较小,呈球状,埋藏在球海绵体肌内。猪、牛、羊的尿道球腺两侧各有一个排出管,开口于尿生殖道背外缘顶壁中线两侧。马的尿道球腺比较发达,两侧各有 6~8 个排出管,开口形成两列小乳头。犬无尿道球腺,猫的尿道球腺形似豌豆,开口于阴茎脚。

2. 副性腺的机能

(1) 冲洗尿生殖道　在交配前阴茎勃起时所排出的少量液体,主要为尿道球腺分泌物,在精液排出前冲洗尿生殖道,避免精子通过时受到残留尿液等有害物质的影响。

(2) 稀释、营养、活化和保护精子　附睾排出的精子周围只有少量液体,副性腺分泌物将其稀释,扩大了精液容量。动物精液中,精清占精液容量的百分数:牛 85%、马 92%、猪 93%、羊 70%。精囊腺分泌物中的果糖是精子能量的主要来源。附睾中的精子在弱酸性环境中呈休眠状态,而副性

腺分泌物偏碱性，调节了精液的 pH 值，增强了精子的活动能力。副性腺分泌液中的柠檬酸盐和磷酸盐，具有缓冲作用，为精子提供良好的生存环境，可延长精子的存活时间，维持精子的受精能力。

（3）运送精子　精液的射出除借助附睾管、输精管、尿生殖道管壁平滑肌收缩以外，副性腺分泌液的流动也起到了推动作用。

（4）形成阴道栓，防止精液倒流　有些动物的精清有部分和全部凝固的现象，在自然交配时可防止精液倒流。这种凝固成分有的来自精囊腺（如马、小鼠），有的来自尿道球腺（如猪），并与酶的作用有关。

（六）尿生殖道

尿生殖道是雄性动物尿液和精液的共同通道，由骨盆部和阴茎部组成。骨盆部由膀胱颈直达坐骨弓，位于骨盆底壁，为短而粗的圆柱形，表面覆盖有尿道肌，前上壁有由海绵体组织构成的隆起，即精阜，其上有输精管、精囊腺的共同开口，尿生殖道后上方有尿道球腺的开口。精阜在射精时可膨大，关闭膀胱颈，阻止精液流入膀胱。在坐骨弓处，尿道阴茎部在左右阴茎脚之间膨大形成尿道球。阴茎部起自坐骨弓，止于龟头，位于阴茎海绵体腹面的尿道沟内，为细而长的管状，表面覆有尿道海绵体和球海绵体肌。尿生殖道管腔平时皱缩，射精和排尿时扩张。

（七）阴茎

阴茎是雄性动物的交配器官，主要由勃起组织及尿生殖道阴茎部组成。阴茎借左右阴茎脚（阴茎海绵体的起始部）附着于坐骨弓的腹后缘。阴茎的后端称阴茎根，前端称阴茎头（龟头）。阴茎体由背侧的两个阴茎海绵体及腹侧的尿道海绵体构成。除猫的阴茎向后开口于尾部阴囊下的包皮外，其他动物的阴茎向前延伸，开口于腹下的包皮。

各种动物的阴茎呈粗细不等的长圆锥形，龟头的形状各异（图 1-5）。马的阴茎较粗大，呈两侧稍扁的圆柱形，龟头钝而圆，外周形成龟头冠，腹侧有凹陷的龟头窝，窝内有尿道突。牛、羊阴茎较细，在阴囊后形成“S”状弯曲。牛的龟头较尖，沿纵轴略呈扭转形，在顶端左侧形成沟，尿道外口开口于此。羊的龟头呈帽状隆突，尿道前端突出于龟头前方，绵羊有长为 3～4 cm 呈扭曲状的突起，山羊的突起较短而直。猪的阴茎较细，在阴囊前形成“S”状弯曲，龟头呈螺旋状，并有一浅的螺旋沟。犬和猫的阴茎基部有一条长圆形的软骨，称为阴茎骨，无“S”状弯曲。犬的软骨外围有一圈特殊的海绵体结节，为茎球腺，在交配时充血膨大使阴茎难以从阴道中抽出。猫的龟头上有许多角质突起，在交配时对母猫有较强的刺激作用。

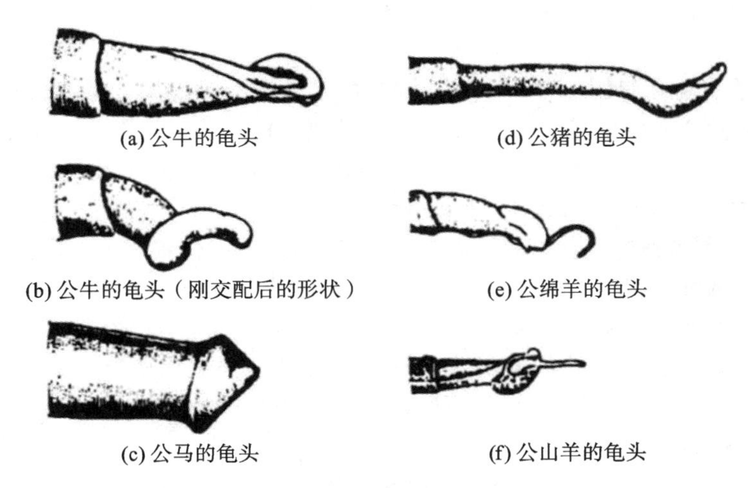

图 1-5　各种雄性动物的龟头

（八）包皮

包皮是由腹壁皮肤凹陷发育而成的阴茎套，分为内包皮和外包皮。阴茎缩在包皮内，勃起时内外包皮伸展被覆于阴茎表面。包皮的黏膜形成许多褶，并有许多弯曲的管状腺，分泌油脂性分泌物，这种分泌物与脱落的上皮细胞及细菌混合，形成带有异味的包皮垢，经久易引起龟头或包皮的炎症。马的包皮垢较多；牛的包皮较长，包皮口周围有一丛长而硬的包皮毛。牛、羊、猪包皮口较狭窄，排尿时阴茎藏在包皮内，但马和犬一般稍伸出。猪的包皮腔很长，包皮口上方形成包皮憩室，常聚集有尿和污垢，造成异味，公猪的这种气味具有性外激素的作用。公畜人工采精时为防止包皮垢污染精液须注意对生殖器官做好清洁。

雄性动物生殖器官的形态构造和睾丸组织切片观察

【目的要求】 认识各种雄性动物生殖器官的形态、结构及特点，并了解各部位主要功能，为采精、诊断和治疗疾病打好基础；观察睾丸的组织切片，了解睾丸的内部构造和精子的形成过程。

【材料用具】 各种雄性动物完整的生殖器官标本及模型，动物的睾丸组织切片、挂图（或幻灯片），显微镜、解剖刀、剪刀、镊子、探针、卡尺、解剖盘、纱布等。

【内容步骤】

一、雄性动物生殖器官的形态构造观察

（1）做好分组，准备好实训材料。

（2）观察各种雄性动物睾丸、附睾的形状及其相互关系和构造。睾丸成对存在，分别位于阴囊的两个腔内，呈卵圆形或长卵圆形。睾丸的一侧有附睾附着，为附着缘，另一侧为游离缘。附睾紧贴于睾丸的附着缘，可分为头、体、尾三部分。头部膨大，由睾丸输出管组成。睾丸输出管汇合成一条较粗而长的附睾管盘曲成附睾体和附睾尾，最后过渡为输精管。

通过观察图片、幻灯片，比较不同动物睾丸和附睾的位置、睾丸长轴的方向，通过标本观察不同动物睾丸的形状、大小，附睾的形态结构及附睾与睾丸和输精管的相互关系。

（3）观察输精管、精索及它们的相互关系。输精管由附睾管延续而来，经过腹股沟管进入腹腔，然后进入骨盆腔，绕过同侧的输尿管，在膀胱背侧的尿生殖褶内继续向后延伸变粗形成输精管壶腹。精索为连接睾丸与腹股沟管深环之间的一条扁平的圆锥形结构，其下端附着于睾丸和附睾上，上端进入腹股沟管，内有血管、神经、淋巴管、交感神经、提睾内肌和输精管。

通过图片结合标本观察输精管与附睾和尿生殖道的关系及位置，观察输精管在动物体的走向及不同位置的形态特点，比较各种雄性动物输精管壶腹的异同。观察精索与其他结构的位置关系及精索内的结构。

（4）观察雄性动物副性腺的位置、大小、形状及内部构造。雄性动物的副性腺包括精囊腺、前列腺、尿道球腺。精囊腺成对存在，位于输精管末端的外侧。前列腺位于精囊腺的后方，由体部和扩散部两部分组成。体部为分叶明显的表面部分，扩散部位于尿道海绵体和尿道肌之间，外观上看不到。尿道球腺成对位于尿生殖道骨盆部后端，坐骨弓背侧。

通过图片结合标本找到雄性动物副性腺各部分组成，观察其位置、大小和形态特点，比较不同雄性动物精囊腺、前列腺和尿道球腺的形态及大小差异，思考其形态特征与雄性动物精液量的关系。通过标本观察精囊腺、前列腺和尿道球腺的横断面及矢状面的特征，了解其内部结构。

（5）通过观察比较各种雄性动物的阴茎及龟头的形状。阴茎由阴茎根、阴茎体、龟头三部分组成。阴茎借助两个阴茎脚固定于坐骨弓，在两股之间沿下腹部伸向脐部，龟头位于其末端。阴茎由两个阴茎海绵体和腹面的尿道海绵体组成。

观察不同雄性动物阴茎的位置、形态，有无“S”状弯曲，观察阴茎与尿生殖道的关系。比较不同雄性动物龟头形态的差异。观察阴茎中段的横断面，观察其内部构造。

（6）观察完毕及时将标本放回标本缸中或用塑料纸包裹好，防止干燥，整理、清扫实训室。

二、睾丸组织切片的观察

（1）调试好显微镜，将睾丸组织切片放到载物台上，用压片夹压住。

(2) 低倍镜下观察睾丸组织切片。用低倍镜观察睾丸的白膜、纵隔，进一步找出并观察中隔、睾丸小叶及精细管横断面。白膜由致密结缔组织构成，其中有血管。睾丸小叶呈锥形，其内有若干精细管。精细管之间有血管、神经和间质细胞。精细管在各小叶尖端汇成一条直精细管，穿入睾丸纵隔的结缔组织，形成睾丸网，成为精细管的收集管，最后由睾丸网分出10～30条睾丸输出管，汇入附睾头的附睾管，通向输精管。

(3) 高倍镜下观察曲精细管及间质细胞。曲精细管的管壁自外向内由结缔组织纤维、基膜和复层生殖上皮构成。生殖上皮主要由生精细胞和支持细胞两种细胞构成。

①生精细胞：数量较多，成群地分布在支持细胞之间，大致排成3～7层。根据其发育阶段和形态特点可分为精原细胞、初级精母细胞、次级精母细胞、精子细胞和精子。

a. 精原细胞：位于精细管的最基层，紧贴基膜。常出现分裂现象，细胞体积较小，呈圆形，核大而圆，是形成精子的干细胞。

b. 初级精母细胞：位于精原细胞的内侧，排列成数层，也常出现分裂现象。细胞呈圆形，体积较大，核呈球形。其染色体因处于不同的活动期而呈细线状、棒状或粒状。在发育初期，其与精原细胞不易区别，随着精细胞的发育，位置向管腔移动而离开基膜，同时胞浆不断增多，胞体变大，具有明显的胞核，核内染色体的数目减少一半成为单倍体。

c. 次级精母细胞：位于初级精母细胞的内侧。体积较小，细胞呈圆形，核为球形，染色质呈细粒状。该细胞很快分裂成为两个精子细胞，因此在切片上很难见到。

d. 精子细胞：位于次级精母细胞的内侧，靠近精细管的管腔。常排列成数层，并且多集中在支持细胞游离端的周围。细胞体积更小，胞浆少，核小呈球形，着色深。精子细胞不再分裂，经过一系列的形态变化，即变为精子。

e. 精子：位于或靠近精细管的管腔内，有明显的头部和尾部，呈蝌蚪状。头部含有核物质，染色很深，常深入支持细胞的顶部胞浆中，尾部朝向管腔。精子发育成熟后脱离精细管的管壁，游离在管腔中，随后经睾丸网、睾丸输出管，汇入附睾管进入附睾。

②支持细胞：又称足细胞、塞托利氏细胞，体积大而细长，但数量较少。支持细胞呈辐射状排列在精细管中，分散在各期生殖细胞之间，其底部附着在精细管的基膜上，游离端朝向管腔，常有许多精子镶嵌在上面。由于它的顶端有数个精子深入胞浆内，故一般认为此种细胞对生精细胞起着支持、营养、保护等作用，支持细胞功能异常将影响精子的形成。

③间质和间质细胞：在睾丸小叶的精细管之间填充有结缔组织构成的间质，支持精细管的结构和功能。间质中有未分化的间充质细胞、淋巴细胞、肥大细胞、胶原纤维、弹性纤维和丰富的毛细血管、毛细淋巴管以及大量的间质细胞。间质细胞又称莱氏细胞，近乎椭圆形，核大而圆，常聚集存在。间质细胞具有分泌类固醇激素的细胞超微结构特征，即具有丰富的滑面内质网、线粒体和脂滴。

(4) 绘制睾丸组织切片图，观察完毕及时将组织切片放回切片盒，关闭显微镜，整理、清扫实训室。

三、作业

(1) 通过观察比较，讨论各种雄性动物生殖器官的形态、大小、相互关系以及在活体上的位置各有什么特点。

(2) 绘制任意一种雄性动物的生殖器官标本图。

(3) 绘制自己所观察的睾丸组织切片图。

展示与评价

雄性动物生殖器官的形态构造和睾丸组织切片观察评价单

技能名称	雄性动物生殖器官的形态构造和睾丸组织切片观察				
专业班级		姓名		学号	
完成场所		完成时间		组别	

续表

完成条件	填写内容:场所、动物、设备、仪器、工具、药品等			
操作过程描述				
操作照片	操作过程或项目成果照片粘贴处			
任务评价	小组评语	小组评价	评价日期	组长签名
	指导教师评语	指导教师评价	评价日期	指导教师签名
考核标准	优秀标准	合格标准	不合格标准	
	1. 操作规范,安全有序 2. 步骤正确,按时完成 3. 全员参与,分工合理 4. 结果准确,分析有理 5. 保护环境,爱护设施	1. 基本规范 2. 基本正确 3. 部分参与 4. 分析不全 5. 混乱无序	1. 存在安全隐患 2. 无计划,无步骤 3. 个别人或少数人参与 4. 不能完成,没有结果 5. 环境脏乱,桌面未收	

扫码学课件

任务 1-2

任务二　雄性动物的生殖生理

任务分析

雄性动物的生殖生理任务单

任务名称	雄性动物的生殖生理	参考学时	2 学时
学习目标	1. 了解精子的发生过程及形态结构。 2. 掌握精液的组成及理化特性。 3. 了解精子的运动与代谢形式,掌握影响精子活力的外界因素。		
完成任务	利用实训室或实训基地,按照操作规程完成任务。 1. 观察精子的形态结构图并能够正确绘制。 2. 能够利用仪器测定精液的理化指标。 3. 能够正确消除影响精子活力的不利条件。		

续表

<table>
<tr><td>学习要求
（育人目标）</td><td colspan="3">1. 具有科学求实的精神和态度。
2. 具有胆大心细、敢于动手的工作态度。
3. 具有规范操作、严谨端正的专业意识。
4. 注重团队合作，遵守工作纪律。
5. 注重理论与生产实际相结合，重视问题，解决问题。
6. 树立良好的职业道德意识、艰苦奋斗的作风和爱岗敬业的精神。</td></tr>
<tr><td rowspan="2">任务资讯</td><td>资讯问题</td><td colspan="2">参考资料</td></tr>
<tr><td>1. 精液的理化特性有哪些？
2. 精子有哪几种运动形式？
3. 简述影响精子活力的外界条件。</td><td colspan="2">1. 线上学习平台中的PPT、图片、视频及动画。
2. 倪兴军. 动物繁育[M]. 武汉：华中科技大学出版社，2018。
3. 杨利国. 动物繁殖学[M]. 3版. 北京：中国农业出版社，2019。</td></tr>
<tr><td rowspan="3">考核标准</td><td>知识考核</td><td>能力考核</td><td>素质考核</td></tr>
<tr><td>1. 查阅相关知识内容和有关文献，完成资讯问题。
2. 准确完成线上学习平台的知识测试。
3. 任务单学习和完成情况。</td><td>1. 能够正确绘制精子结构图。
2. 正确测量精液的理化指标。
3. 正确消除影响精子活力的不利条件。</td><td>1. 遵守学习纪律，服从学习安排。
2. 积极动手实践，观察细致认真。
3. 操作规范、严谨，具有探索精神。</td></tr>
<tr><td colspan="3">结合课堂做好考核记录，按项目进行评价，考核等级分为优秀、良好、合格和不合格四种。其中优秀为85～100分，良好为75～84分，合格为60～74分，不合格为60分以下。</td></tr>
</table>

任务知识

一、精子的发生和形态结构

精子是雄性动物到一定年龄后由精原细胞分化出来的特殊细胞，是含有遗传物质并有活动能力的雄性配子。

（一）精子的发生

在睾丸精细管内由精原细胞经精母细胞到精子的分化过程称为精子的发生（图1-6）。雄性动物出生时，精细管内还没有管腔，在精细管内只有性原细胞和未分化细胞（即支持细胞）。到一定年龄后（如牛在出生8周开始），精细管逐渐形成管腔，性原细胞开始变成精原细胞，精子的发生以精原细胞为起点。精细胞的分裂不同于体细胞，即自精原细胞起到最后变成精子，需经过复杂的分裂和形成过程，在此过程中染色体数目减半，细胞质和细胞核也发生明显变化。精子发生的整个过程，牛需60天、猪45天、羊49天。

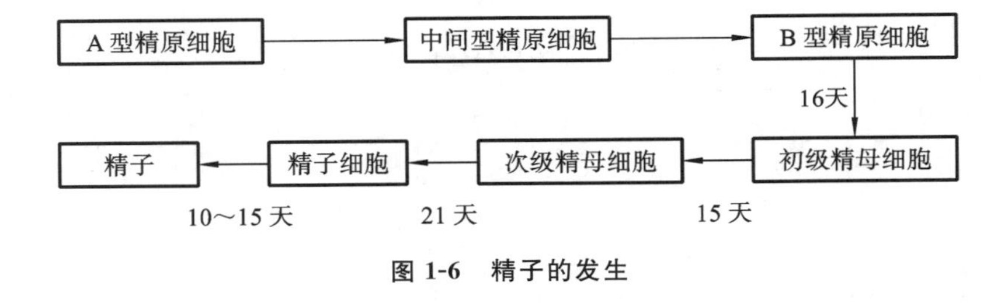

图1-6　精子的发生

（二）精子的形态和结构

哺乳动物成熟的精子外形似蝌蚪，其结构分为头部、颈部和尾部(图 1-7)。

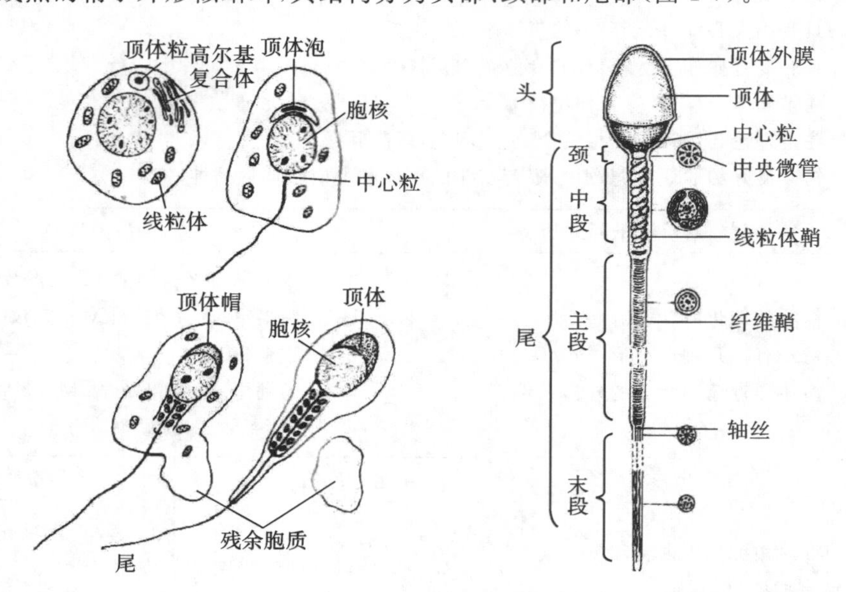

图 1-7　精子的形态结构图

1. 头部　哺乳动物精子的头部呈椭圆形，包括细胞核、顶体、核后帽、细胞质膜等结构。

(1) 细胞核　精子核内的染色体和 DNA 含量均只有体细胞的一半。含 DNA 的多少决定受精能力。

(2) 顶体　又称核前帽，呈细胞核前部质膜下呈帽状的双层结构。顶体内含有多种与受精有关的水解酶，如透明质酸酶和顶体素等。酶的活动在受精过程中能促进精子和卵子的结合，但其结构很不稳定，容易变形、缺损或脱落，从而使精子的受精能力降低或完全丧失。

(3) 核后帽　包在核后部分细胞膜上，与核前帽部分局部交叠，称核环。此部分如果对伊红和溴酚蓝易着色，则该精子为死精子，若不易着色则为活精子，据此可以鉴别精子死活。

(4) 细胞质膜　主要成分是含脂蛋白，耐酸不耐碱。

2. 颈部　连接头部和尾部，是精子最脆弱的部分，易脱落形成无尾精子。

3. 尾部　尾的鞭索状波动使精子向前推进。

二、精液的组成和理化特性

（一）精液的组成

精液由精子和精清两部分组成。精子在精液中占的比例很小。精液量的多少主要取决于副性腺分泌物的多少。精清是由睾丸液、附睾液、副性腺分泌物组成的混合液体。精清可以稀释和运送精子，供给精子营养，对精子起一定的缓冲作用。精液中 90%～98%是水分，干物质占 2%～10%，干物质中蛋白质占 60%左右，还含无机物、酶等。

通常牛和羊的射精量小，而精子的密度很大，猪和马则相反；禽类的射精量小，精子密度比家畜大(表 1-2)。

表 1-2　部分动物的射精量和精子密度

动物种类	一次射精量/mL	精子密度/($\times 10^8$/mL)
猪	250(150～500)	2.5(1～3)
牛	4(2～10)	10(2.5～20)
绵(山)羊	1(0.7～2)	30(20～50)

续表

动物种类	一次射精量/mL	精子密度/($\times 10^8$/mL)
马	70(30～300)	1.2(1～3)
鸡	0.8(0.2～1.5)	35(0.5～60)

（二）精液的化学成分及功能

1. 无机成分 阳离子以 K^+ 和 Na^+ 为主，精子内的 K^+ 的浓度比精液的高，而钠和钙的浓度则相反。精清中含适量的 K^+ 可保持精子有活力，如不含 K^+ 则精子丧失活力。Na^+ 常与柠檬酸结合，维持精液渗透压，Cl^- 和 PO_4^{3-} 是主要的阴离子。

2. 有机成分

(1) 糖类 精液中含有的糖主要是果糖，而且大多数来源于精囊腺(果糖的分解产物为丙酮酸，并且释放能量，在射精的瞬间给精子能量，射精后很快从精清中消失)，果糖在牛、绵羊、人精液中浓度高，而在马、猪、犬中则很低。精液中无葡萄糖，但精液中的果糖由血液中的葡萄糖转化而来。精液中还含有几种糖醇，而以山梨醇和肌醇为代表，来源于精囊腺，山梨醇可以被精子氧化成果糖，同时可以由果糖还原而成。肌醇在猪精清中特别多，与柠檬酸相似，都不能为精子直接利用。主要是防止精子凝聚和维持精液渗透压。

(2) 蛋白质 精子中的蛋白质主要是组蛋白，占精子干重的一半以上，主要在头部与 DNA 结合构成碱性的核蛋白，并在尾部形成脂蛋白和角质蛋白。

(3) 脂类 精液中脂类物质主要是磷脂，其在精子中大量存在，主要在精子表膜和线粒体内，而且尾部多于头部。精清中的磷脂主要是卵磷脂和缩醛磷脂，主要来源于前列腺，对精子有营养作用和防止冷休克作用，以延长精子的存活时间，此外，如胆碱及其衍生物甘油磷酰胆碱，牛、猪主要来源于附睾分泌物，但不能直接被精子利用，而是当精子与雌性生殖器官的分泌物接触时，才被精子利用。

(4) 酶 精清中出现的酶主要来源于副性腺。其中三碳酸腺苷酶与核苷酸酶是精子呼吸和糖酵解等代谢活动所必需的酶；蛋白质分解酶、透明质酸酶、顶体素等，与受精有关；过氧化氢酶能分解精液中的过氧化氢，防止精子被破坏。

(5) 维生素 精液中维生素的种类和含量，与动物的营养有关。主要有维生素 B_1、维生素 B_2、维生素 C 等，这些维生素的存在有利于提高精子的活力或密度。

(6) 其他有机物 主要为有机酸盐、胆固醇、尿素、柠檬酸等，来源于精囊腺。

（三）精液的理化特性

精液的一般理化特性包括渗透压、pH 值、比重、黏度、导电性及光学特性等。

1. 渗透压 精液的渗透压以冰点下降度表示，它的正常范围在 $-0.65\sim-0.55$ ℃，一般为 -0.60 ℃。

渗透压也可以用渗压克分子浓度(简称 Osm)表示。1 L 水中含有 1 Osm 溶质的溶液能使水的冰点下降 1.86 ℃，如果精液的冰点下降度为 -0.61 ℃时，则它所含的溶质总浓度为 $0.61/1.86=0.324$ Osm，亦可以 324 Osm 表示。

2. pH 值 各种动物精液的 pH 值都有一定的范围，决定精液 pH 值的主要成分是副性腺的分泌液，精子生存的最低 pH 值为 5.5，最高 pH 值为 10。pH 值超出正常范围会对精子产生较大影响。绵羊精液的 pH 值在 6.8 左右时受胎率高，pH 值在 8.2 以上就没有受精力。

3. 比重 精液的比重与精液中的精子密度有关，精子密度大的，精液比重大，精子密度小的，精液比重小。若将采出的精液静置一段时间，精子及某些化学物质就会沉降在下面，这说明精液的比重比水大。

4. 黏度 精液的黏度也与密度有关，同时黏度与精液中所含的黏蛋白唾液酸的多少有关。黏

度以蒸馏水在 20 ℃时的黏度作为一个单位标准,以厘帕(cP,1 cP=10^{-3}Pa·s)表示。

5. 导电性 精液中含有各种盐类或离子,如其含量大,导电性也就强,因而可以通过测定导电性的大小,了解精液中所含电解质的多少及性质。导电性以 25 ℃条件下测得的精液的电阻值表示。

6. 光学特性 精液中有精子和各种化学物质,对光线的吸收和透过性不同。精子密度大,透光性就差;精子密度小,透光性就强。因此,可以利用这一光学特性,采用分光光度计进行光电比色,测量其精液中的精子密度。各种动物精液常见的正常理化特性见表 1-3。

表 1-3 部分动物精液常见的正常理化特性

理化特性	动物类别			
	猪	牛	绵(山)羊	马
渗透压冰点下降度/-℃	0.62	0.16	0.64	0.62
pH 值	7.5	6.9	6.9	7.4
比重	1.023	1.034	1.03	1.014
电阻/(×10^{-4} Ω)	129	106	63	123
黏度/cP	1.18	1.92	4.72	1.51

三、精子的代谢与运动

(一)精子的代谢

精子和一般生物细胞相似,在其生活期间通常不中断它的生理机能,尤其是新陈代谢和活力的保存。在不同的条件下,外界因素的影响能加速或抑制其新陈代谢机能和活力,如缺氧、低温等。精液在冷冻状态下,精子活动虽然停止,但其代谢并未停止,使得精子的活力可以无限保存下来。

精液中所含的有机物是维持精子生活的重要能源,以糖类为主,通过糖酵解过程由精清供给。由于精子代谢的几乎都是果糖,所以也称果糖酵解。交配时,动物生殖器内基本上是无氧环境,果糖主要酵解成乳酸来获得能量。

在有氧时,精子即消耗氧进行呼吸。支持呼吸的代谢基质,仍是进行糖酵解的物质。此外,尚有乳酸、丙酮酸和醋酸等有机酸类。精子呼吸主要在尾部进行,呼吸机理和过程与其他组织细胞相似,以三羧酸循环方式进行。呼吸代谢可以获取更多的能量,但也会消耗大量的氧和代谢基质,使精子在较短时间内死亡。因此,在精液保存时常采用降温、隔绝空气和充入 CO_2 等办法,减少能量消耗,延长存活时间。

精子在有氧情况下获得能量的途径有两种:一是外源性呼吸,氧化外源性基质获得能量;二是内源性呼吸,在没有外源性基质时,利用本身所含的磷脂获得能量。

(二)精子的运动

视频:精子的运动

1. 精子的运动形式

(1)直线前进运动 精子按直线方向前进运动,属于正常运动形式。

(2)旋转运动 精子的头部向左或向右做转圈运动,属于异常运动形式。

(3)原地摆动 精子头在原地,尾巴做微弱摆动,属于异常运动形式。

2. 精子的运动速度 哺乳动物的精子在 37~38 ℃的温度条件下运动速度快,温度低于 10 ℃就基本停止活动。精子运动的速度,因动物种类不同而有差异,山羊、绵羊和鸡的精子密度大,应适当稀释后观察。通过显微摄影装置连续摄影分析,牛精子的运动速度为 97~113 μm/s,尾部每分钟颤动 20 次左右;马和绵羊分别为 75~100 μm/s 和 200~250 μm/s。

3. 精子的存活时间 精子存活的时间,因所处的环境、温度及保存的方法不同而差异很大。

(1)在雄性生殖器官内的存活时间 附睾内的精子主要储存于附睾尾,占总量的 70%,而输精管内只有 2%。附睾内的分泌物中没有果糖和其他原糖,因此储存于附睾内的精子处于"休眠"状态,代谢作用停止,能量消耗降低,存活时间较长。采用结扎输精管的试验证明:公牛和公兔的精子在附

睾内存活的时间分别为 60 天和 38 天。

(2) 精子在体外的存活时间　精子在体外存活的时间因动物品种、保存方法、温度、酸碱度、稀释液的种类等因素不同而差异很大。一般认为射出后精子活力越好则保存的时间越长,受精能力也越高。要延长精子在体外的保存时间,就要抑制精子的活动,使能量消耗减少。降低保存温度和 pH 值可延长精子在体外的保存时间。温度是精子存活时间长短的重要因素,冷冻保存精液的成功,使精子保存的时间较大地延长。

(3) 精子在雌性生殖道内的存活时间　精子在雌性生殖道内不同的部位存活时间长短不一,阴道环境对精子存活不利,因此存活的时间短,在子宫颈约可存活 30 h,在子宫液内可存活 7 h,在子宫内存活时间较长。精子在雌性生殖道内的存活时间还与精子本身的品质和生殖道的生理状态有关。精子在雌性生殖道的存活时间长短,关系到精子的受精能力。

附睾内储存过久的精子有些会变性、分解被吸收,而另一部分经尿液排出。长时间不采精或不配种的雄性动物精液中退化、变性的精子含量会明显增加。

4. 精子的运动趋性

(1) 趋逆性(或趋流性)　精子在静止液体中没有固定的运动方向,但能向着液流逆行,因此可改变速率和方向。

(2) 趋异性　当精液中有异物存在时,精子有向异物边缘运动的趋势。

(3) 趋化性　精子运动时,有向化学物质运动的趋势。

四、外界环境对精子的影响

(一) 温度

精子在相当于体温(即 37 ℃左右)的温度下,可保持正常的代谢和运动状态。当温度继续上升时,精子的代谢提高,运动加剧,生存时间缩短。动物的精子在 45 ℃以上的温度下,会经历一个极短促的热僵直现象,迅速死亡。

低温对精子的影响是比较复杂的。经适当稀释的动物精液,缓慢降温时,精子的代谢和运动会逐渐减弱,一般在 0～5 ℃基本停止运动,代谢也处于极低的水平,称为精子的休眠。未经任何处理的精液,急剧降温到 10 ℃以下,精子也会因低温打击出现冷休克,而不可逆地丧失生存能力。为防止这一现象的出现,在精液处理过程中,在稀释液中加入卵黄奶类等防冷休克物质和采用缓慢降温的一些技术是十分有效的。

(二) 光照和辐射

直射的日光短时间照射对精子的代谢和运动有激发作用,但终究是有害的,不利于精子的存活。光线的有害作用,主要是对精子引起光化学反应,产生过氧化氢引起精子中毒,造成精子死亡,尤其是直射光线。因此,往往在精液稀释液中加入过氧化氢酶,以破坏形成的过氧化氢。紫外线不仅降低精子的受精能力,而且可杀死精子,所以实验室的日光灯,对精子仍有不良影响。X 射线也有破坏作用,能杀死精子。

(三) pH 值

新鲜精液的 pH 值为 7 左右,精子呼吸的适宜 pH 值范围为:牛 6.9～7.0、绵羊 7.0～7.2、猪 7.2～7.5、兔 6.8、鸡 7.3。在一定的酸碱度范围,pH 值偏低即弱酸性环境,精子活动受到抑制,呼吸作用或糖酵解作用降低,此时精子呈假死状态,暂时不活动;pH 值偏高即弱碱性环境中,精子活动、呼吸作用、代谢活动都增强,容易耗费能量,存活时间不长。若超过一定限度均会因不可逆的酸抑制,或因加剧代谢和运动而造成精子酸、碱中毒而死亡。因此,在精液保存时,常加入一些缓冲剂,如柠檬酸盐、磷酸盐等以调整 pH 值,防止 pH 值改变。

在精液保存中,为了延长精子的保存时间,常利用酸抑制的原理,采用向精液中充入 CO_2 或其他降低 pH 值物质的方法,抑制精子的代谢和运动。

（四）渗透压

渗透压是指精子膜内外溶液浓度不同而出现的膜内外压力差。正常情况下，精子膜内与其周围的液体基本上是等渗透压，大致和血浆的渗透压相同。在高渗溶液中，精子膜内的水分会向外渗出，造成精子脱水，致使其头部缩小，尾部呈锯齿状，严重时精子会干瘪死亡。在低渗溶液中，水分会主动向精子膜内渗入，精子头部膨大，尾部弯曲变形，最后死亡。相比而言，低渗溶液比高渗溶液危害更大。

（五）离子浓度

离子浓度可影响精子的代谢和运动。阴离子能影响精子表面的脂类，造成精子凝集，其对精子的损害力大于阳离子。较低的离子浓度能促进精子的呼吸、糖酵解和运动，较高离子浓度则对精子的代谢和运动有抑制作用。

（1）阳离子　在精清中 Na^+ 比 K^+ 含量高，精清中少量的 K^+ 能促进精子的呼吸、糖酵解和运动，但高浓度 K^+ 对精子的代谢和运动有抑制作用。鸡精子在含 K^+、Mg^{2+} 的溶液中活力好。Mg^{2+} 能提高牛、狗精子的活力。Mn^{2+} 对精子的呼吸、糖酵解、运动有抑制作用。其他微量的重金属元素，如 Fe^{2+} 是色素的组成部分，对精子的代谢和活力维持起重要作用，但过量会对精子的生存有毒害作用。

（2）阴离子　Cl^- 在动物精液中含量多，与 Na^+ 一起主要维持渗透压，0.9%NaCl 溶液是对精子较适宜的生理溶液。HCO_3^- 能促进精子在有氧条件下的代谢和呼吸，但 HCO_3^- 和 PO_4^{3-} 共同存在时能抑制精子的呼吸和运动。PO_4^{3-} 配制的磷酸缓冲液作为稀释液在过去有广泛应用，但高浓度的 PO_4^{3-} 能抑制人、牛、绵羊精子的呼吸和运动。柠檬酸离子、Cl^-、CO_3^{2-}、Br^-、I^- 等对精子有害。

（六）稀释程度

在精液中加入等渗的糖类或缓冲剂进行一定程度的稀释可以扩大精液的容量，同时降低精子的密度，适当的稀释可提高精液的利用率，也有利于精子的保存。但过度的高倍稀释可破坏精子细胞膜的磷脂物质，也会改变渗透压，从而使精子活力和受精能力大大下降。因此，精液不宜做高倍稀释。

（七）振动

如果有空气存在，振动可加速精子的呼吸作用，对精子的危害就会增加。轻度的振动对精子的危害不大。在液态精液运输时，应将装精液的容器注满、封严，防止液面和封盖之间出现空隙。

（八）药物

在适当的浓度下，某些抗菌类药物不但无毒害作用，而且还可以抑制精液中细菌的繁殖，对精液的保存和延长精子的存活时间十分有利，已成为精液稀释液中不可缺少的添加剂。消毒剂、防腐剂一般都对精子有害，即使用于人工授精器械的消毒，也要注意清洗干净。

扫码学课件
任务 1-3

任务三　雌性动物的生殖器官

任务分析

雌性动物的生殖器官任务单

任务名称	雌性动物的生殖器官	参考学时	2 学时
学习目标	1. 通过标本或图片掌握雌性动物生殖器官的组成、形态结构和生理功能。 2. 通过观察卵巢的组织切片或图片，了解卵子的形成过程，掌握卵子的基本结构。		

续表

<table>
<tr><td>完成任务</td><td colspan="3">利用实训室或实训基地，按照操作规程完成任务。
1. 观察雌性动物生殖器官的浸制标本，正确描述各部位的名称。
2. 观察卵巢的组织切片，绘制卵巢的组织结构图。
3. 绘制雌性动物生殖器官的结构图，并正确标注各部位的名称。</td></tr>
<tr><td>学习要求
（育人目标）</td><td colspan="3">1. 具有科学求实的精神和态度。
2. 具有胆大心细、敢于动手的工作态度。
3. 具有规范操作、严谨端正的专业意识。
4. 团队合作，遵守纪律。
5. 注重理论与生产实际相结合，重视问题，解决问题。
6. 树立良好的职业道德意识、艰苦奋斗的作风和爱岗敬业的精神。</td></tr>
<tr><td rowspan="2">任务资讯</td><td>资讯问题</td><td colspan="2">参考资料</td></tr>
<tr><td>1. 雌性动物生殖器官的构成和功能有哪些？
2. 雌性动物生殖器官在不同繁殖阶段有哪些主要变化？
3. 不同雌性动物生殖器官有哪些差异？</td><td colspan="2">1. 线上学习平台中的 PPT、图片、视频及动画。
2. 倪兴军. 动物繁育[M]. 武汉：华中科技大学出版社，2018。
3. 杨利国. 动物繁殖学[M]. 3 版. 北京：中国农业出版社，2019。</td></tr>
<tr><td rowspan="3">考核标准</td><td>知识考核</td><td>能力考核</td><td>素质考核</td></tr>
<tr><td>1. 查阅相关知识内容和有关文献，完成资讯问题。
2. 准确完成线上学习平台的知识测试。
3. 规范完成任务报告。</td><td>1. 能够正确使用和识别雌性动物生殖器官标本。
2. 规范进行显微镜的使用和组织切片的观察。
3. 规范绘制雌性动物生殖器官的结构图和组织切片图。</td><td>1. 遵守学习纪律，服从学习安排。
2. 积极动手实践，观察细致认真。
3. 操作规范、严谨，具有探索精神。</td></tr>
<tr><td colspan="3">结合课堂做好考核记录，按项目进行评价，考核等级分为优秀、良好、合格和不合格四种。其中优秀为 85～100 分，良好为 75～84 分，合格为 60～74 分，不合格为 60 分以下。</td></tr>
</table>

视频：母猪阉割术

任务知识

一、雌性动物生殖器官的组成

雌性动物生殖器官由卵巢、输卵管、子宫、阴道、外生殖器官等组成，大部分位于骨盆腔，上为直肠，下为膀胱（图 1-8）。

二、雌性动物生殖器官的形态、结构及功能

（一）卵巢

1. 卵巢的形态和位置 卵巢是雌性动物的性腺，是成对的实质性器官，其位置、形状和大小因畜种、品种不同而异，且随雌性动物的年龄和所处的不同繁殖状态而变化。卵巢借卵巢系膜附着于腰下部两侧，血管、淋巴管和神经由卵巢系膜进入卵巢，其子宫端借卵巢固有韧带与子宫角尖端相连。

（1）牛、羊卵巢的形态和位置 牛的卵巢呈扁圆形，分别位于两个子宫角尖端的两侧，头胎或头几胎的母牛卵巢在耻骨前缘之后；胎次多的母牛，子宫角随胎次增加逐渐向腹腔下垂，卵巢也随之前移至耻骨前缘的前下方。羊的卵巢较牛小且稍圆，位置与牛的相同。

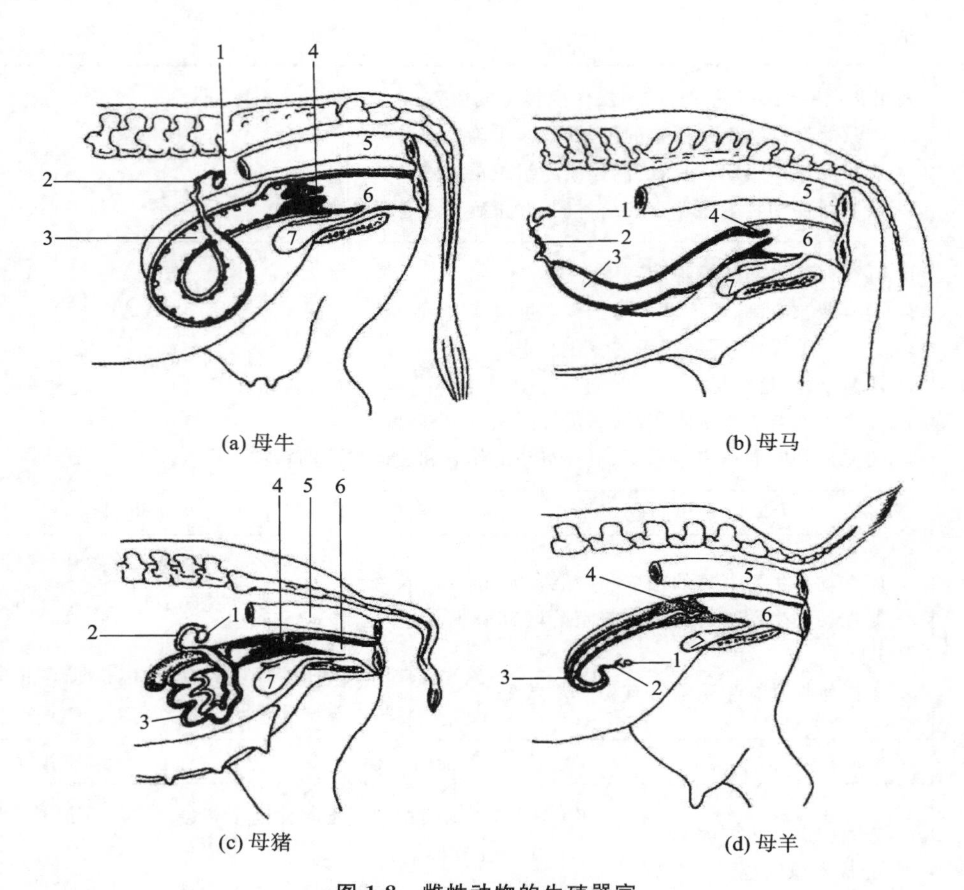

图 1-8　雌性动物的生殖器官

1. 卵巢　2. 输卵管　3. 子宫角　4. 子宫颈　5. 直肠　6. 阴道　7. 膀胱

(2) 猪卵巢的形态和位置　母猪卵巢的变化比较大，其大小、形态和位置随年龄不同而有较大的变化。初生至初情期之前的母猪，卵巢较小，表面光滑，呈肾形，位于荐骨岬两旁稍后方或在骨盆腔前口两侧的上部。接近初情期时，由于许多卵泡发育而呈桑葚形，位置下垂前移，约位于髋结节前端的横断面上。性成熟后，依发情周期中各时期的不同，卵巢上有大小不等的卵泡、红体和黄体突出于卵巢表面，凹凸不平，似串状葡萄，常被发达的卵巢囊所包裹。性成熟后及经产母猪的卵巢移向前下方，在膀胱之前，达髋结节前约 4 cm 的横断面上或髋结节与膝关节之间中点水平位置。

(3) 马卵巢的形态和位置　马的卵巢呈肾形，较大，附着缘宽大，游离缘上有凹陷的排卵窝，卵泡发育成熟后均在此凹陷内破裂排出卵子。马的卵巢由卵巢系膜吊在腹腔腰区肾脏后方，左卵巢位于第四、第五腰椎左侧横突末端下方，右侧卵巢比左侧卵巢稍向前，在第三、第四腰椎横突之下，靠近腹腔顶。

(4) 其他动物卵巢的形态和位置　兔的卵巢呈肾形，位于肾脏后方，由短的卵巢系膜悬于腹腔内。犬的卵巢较小，猫的更小，均呈扁平的长卵圆形，位于同侧肾脏的后方，每个卵巢都隐藏在一个富含脂肪的卵巢囊中。

2. 卵巢的组织构造　卵巢是有弹性的实质结构，表面被覆致密结缔组织构成的白膜，白膜外面有一层生殖上皮。白膜下为卵巢实质，分为皮质部和髓质部。除马属动物外，都是皮质部包在髓质部的外面，两者界限不明显，其基质都是结缔组织。皮质部内含有许多大小不一、发育阶段不同的卵泡和黄体(图 1-9)，其形状、结构因发育阶段不同而有较大变化。髓质部由疏松结缔组织和平滑肌束组成，富含弹性纤维、血管、淋巴和神经，经卵巢门与卵巢系膜相连。

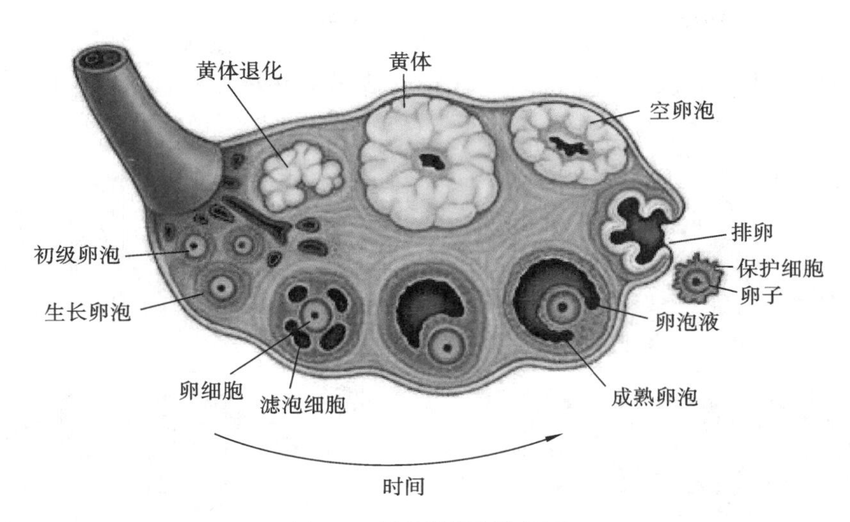

图 1-9　卵巢的组织构造图

3. 卵巢的生理机能

(1) 卵泡发育和排卵　卵巢皮质部表层聚集着许多原始卵泡，随着卵泡的发育，经过初级卵泡、次级卵泡、三级卵泡和成熟卵泡阶段，最终有一部分卵泡发育成熟，破裂排出卵子，在原来卵泡的位置形成黄体。多数卵泡在发育的不同阶段退化、闭锁。

(2) 分泌雌激素和孕酮　在卵泡发育过程中，包围在卵泡细胞外的两层卵巢皮质基质细胞形成卵泡膜。卵泡膜分为内膜和外膜，内膜细胞合成雄激素，通过颗粒细胞转化为雌激素，雌激素是导致雌性动物发情的直接因素。排卵后形成的黄体，可分泌孕酮，是维持怀孕和调节雌性动物发情周期的重要激素。

(二) 输卵管

1. 输卵管的形态和位置　输卵管位于每侧的卵巢和子宫角之间，是卵子进入子宫的必经通道，为长而弯曲的细管，附着在子宫阔韧带外缘形成的输卵管系膜上。

输卵管可分为三个部分：①输卵管前端(卵巢端)接近卵巢，扩大成漏斗状，称为漏斗。漏斗的边缘形成许多皱褶，形似花边，称为输卵管伞。漏斗的壁面光滑，脏面粗糙，脏面有一小的输卵管腹腔口，与腹腔相通，卵子由此进入输卵管。猪的输卵管伞最发达，前半部贴于卵巢囊前部的内侧面，后半部向后下方敞开，游离缘位于卵巢前上方，在卵巢囊内自由地罩着卵巢的大部分；马的输卵管伞较发达，牛、羊的不发达。②紧接漏斗的膨大部称输卵管壶腹部，是精子和卵子结合的地点。③输卵管的后段较细而直，称为峡部。壶腹部和峡部相接处称壶峡连接部，峡部的末端以较小的输卵管子宫口与子宫角相通，称宫管连接部。牛、羊子宫角尖端较细，与输卵管之间无明显分界，括约肌也不发达；马和骆驼输卵管的末端以小丘状突入子宫角腔内；猪的输卵管卵巢端和输卵管伞包在卵巢囊内，宫管连接处和马的结构相似。

2. 输卵管的组织构造　输卵管的管壁从外向内由浆膜、肌层和黏膜组成。肌层从卵巢端到子宫端逐渐增厚，黏膜上有许多纵褶，其上皮细胞包括纤毛柱状细胞和无纤毛的楔形细胞。纤毛细胞在输卵管的卵巢端，特别是伞部较为普遍，越向子宫端越少，纤毛可向子宫端摆动，有助于卵子的运送。

3. 输卵管的生理机能

(1) 接受并运送卵子、精子和早期胚胎　输卵管纤毛的摆动、管壁的分节蠕动和逆蠕动、黏膜和输卵管系膜的收缩、纤毛摆动引起的液体流动等将卵巢排出的卵子经伞部向壶腹部运送，将精子反向由峡部向壶腹部运送，将早期胚胎由壶腹部向子宫运送。

(2) 精子获能、卵子受精和受精卵卵裂的场所　输卵管壶腹部为卵子受精的部位，受精卵边卵裂边向峡部和子宫角运行。

Note

(3) 分泌机能　输卵管的分泌物主要是黏多糖和黏蛋白，是精子和卵子的运载工具，也是精子、卵子和受精卵的培养液，其分泌作用受激素的控制，在发情期分泌增多。

（三）子宫

1. 子宫的形态和位置　子宫是一个有腔的肌质性器官，富于伸展性，前接输卵管，后接阴道，背侧是直肠，腹侧为膀胱，大部分在腹腔，小部分在骨盆腔，借助子宫阔韧带悬于腰下腹腔。牛、羊、骆驼两个子宫角基部有一纵隔将其分开，称为对分子宫或双间子宫(图 1-10)；马、猪、犬、猫的子宫角基部无纵隔，称为双角子宫(图 1-11)。兔的子宫属于双子宫，两个完全分离的子宫分别开口于阴道，没有共同的子宫体。灵长类动物的子宫无子宫角，称为单子宫。

扫码看彩图
图 1-10

扫码看彩图
图 1-11

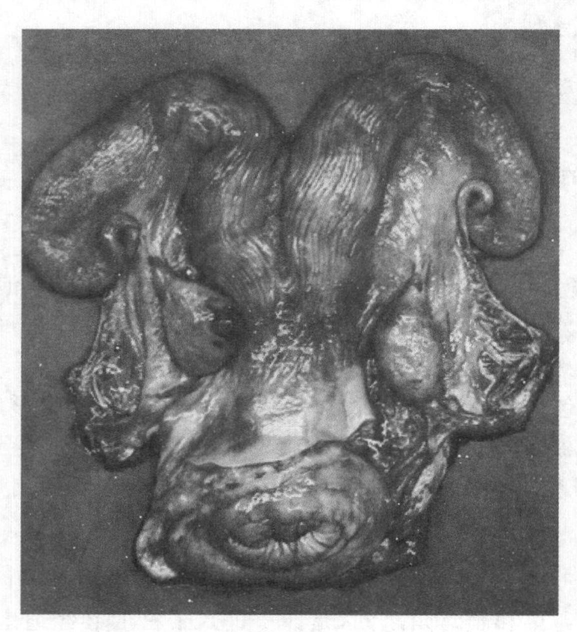

图 1-10　牛的子宫

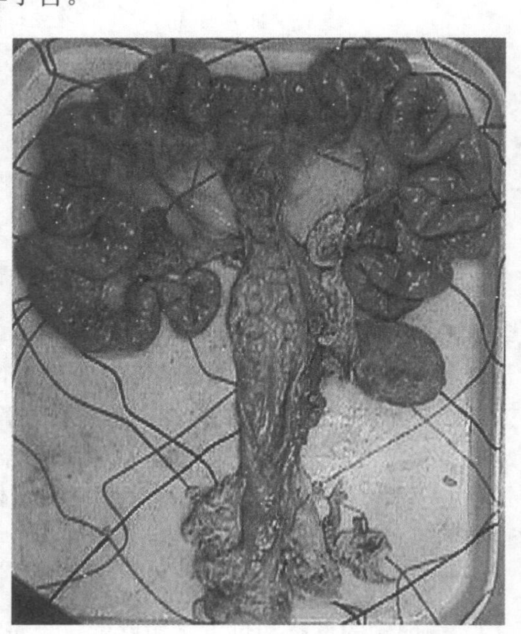

图 1-11　猪的子宫

牛、羊的子宫角有大弯和小弯，大弯游离，小弯有子宫阔韧带附着，神经、血管由此出入。牛的子宫角呈绵羊角状弯曲，长 30～40 cm，位于骨盆腔内，经产多胎的母牛子宫不同程度地垂入腹腔。与两子宫角基部纵隔对应的外部有一纵沟，称为角间沟，直肠检查时可摸到，子宫体较短。牛、羊子宫黏膜上有特殊的突起结构，称为子宫阜，其数目为 80～120 个，妊娠时子宫阜发育为母体胎盘。牛子宫颈发达，青年牛的长 6～7 cm，经产牛约 10 cm，粗 3～4 cm，壁厚而硬，可作为直肠检查时寻找子宫的起点。牛子宫颈管道内有彼此契合的小的纵行皱襞和大的横行皱襞，使子宫颈管成为螺旋状，平时关闭较紧，发情时也仅为一弯曲的细管。子宫颈突入阴道形成膣部，形状似菊花瓣。子宫颈黏膜上的黏液腺特别发达，发情时分泌很多黏液。羊的子宫与牛的基本相同，但子宫更小，子宫颈阴道部仅为上下 2 片或 3 片突出，上片较大，子宫颈外口的位置多偏于右侧，子宫颈管为极不规则的弯曲管道。

马的子宫呈"Y"形，子宫角与子宫体均呈扁圆管状，子宫角大弯在下，小弯在上。子宫体发达，较宽大，黏膜有很多纵行皱襞。子宫颈长 5～7 cm，粗 2.5～3.5 cm，较牛短而细，壁薄而软，直肠检查时不易摸清。子宫颈外口突出于阴道腔内，有明显的阴道部。不发情时，子宫颈封闭，但收缩不紧，可容纳一指，发情时开放较大。

猪的子宫角长而弯曲，经产母猪子宫角可长达 1.2～1.5 m，宽 1.5～3 cm，形似小肠，但管壁较厚，颜色较白。子宫体较短，长 3～5 cm，子宫黏膜也形成纵行皱襞，充满子宫腔；子宫颈较长，达 10～18 cm，在子宫颈黏膜上有两排彼此交错的半圆形突起形成的环形皱襞，中部较大，两端较小，子宫颈后端逐渐过渡为阴道，没有明显的子宫颈阴道部。

犬的子宫呈"V"形，子宫角细长，内径均匀，没有弯曲，呈圆筒形；子宫体很短；子宫颈短，呈圆筒形，环形肌发达，子宫颈壁厚1～2 cm，有子宫颈阴道部。猫的子宫呈"Y"形，子宫颈很短，仅2 cm长，子宫颈前部和两侧有阴道穹隆环绕，但背侧部仅有增厚的子宫壁且直接与阴道壁相连，形成"V"形开口的子宫颈外口。

大部分哺乳动物的子宫都由子宫角、子宫体和子宫颈三部分组成。子宫角成对，尖端接输卵管，后端汇合成子宫体，最后由子宫颈和阴道相接(图1-12)。

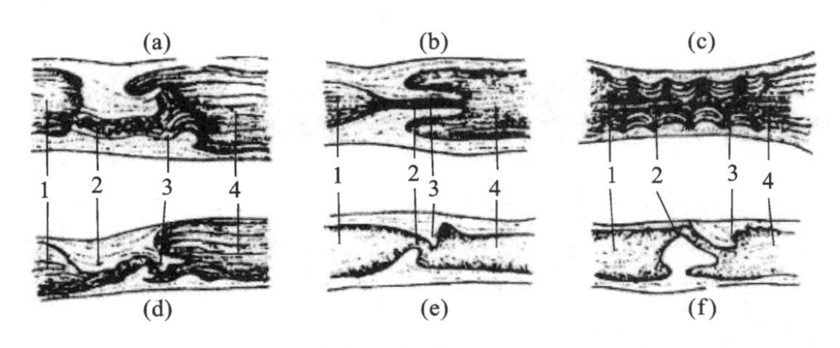

图1-12 各种雌性动物的子宫颈(正中矢状面)

(a)牛 (b)马 (c)猪 (d)羊 (e)犬 (f)猫

1. 子宫体 2. 子宫颈 3. 子宫颈外口 4. 阴道

2. 子宫的组织构造 子宫的组织构造从外向内分为浆膜层、肌层和黏膜层。浆膜层与子宫阔韧带的浆膜相连，肌层由外层较薄的纵行肌和内层较厚的环状肌纤维构成，子宫肌层间有血管网和神经；黏膜层即子宫内膜，由单层柱状上皮和固有层组成。内膜表面的上皮向固有层内深陷形成许多管状的子宫腺，其末端近肌层处常有分支。子宫腺在子宫角处最发达，子宫体较少，子宫颈则在皱襞之间的深处有腺状结构。反刍动物子宫角黏膜表面有沿子宫纵轴排列的纽扣状隆起，即子宫阜。子宫颈括约肌是子宫肌的附着点，其内层特别厚，且有致密的胶原纤维和弹性纤维，是子宫颈皱襞的主要构成部分。

3. 子宫的生理机能

(1) 储存、筛选和运送精子，有助于精子获能 雌性动物发情配种后，子宫颈口松弛开张，有利于精子逆流进入，子宫颈皱襞和黏液可阻止死精子和畸形精子进入，大量的精子储存在复杂的宫颈隐窝内，进入的精子在子宫内膜分泌物的作用下完成一部分获能过程，并借助子宫肌的收缩作用被运送到输卵管。

(2) 孕体的附植、妊娠和分娩 子宫内膜可产生分泌液提供早期胚胎发育所需的营养，并可供孕体附植，附植后子宫内膜形成母体胎盘，与胎儿胎盘结合，为胎儿的生长发育创造良好的条件。妊娠时，子宫颈黏液形成黏液栓，封闭子宫颈口，起到屏障作用，防止子宫感染。分娩前子宫颈栓塞液化，子宫颈扩张，子宫肌肉收缩使胎儿和胎膜排出。

(3) 调节卵巢黄体功能 未孕雌性动物的子宫角在发情周期的一定时间可分泌前列腺素，使卵巢的周期黄体溶解、退化，诱导促性腺激素分泌，引起新一轮卵泡发育成熟和动物发情。而已孕雌性动物的子宫角则不分泌前列腺素，周期黄体转化为妊娠黄体，维持妊娠。

(四) 阴道

阴道位于骨盆腔，背侧为直肠，腹侧为膀胱和尿道。前接子宫，有子宫颈口突出于其中(猪除外)，形成一个环形隐窝，称为阴道穹隆。后接尿生殖前庭，以尿道外口和阴瓣为界。各种动物阴道长度：牛阴道长22～28 cm，羊阴道长4～14 cm，猪阴道长10～15 cm，马阴道长20～30 cm，中型犬阴道长9～15 cm，猫阴道长约1 cm。

阴道是雌性动物的交配器官，也是分娩时的产道。阴道的生化和微生物环境，能保护上生殖道免受微生物的入侵。阴道还是子宫颈、子宫黏膜和输卵管分泌物的排出管道。

(五) 外生殖器官

外生殖器官包括尿生殖前庭、阴唇和阴蒂。

尿生殖前庭为从阴瓣到阴门裂的短管，前高后低，稍微倾斜。尿生殖前庭为产道、排尿、交配的器官。猪的前庭自阴门下联合至尿道外口 5～8 cm，牛约 10 cm，羊 2.5～3 cm，马 8～12 cm。

阴唇构成阴门的两侧壁，两阴唇间的裂缝为阴门裂。阴唇的外面是皮肤，内面为黏膜，两者之间有阴门括约肌及大量结缔组织。

阴蒂由勃起组织构成，相当于雄性动物的阴茎，陷于阴门下角内的阴蒂窝中。

雌性动物生殖器官的形态构造和卵巢组织切片观察

【目的要求】 认识未孕雌性动物生殖器官的形态，了解其各部分的解剖特点、主要作用，为生殖器官的检查、人工授精、胚胎移植等技术的操作、生殖器官疾病的诊疗及难产救助等打好基础；比较各种未孕雌性动物生殖器官的异同点，以便了解人工授精技术和难产救助的注意事项；观察卵巢的组织切片，了解卵巢的内部构造和卵子的发育过程。

【材料用具】 各种未孕雌性动物内、外生殖器官的新鲜标本或者福尔马林浸制标本，各种动物不同阶段的卵巢；动物卵巢的组织切片、挂图（或幻灯片），显微镜、解剖刀、剪刀、镊子、探针、卡尺、解剖盘、纱布等。

【内容步骤】

一、雌性动物生殖器官的形态构造观察

（1）做好分组，准备好实训材料。

（2）观察各种雌性动物不同年龄及性周期不同阶段卵巢的位置和形态。卵巢是雌性动物的性腺，是成对的实质性器官，其位置、形状和大小因畜种、品种不同而异，且随雌性动物的年龄和所处的不同繁殖状态而变化。卵巢借卵巢系膜附着于腰下部两侧，其子宫端借卵巢固有韧带与子宫角尖端相连，血管、淋巴管和神经由卵巢系膜进入卵巢。各种雌性动物的卵巢多为卵圆形，猪的卵巢在出生至初情期前为肾形，初情期后因多个卵泡和黄体突出于表面而似串状葡萄；马的为肾形，有特有的排卵窝。

通过图片、幻灯片观察、比较不同雌性动物卵巢的位置、形态及与输卵管子宫的相对位置和联系。通过标本观察各种雌性动物性成熟前卵巢的形状特点并测量其体积；观察各种成年雌性动物性周期各个阶段卵巢的外形，并测量其体积，观察卵巢上卵泡及黄体的数量及形态特点；观察卵巢和输卵管的相互关系；比较不同雌性动物卵巢形态的差异。

（3）观察输卵管的形态、位置及结构特点。输卵管是一对细长而弯曲的管道，位于卵巢和子宫角之间，附着在子宫阔韧带外侧缘形成的输卵管系膜上。输卵管可分为漏斗部、壶腹部和峡部三个部分。漏斗部为输卵管前端接近卵巢的扩大部，峡部连接子宫角。

结合图片和标本观察输卵管的位置和形态，分辨输卵管三个部分的位置和特点，着重观察输卵管伞和卵巢的连接方式，观察壶腹部，比较不同雌性动物输卵管伞、宫管连接部结构的特点和差异。

（4）观察各种雌性动物子宫的形状、大小和在体内的位置。子宫是雌性动物生殖器官的重要组成部分，大部分在腹腔，小部分位于骨盆腔，前接输卵管，后接阴道，借子宫阔韧带悬于腰下，可分为子宫角、子宫体和子宫颈三部分。

通过图片和幻灯片等观察子宫在雌性动物体内的位置和形态，并比较不同年龄及繁殖阶段的各种雌性动物子宫位置和形态的变化规律。通过标本观察各种雌性动物子宫角、子宫体的形状、粗细及长度，通过测量比较其差异；观察各种雌性动物子宫颈的粗细及长度，了解各种雌性动物子宫颈的特点及与阴道的连接，有无阴道部，子宫颈阴道部和阴道穹隆的结构特点；切开子宫，观察、比较不同雌性动物子宫黏膜、子宫颈管的特点。比较各种雌性动物子宫的异同点，思考与其繁殖特性的关系及对繁殖技术应用时的影响。

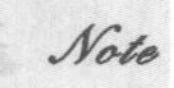

（5）观察雌性动物阴道、阴道前庭。阴道是雌性动物的交配器官，也是分娩时软产道的一部分，位于骨盆腔，背侧是直肠，腹侧为膀胱，前接子宫，阴道前部因有子宫颈突入（猪除外）而形成环形或半环形的隐窝，称为阴道穹隆。阴道内有尿道的开口。

通过标本观察、测量比较不同雌性动物阴道的长度、黏膜的特点，观察子宫颈阴道部及阴道穹隆的构成特点，观察尿道口的位置。

（6）观察完毕及时将标本放回标本缸中或用塑料纸包裹好，防止干燥，整理、清扫实训室。

二、雌性动物卵巢组织切片的观察

（1）调试好显微镜，将卵巢组织切片放到载物台上，用压片夹压住。

（2）低倍镜下观察卵巢的组织构造。在低倍镜下观察卵巢的生殖上皮和白膜，区分卵巢的皮质部和髓质部，观察皮质部的各级卵泡的大小和数量等特点，分辨黄体的结构特点。

（3）高倍镜下观察卵巢皮质部的组织构造。卵巢皮质部内含有许多大小不一、发育阶段不同的卵泡和黄体，其形状、结构因发育阶段不同而有较大变化。

①原始卵泡：位于皮质部最外层，呈球形。初级卵母细胞位于中央，周围包有一单层的卵泡细胞。卵母细胞的体积较大，中央有一个圆形的泡状核，核内染色质较少，着色较浅，核仁明显。卵母细胞体积小，核扁圆形，着色深。

②初级卵泡：呈球形，初级卵母细胞位于卵泡中央，体积较大而圆，胞质染色浅，核仁明显，其周围有一层立方状或柱状的卵泡细胞，无卵泡膜和卵泡腔。

③次级卵泡：由初级卵泡发育而来，卵母细胞体积基本不变，但外围的卵泡细胞生长，体积增大，卵母细胞被多层颗粒细胞所包围，其外围形成卵泡膜。在卵母细胞和卵泡细胞之间出现了染色较深的透明带，此期尚未形成卵泡腔。

④三级卵泡：卵泡体积增大，卵泡细胞分泌的液体增多，颗粒细胞层进一步增加，并出现分离，形成许多不规则的腔隙。随着卵泡液的增多，各小腔隙合并成新月形的卵泡腔，卵母细胞被挤向卵泡的一侧，并被包围在一团颗粒细胞中，形成半岛突出在卵泡腔中，称为卵丘。透明带周围的颗粒细胞呈放射状排列，称为放射冠。

⑤成熟卵泡：卵泡发育的最后阶段，体积很大，卵泡突出于卵巢表面。卵母细胞成熟，核呈空泡状，染色质很少，核仁明显。卵泡膜的内、外两层界限明显，内膜增厚，内膜细胞肥大，类脂质颗粒增多。

⑥闭锁卵泡：卵巢内的各个发育阶段退化的卵泡称为闭锁卵泡，退化的卵母细胞存在于未破裂的卵泡中。初级卵泡退化后，一般不留痕迹。但生长卵泡退化时，可观察到萎缩的卵母细胞和皱缩塌陷的透明带。

⑦黄体：卵泡成熟后排卵，形成黄体。黄体细胞主要由粒黄体细胞和膜黄体细胞构成，分别由原来的卵泡颗粒细胞和内膜细胞形成。粒黄体细胞多分布于黄体中心，呈多面体形，着色浅，排列紧密，含有球形的细胞核。膜黄体细胞多分布在黄体边缘或粒黄体细胞之间，体积小，核及胞质着色较深。

（4）绘制卵巢组织切片图，观察完毕及时将组织切片放回切片盒，关闭显微镜，整理、清扫实训室。

三、作业

（1）通过观察、比较，讨论各种雌性动物生殖器官的形态、大小、相互关系以及在活体上的位置各有什么特点。

（2）绘制任意一种雌性动物的生殖器官结构图。

（3）绘制自己所观察的卵巢组织切片图。

Note

展示与评价

雌性动物生殖器官的形态构造和卵巢组织切片观察评价单

<table>
<tr><td>技能名称</td><td colspan="60">雌性动物生殖器官的形态构造和卵巢组织切片观察</td></tr>
<tr><td>专业班级</td><td colspan="12"></td><td colspan="12">姓名</td><td colspan="12"></td><td colspan="12">学号</td><td colspan="12"></td></tr>
<tr><td>完成场所</td><td colspan="12"></td><td colspan="12">完成时间</td><td colspan="12"></td><td colspan="12">组别</td><td colspan="12"></td></tr>
<tr><td>完成条件</td><td colspan="60">填写内容：场所、动物、设备、仪器、工具、药品等</td></tr>
<tr><td>操作过程
描述</td><td colspan="60"></td></tr>
<tr><td>操作照片</td><td colspan="60">操作过程或项目成果照片粘贴处</td></tr>
<tr><td rowspan="4">任务评价</td><td colspan="15">小组评语</td><td colspan="15">小组评价</td><td colspan="15">评价日期</td><td colspan="15">组长签名</td></tr>
<tr><td colspan="15"></td><td colspan="15"></td><td colspan="15"></td><td colspan="15"></td></tr>
<tr><td colspan="15">指导教师评语</td><td colspan="15">指导教师评价</td><td colspan="15">评价日期</td><td colspan="15">指导教师签名</td></tr>
<tr><td colspan="15"></td><td colspan="15"></td><td colspan="15"></td><td colspan="15"></td></tr>
<tr><td rowspan="2">考核标准</td><td colspan="20">优秀标准</td><td colspan="20">合格标准</td><td colspan="20">不合格标准</td></tr>
<tr><td colspan="20">1. 操作规范，安全有序
2. 步骤正确，按时完成
3. 全员参与，分工合理
4. 结果准确，分析有理
5. 保护环境，爱护设施</td><td colspan="20">1. 基本规范
2. 基本正确
3. 部分参与
4. 分析不全
5. 混乱无序</td><td colspan="20">1. 存在安全隐患
2. 无计划，无步骤
3. 个别人或少数人参与
4. 不能完成，没有结果
5. 环境脏乱，桌面未收</td></tr>
</table>

扫码看答案

巩固训练

一、单项选择题

1. 雄性动物的性腺是（　　）。

A. 睾丸　　B. 阴囊　　C. 附睾　　D. 副性腺

2. 哺乳动物的受精部位是（　　）。

A. 输卵管壶腹部　　B. 输卵管峡部　　C. 子宫　　D. 输卵管伞

3. 附睾头由10～30条(　　)构成。

A. 输精管　　B. 曲精细管　　C. 睾丸输出管　　D. 直精细管

4. 精清主要由(　　)分泌。

A. 睾丸　　B. 附睾　　C. 副性腺　　D. 输精管

5. 精子最后成熟的场所是(　　)。

A. 曲精细管　　B. 副性腺　　C. 睾丸　　D. 附睾

6. 猪的子宫属于(　　)。

A. 单子宫　　B. 双角子宫　　C. 双子宫　　D. 双间子宫

7. (　　)是子宫的门户。

A. 子宫腔　　B. 子宫体　　C. 子宫角　　D. 子宫颈

8. 初情期后的母猪卵巢形态是(　　)。

A. 蚕豆形　　B. 肾脏形　　C. 桑葚形　　D. 串状葡萄

9. 卵巢游离缘上有排卵窝的动物是(　　)。

A. 猪　　B. 马　　C. 牛　　D. 羊

二、判断题

1. 犬的副性腺没有精囊腺和尿道球腺。(　　)

2. 附睾是产生精子和促进精子成熟的场所。(　　)

3. 卵巢实质分为浅层的皮质和深层的髓质。(　　)

4. 在卵巢上,黄体继续发育,形成红体。(　　)

5. 子宫分为子宫颈、子宫体和子宫角三部分。(　　)

6. 患有隐睾的动物,不能分泌雄激素,所以没有交配行为。(　　)

三、简答题

1. 简述精子发生的过程。

2. 影响精子的外界因素有哪些?

3. 雌性动物的生殖器官由哪几部分组成?各自有哪些生理机能?

Note

项目二　生殖激素及其应用

学习目标

▲知识目标

1. 了解生殖激素的概念、种类、作用特点及作用机理。
2. 了解 GnRH、PRL、FSH、LH、PMSG、hCG、外激素的来源、生理功能及应用。
3. 掌握催产素、雄激素、雌激素、孕激素、前列腺素的来源、生理功能、用途及其使用方法。

▲技能目标

1. 能够正确使用生殖激素调控动物的繁殖过程，重点为同期发情和超数排卵。
2. 能够正确使用催产素助产和治疗胎衣不下等产科病。
3. 能够正确使用生殖激素治疗异常发情、卵巢囊肿等繁殖障碍。

▲思政目标

1. 具有科学求实的精神和态度。
2. 具有胆大心细、敢于动手的工作态度。
3. 具有规范操作、严格消毒的专业意识。
4. 具有敢于创新、不怕失败的开拓精神。
5. 具体问题具体分析，注重理论与生产实际相结合。

扫码学课件
任务 2-1

任务一　生殖激素概述

任务分析

生殖激素概述任务单

任务名称	生殖激素概述	参考学时	2 学时
学习目标	1. 了解生殖激素的概念。 2. 了解生殖激素的种类、化学性质及作用机理。 3. 了解生殖激素的作用特点。		
完成任务	列表完成生殖激素的名称、性质、种类、英文缩写等内容。		
学习要求（育人目标）	1. 注重理论与生产实际相结合，重视问题，解决问题。 2. 能够根据需要，有针对性地查阅资料。		

Note

续表

<table>
<tr><td rowspan="2">任务资讯</td><td colspan="2">资讯问题</td><td>参考资料</td></tr>
<tr><td colspan="2">1. 哪些激素属于生殖激素？
2. 生殖激素的作用特点是什么？</td><td>1. 线上学习平台中的PPT、图片、视频及动画。
2. 傅春泉.动物繁殖技术[M].北京：化学工业出版社，2021。</td></tr>
<tr><td rowspan="3">考核标准</td><td>知识考核</td><td>能力考核</td><td>素质考核</td></tr>
<tr><td>1. 查阅相关知识内容和有关文献，完成资讯问题。
2. 完成线上学习平台的知识测试。
3. 规范完成任务报告。</td><td>1. 能够正确对应生殖激素英文缩写。
2. 能够对生殖激素进行正确分类。</td><td>1. 遵守学习纪律，服从学习安排。
2. 积极动手实践，查阅相关资料。</td></tr>
<tr><td colspan="3">结合课堂做好考核记录，按项目进行评价，考核等级分为优秀、良好、合格和不合格四种。其中优秀为85～100分，良好为75～84分，合格为60～74分，不合格为60分以下。</td></tr>
</table>

任务知识

一、生殖激素的概念

由有机体产生，经体液循环或空气传播等途径作用于机体靶器官或靶细胞，具有调节机体生理机能的微量信息传递物质或微量生物活性物质，称为激素。在激素中，与动物性器官和性细胞的发育、性行为的发生以及发情、排卵、妊娠、胚胎发育、分娩、泌乳等生殖活动有直接关系的激素，统称为生殖激素。

生殖激素的平衡协调是维持动物生殖活动顺利进行的内在生理基础。动物繁殖技术中可以利用生殖激素对生殖过程进行调控，克服不育、提高繁殖性能等。但生殖激素的作用及调节是相当复杂的，使用不当可能产生预想不到的后果及食品安全问题，所以一般不轻易使用激素来调节动物的生理活动。

二、生殖激素的种类

（一）根据来源分类

1. 脑部生殖激素 脑部生殖激素由脑部各区神经细胞核团，如松果体、下丘脑和垂体等分泌。如下丘脑能够分泌促性腺激素释放激素（GnRH）、催产素（OXT）及松果腺激素（主要为褪黑素（MLT））等；垂体前叶能够分泌一些具有促性腺功能的激素，如促卵泡素（FSH）、促黄体素（LH）、促乳素（PRL）等。

2. 性腺激素 性腺激素主要由睾丸或卵巢分泌，此外，胎盘也有所分泌。其主要种类有雌激素（E）、孕激素（P）、雄激素（A）及松弛素（RLX）等。

3. 孕体激素 孕体激素由胎儿和胎盘等孕体组织细胞产生，包括来自胎盘所分泌的激素，如孕马血清促性腺激素（PMSG）、人绒毛膜促性腺激素（hCG）等。

4. 组织激素 许多组织器官均可分泌，如前列腺素（PG）。

5. 外激素 外激素由外分泌腺体（有管腺）所分泌，也称为动物之间的“化学通信物质”。

（二）根据化学性质分类

1. 含氮激素 含氮激素包括由蛋白质、多肽、氨基酸衍生物和胺类组成的激素，如由下丘脑分泌的GnRH，由垂体分泌的FSH、LH，由胎盘分泌的PMSG、hCG等。

Note

2. 类固醇类激素　类固醇类激素又称甾体激素，主要由性腺和肾上腺分泌，对动物性行为和生殖激素的分泌有直接或间接作用，如由性腺分泌的E、P、A等。

3. 脂肪酸类激素　脂肪酸类激素主要由子宫、前列腺、精囊腺和某些外分泌腺体（外激素）分泌。据目前所知，只有PG和某些外激素属于此类。

三、生殖激素的作用特点

（1）生殖激素必须与其受体结合后才产生生物学效应，不同激素有不同的靶器官或靶组织。各种生殖激素均有其一定的靶器官和靶组织。如下丘脑分泌的促性腺激素释放激素作用于垂体，垂体分泌的促性腺激素作用于性腺，雌激素和孕激素作用于子宫、阴道、乳腺等，说明这些组织或器官具有该激素的受体。

（2）生殖激素的作用无明显的种间特异性，即来源于某种动物体内的生殖激素在另一种动物机体内也会表现出相同或相似的作用，如来源于马属动物的PMSG，可以用于牛、羊、兔等其他动物的生殖调节。

（3）生殖激素在机体内的活性丧失很快，但能引发一系列后续反应。生殖激素在半存留期有一定差异，这一特性与其化学结构有关，如PMSG的半衰期较长，持续发挥的作用时间亦相对较长，FSH的半衰期较短，发挥作用的时间也短。大部分激素从注射到出现明显生理反应之间有一段间隔时间，被称为潜伏期，如孕酮注射到动物体内，10～20 min就有90%从血液中消失，但其作用要在若干小时或若干天后才显示出来。

（4）微量的生殖激素便可产生巨大的生物学效应。如1 pg/mL的雌二醇，直接作用于阴道或子宫黏膜上，就可引起明显的生理变化。母牛妊娠时，每毫升血浆中含有6～7 ng孕酮，而在产后仍含有1 ng左右，说明血浆孕酮含量在妊娠和非妊娠生理状态之间，只有5～6 ng的差异。

（5）生殖激素所产生的生物学效应与动物所处生理时期及激素用量和使用方法有关。如前列腺素（PG）用于发情期间的动物表现为促进排卵的作用，用于黄体期的动物则有溶解黄体的作用。

（6）生殖激素的生物活性取决于化学特性。化学特性发生变化，生殖激素的生物活性也发生变化。一些人工合成的生殖激素的效价往往比天然激素效价高。

（7）生殖激素间具有协同或拮抗作用。某些生殖激素对某种生理现象有协同作用。如排卵是在LH与FSH共同作用下而发生的，又如子宫发育与乳腺发育要求雌激素和孕酮的协同作用。当然，激素间也存在拮抗作用，如雌激素刺激发情，可以引起子宫充血、蠕动加强等变化，而孕酮则抑制子宫的收缩性蠕动和敏感性，大量孕酮抑制发情。

（8）长期用蛋白质和多肽类激素会发生反应降低甚至消失的现象。如给牛注射hCG后，短期内再应用时就会出现反应性降低或不发生反应。如果使用的间隔时间延长，情况就会好转。

知识讨论

根据学习的内容，查阅相关资料，看看还有哪些生殖激素，一并列举到表2-1中。

表2-1　生殖激素分类表

激素名称	英文缩写	激素类别（产生部位）	化学本质

Note

任务二　生殖激素的生理功能与应用

生殖激素的生理功能与应用任务单

<table>
<tr><td>任务名称</td><td colspan="4">生殖激素的生理功能与应用</td><td>参考学时</td><td>4 学时</td></tr>
<tr><td>学习目标</td><td colspan="6">1. 掌握生殖激素的生理功能。
2. 掌握生殖激素的生产应用。
3. 了解生殖激素的分泌调节。</td></tr>
<tr><td>完成任务</td><td colspan="6">列表完成生殖激素的商品名称、用法、用量及注意事项等内容。</td></tr>
<tr><td>学习要求
（育人目标）</td><td colspan="6">1. 注重理论与生产实际相结合，重视问题，解决问题。
2. 能够根据需要，有针对性地查阅资料。</td></tr>
<tr><td rowspan="2">任务资讯</td><td colspan="3">资讯问题</td><td colspan="3">参考资料</td></tr>
<tr><td colspan="3">1. 生殖激素分泌异常与动物生殖有什么关系？
2. 生殖激素在调节动物生殖周期中发挥什么作用？</td><td colspan="3">1. 线上学习平台中的 PPT、图片、视频及动画。
2. 傅春泉. 动物繁殖技术[M]. 北京：化学工业出版社，2021。</td></tr>
<tr><td rowspan="3">考核标准</td><td colspan="2">知识考核</td><td colspan="2">能力考核</td><td colspan="2">素质考核</td></tr>
<tr><td colspan="2">1. 查阅相关知识内容和有关文献，完成资讯问题。
2. 完成线上学习平台的知识测试。
3. 规范完成任务报告。</td><td colspan="2">1. 能够正确分析生殖激素在生产中的应用。
2. 能够根据生殖激素学到相关的兽用商品。</td><td colspan="2">1. 遵守学习纪律，服从学习安排。
2. 积极动手实践，查阅相关资料。</td></tr>
<tr><td colspan="6">结合课堂做好考核记录，按项目进行评价，考核等级分为优秀、良好、合格和不合格四种。其中优秀为 85～100 分，良好为 75～84 分，合格为 60～74 分，不合格为 60 分以下。</td></tr>
</table>

任务知识

一、脑部生殖激素

（一）下丘脑激素

由下丘脑神经细胞合成并分泌的激素已发现至少 12 种，均为多肽类激素。一些下丘脑分泌物对垂体的分泌和释放活动具有促进作用，故称为释放激素或释放因子；另一些下丘脑分泌物对垂体的分泌和释放活动具有抑制作用，故称为抑制激素或抑制因子。

1. 促性腺激素释放激素(GnRH)

（1）生理功能

①生理剂量的 GnRH 可以引起垂体 LH 和 FSH 的释放和合成，因此，在研究 GnRH 的促 LH 释放效应时，习惯称其为促黄体释放激素（LH-RH），在研究 GnRH 的促 FSH 释放效应时，习惯称其为促卵泡素释放激素（FSH-RH）。相对而言，GnRH 对 LH 的促分泌作用比对 FSH 更迅速。

②GnRH 不但可使垂体已合成的激素立即释放，也能够刺激激素的合成。由于 GnRH 引起 LH 和 FSH 的释放，故可促使卵巢的卵泡成熟而排卵。

Note

③长时间、大剂量用 GnRH 或高效类似物，会产生抗生育作用。长时间或大剂量给予外源性 GnRH 会抑制排卵，延缓着床，阻碍妊娠，甚至引起卵巢和睾丸的萎缩，妨碍精子发生等。

④GnRH 还具有垂体外作用，即可在垂体外一些组织中直接产生作用，而不经过垂体的促性腺素途径。现已发现睾丸、卵巢、肝、肾上腺皮质、脾、肺、心脏等都有 GnRH 的低亲和力受体存在。

（2）应用　国产的 GnRH 类似物（LRH）已在畜牧业和渔业中开始应用，取得了良好的效果。对公畜有促进精子发生和增强性欲的作用，对母畜有诱导发情、排卵，提高配种受胎率的功能。可用于治疗公畜性欲减弱和精液品质下降，母畜卵泡囊肿和排卵异常（如卵巢静止）等症。在母猪配种前 2 h 或配种后 10 天内注射 GnRH 类似物（$LRH\text{-}A_1$、$LRH\text{-}A_2$ 或 $LRH\text{-}A_3$）100～200 μg/头，可以提高情期受胎率 20%～30%；用 GnRH 类似物（$LRH\text{-}A_1$）治疗牛卵巢静止和卵泡囊肿，所用剂量分别为 200～400 μg/头和 400～600 μg/头。

（3）分泌调节　GnRH 的分泌一方面受中枢神经系统的控制，另一方面又受生殖激素的反馈调节。雄性动物的生殖活动周期性不明显，雌性动物的 GnRH 分泌活动呈节律性变化。

有 3 种反馈调节机制调控其分泌。性激素通过体液途径作用于下丘脑，对 GnRH 的分泌具有长反馈调节作用。如雌激素在动物发情周期一定阶段出现的生理性高水平，对 GnRH 的分泌有正反馈调节作用，但在一般情况下则起负反馈调节作用。孕酮对 GnRH 的分泌有强烈的负反馈调节作用。这两种激素还能影响垂体对 GnRH 的反应性。垂体促性腺激素对下丘脑 GnRH 的分泌具有短负反馈调节作用。血液中 GnRH 水平对下丘脑的分泌活动也有自身引发效应，称为超短反馈调节。

2. 催产素（OXT）和加压素（VP）（又名抗利尿激素，ADH）　OXT 与 VP 的化学结构非常相似，因而其生理作用也有类似之处，但活性大小差别很大。

（1）生理功能

①OXT 能强烈刺激子宫平滑肌的收缩，是催产的主要激素。在生理条件下催产素不是发动分娩的主要因素，而是分娩开始之后继续维持和增强子宫收缩、促进分娩完成的主要激素。雌激素可以增强子宫平滑肌对催产素的敏感性，而孕酮则可抑制子宫平滑肌对催产素的反应。妊娠后期，母体内雌激素与孕酮比例逐渐发生倒置变化，使子宫平滑肌"致敏"，进而使子宫对催产素的反应性增强。

②OXT 刺激哺乳动物乳腺导管肌上皮细胞收缩，导致排乳。在生理条件下，OXT 是引起"排乳反射"的重要环节，在哺乳（或挤乳）过程中起重要作用。同时，产后幼畜吮乳可加强子宫收缩，有利于胎衣排出和子宫复原。

③OXT 刺激子宫分泌 PG，引起黄体溶解而诱导发情。卵巢黄体产生的 OXT 通过自分泌和旁分泌作用，调节黄体的功能，促进黄体溶解。

④OXT 可增强输卵管的蠕动，对发情、排卵有抑制作用，能够使雌性生殖道收缩。

⑤OXT 还具有 VP 的作用，即抗利尿和使血压升高。同样，VP 也具有微弱的 OXT 的作用。

（2）应用　OXT 的商品名也称缩宫素或速娩，常用于促进分娩，治疗胎衣不下、子宫脱出、子宫出血及促进子宫内容物（如恶露、子宫积脓或木乃伊胎）的排出等。事先用雌激素处理，可增强子宫对 OXT 的敏感性（激素的协同作用）。OXT 用于催产时必须注意用药时期，在产道未完全扩张前大量使用 OXT，易引起子宫撕裂。

将 OXT 与雌激素及杀菌药物复合，生产的"复方缩宫素乳剂"，可用于诱导发情和治疗生殖道疾病，并可用于预防母畜生殖疾病。

催产素的一般用量：马、牛为 30～50 IU，猪、羊为 10～20 IU。

（3）分泌调节　神经因素和体液因素可调节 OXT 的分泌和释放。刺激阴道和乳腺以及异性刺激，均可通过神经传导途径引起 OXT 的分泌和释放。雌激素对 OXT 受体的合成具有促进作用，因此对 OXT 的生物学作用具有协同作用。

（二）垂体促性腺激素

垂体是一个很小（马、牛 2～5 g，猪、羊 0.4～0.5 g）的腺体，位于蝶骨的下部。垂体一般分为腺垂体和神经垂体两部分。腺垂体包括远侧部、结节部和中间部；神经垂体分为神经部和漏斗，漏斗包括漏斗柄、灰结节的正中隆起。远侧部和结节部合称为前叶，神经部和中间部合称为后叶。远侧部是构成前叶的主要部分，为腺体组织，垂体促性腺激素和其他多种激素都在此分泌。结节部是否有内分泌功能还不清楚。中间部是介于远侧部和神经部之间的一条窄组织带，哺乳类动物（特别是人）的中间部不发达或不明显。后叶神经部是神经垂体的主要部分，催产素和加压素实际上由下丘脑合成后通过神经细胞轴索，顺着漏斗柄直接到达后叶储存和释放，因此后叶不是制造该激素的器官，而是一个储存器官。

下丘脑与腺垂体之间有独特的血管联系，即由垂体上动脉和垂体下动脉所形成的垂体门脉系统。垂体门脉系统是下丘脑调节腺垂体激素分泌的主要神经体液途径。它提供了下丘脑分泌的释放激素，经正中隆起的微血管丛而直接到达腺垂体的通道，可以保证极微量的下丘脑释放激素迅速而直接地运至腺垂体，不必通过体循环而遭到冲淡或耗损。

垂体是重要的神经内分泌器官，其腺垂体可分泌 7 种激素，分别由 6 种分泌细胞（2 种嗜酸性细胞和 4 种嗜碱性细胞）合成和分泌。腺垂体分泌的生殖激素主要有促卵泡素（FSH）、促黄体素（LH）、促乳素（PRL，也称促黄体生成素）。LH 和 FSH 主要以性腺为靶器官，PRL 的靶器官为乳腺和卵巢，因此这些激素称促性腺激素（GTH）。促性腺激素均为糖蛋白激素，相互间可协同作用。

1. 促卵泡素（FSH）（又名卵泡刺激素）

（1）生理功能

①FSH 对母畜的作用：主要是刺激卵泡生长和发育，还可在促黄体素的协同作用下，刺激卵泡成熟、排卵。一般认为，FSH 能影响生长卵泡的数量，为卵泡发育和卵泡腔的形成所必需，在 LH 的协同作用下，促进卵泡最后成熟、排卵并使颗粒细胞黄体化。催化睾酮转变为雌二醇，进而刺激子宫发育并出现水肿。

②FSH 对公畜的主要作用：主要是促进生精上皮发育和精子的形成。FSH 能促进曲细精管的增长，促进生精上皮分裂，刺激精原细胞增殖，并在睾酮的协同作用下促进精子形成。一般认为，正常精子生成时两种促性腺激素（FSH 与 LH）都需要，只是 LH 的作用是间接通过刺激睾酮分泌来实现的。

（2）应用　FSH 常用于诱导母畜发情、排卵和超数排卵，胚胎移植时对供体做超数排卵处理，一般用 FSH 加 LH 配合使用。由于 FSH 半衰期短，故使用时必须多次注射才能达到预期效果。

FSH 常用于治疗卵巢功能疾病，如长期乏情或间情期过长；卵巢静止、卵泡发育中途停滞或两侧卵巢交替发育；对多卵泡发育，FSH 能促使较大卵泡发育成熟，小卵泡闭锁；对持久黄体能促使其萎缩，诱导卵巢新卵泡生长；另外，FSH 对公畜提高精子密度也有一定作用。

（3）分泌调节　FSH 的分泌受下丘脑 GnRH、卵泡抑制素、活化素等因素的直接调节，同时受卵泡分泌的雌激素的反馈调节。GnRH 和活化素可以促进 FSH 的分泌，卵泡抑制素则可抑制 FSH 的分泌。低剂量的雌激素可以促进 FSH 的分泌，但大剂量的雌激素则可抑制 FSH 的分泌。当雌激素与孕激素在一起处于较高水平时，能抑制 FSH 和 LH 的分泌。季节、光照等外界环境变化，通过神经系统调节下丘脑 GnRH 的分泌，进而影响促性腺激素的分泌。

2. 促黄体素（LH）（又名促间质细胞素，ICSH）

（1）生理功能

①LH 对母畜的主要作用：LH 可促使卵巢血流加速，在 FSH 作用的基础上，选择性促进卵泡成熟排卵；排卵后使颗粒细胞转变为黄体细胞，并能刺激黄体形成和分泌孕酮。

②LH 对公畜的主要作用：LH 可刺激睾丸间质细胞合成和分泌睾酮，这对副性腺的发育和精子的最后形成起决定性作用。

（2）应用　主要用于诱导排卵，治疗卵泡囊肿和黄体发育不全引起的早期胚胎死亡或早期习惯性流产等。对于治疗公畜性欲不强、精液和精子量少、隐睾等有一定效果。因为 LH 来源有限、价格较贵，所以常用 hCG 替代。LH 一般与 FSH 配合应用于超数排卵。

Note

(3) 分泌调节　垂体中 LH 的分泌主要受下丘脑 GnRH 和内源性阿片肽的调节。GnRH 可以促进垂体 LH 的分泌与释放,内源性阿片肽则抑制垂体分泌 LH。由性腺分泌的类固醇激素对垂体 LH 的分泌有反馈调节作用。在排卵前,成熟的卵泡分泌大量雌激素,触发垂体前叶分泌大量 LH(正反馈)而引起排卵。兔、猫、貂等动物是在交配后才排卵,与交配活动相关的感受性刺激,能反射性地引起 LH 的排卵峰。

LH 促进睾丸间质细胞分泌睾酮,而血中睾酮能抑制 LH 的分泌,通过这种负反馈调节,可使血液中睾酮的浓度稳定于某个水平。

3. 促乳素(PRL)(又名催乳素、促黄体生成素,LTH)

(1) 生理功能

①促进乳腺发育和乳汁生成:在性成熟前,PRL 与雌激素协同作用,维持乳腺(主要是导管系统)发育。在妊娠期,PRL 与雌激素、孕激素共同作用,维持乳腺腺泡系统的发育。对鸟类,可促进鸽子的嗉囊发育,并分泌哺喂雏鸽的嗉囊乳。

②维持妊娠:在鼠类和绵羊中,PRL 构成促黄体复合物的一部分,具有维持黄体分泌功能的作用,故又称促黄体生成素(LTH)。它可刺激妊娠黄体表达 LH 受体或 hCG 受体,具有促进孕酮合成的作用。因此,PRL 具有维持妊娠的作用。

③抑制性腺机能发育:哺乳动物在哺乳期,PRL 水平升高,通过反馈调节机制抑制 FSH 和 LH 分泌,是造成泌乳期生理性乏情的重要原因。高产奶牛血液中 PRL 水平较高,可以抑制卵巢发育,影响发情。

④行为效应:动物的生殖行为可分为"性爱"与"母爱"两种类型,前者受 GTH 控制,后者受 PRL 的调控。动物在分娩后,GTH 和性激素水平降低,PRL 水平升高,母爱行为增强,如禽类的抱窝性、鸟类的反哺行为等。在家兔中,PRL 还与其产仔前脱毛和造窝行为有关。

⑤对雄性个体的作用:PRL 可能具有维持睾酮分泌的作用,并与雄激素协同,刺激副性腺的分泌。

(2) 应用　PRL 主要用于促进乳腺发育和治疗少乳症。

(三) 松果腺激素

松果腺又名脑上腺或松果体。松果腺是具有多种生理功能的神经内分泌器官,对动物生殖系统、内分泌系统和生物节律系统都有很明显的调节作用。松果腺能分泌多种生物活性物质,其中褪黑素(MLT)最多。

1. 褪黑素(MLT)的生理功能　MLT 可通过下丘脑-垂体-性腺轴影响生殖系统功能。MLT 可抑制 GnRH、GTH、性激素的分泌与释放,抑制性腺发育,增强雌激素对 FSH、LH 和 GnRH 的负反馈调节作用,促进动物生长。

光照对 MLT 的合成和节律性有抑制作用,尤其在冬季短日照条件下,光照的抑制作用更明显,通过延长光照抑制 MLT 的合成可促进性腺的活动。

动物生殖活动的周期性与松果体节律性分泌 MLT 有关。松果体的节律性活动有三种类型。

(1) 日节律　指 MLT 合成和分泌在 24 h 内的周期性变化。通常,夜间暗光信号促进 MLT 的合成。禽类排卵(产蛋)和哺乳动物其他内分泌生殖激素在 24 h 内的变化规律与 MLT 日节律分泌有关。

(2) 月节律　即 MLT 分泌在一定时期(1 个月以内)的周期性变化。MLT 的月节律与动物发情周期(或月经周期)有关。

(3) 年节律或季节性节律　即 MLT 分泌在 1 年内的周期性变化,通常与季节性发情动物的生殖活动有关。如绵羊、鹿及大多数野生动物的生殖活动(发情排卵)多发生于长日照与短日照交替季节。

2. 应用　常用 MLT 皮下埋植、口服、阴道海绵栓及瘤胃内放置 MLT 制剂等作为诱导发情的方法,但应注意用药频率、持续时间和剂量。

皮下埋植可使绵羊和山羊的繁殖季节提前，每年出现 2 个繁殖季节，初情期提早出现，并使受胎率和产羔率明显提高。

青年母猪每天 15:00 饲喂 3 mg MLT，可以克服性成熟的季节性抑制（而皮下埋植则没有效果），而且提前性成熟的作用不受光照时数的影响。

蛋鸡生产中，在冬季进行人工光照可以提高产蛋量。

二、性腺激素

由睾丸和卵巢分泌的激素，统称为性腺激素。由睾丸分泌的雄激素（A）和由卵巢分泌的雌激素（E）、孕激素（P），统称为性腺类固醇激素（SGS）。类固醇激素在体内分解很快。性腺激素也可由胎盘、肾上腺皮质部少量分泌。雌性体内有少量雄激素，雄性体内有少量雌激素。类固醇激素的合成都来自基础前体胆固醇，由胆固醇衍化而来的孕烯醇酮可看作是所有类固醇激素的母体，然后生成何种激素皆由孕烯醇酮进行转化。孕激素、雄激素和雌激素是可以转化的，其中转化途径的选择与生成的最终产物取决于细胞类型及其所具有的酶系。

松弛素（RLX）是由卵巢中妊娠黄体分泌的一种性腺多肽类激素。抑制素由卵巢和睾丸分泌，是一种存在于卵泡液和精清中的糖蛋白。

抑制素最基本的生物学作用是抑制垂体的 FSH 分泌，利用抑制素作为免疫原，通过主动免疫或被动免疫，中和内源性抑制素，提高动物的排卵率。

（一）雄激素（A）

雄激素主要有睾酮（T）和雄烯二酮。

1. 生理功能

（1）促进雄性生殖器官发育：雄激素可促进雄性生殖道、副性腺的生长、发育和机能。

（2）刺激精子发生：对于成年动物，雄激素可刺激精细管发育，有利于精子生成。

（3）维持雄性性欲：刺激并维持雄性动物的性行为。摘除睾丸后，由于无雄激素的分泌，雄性动物性欲也就会逐渐消失。

（4）维持附睾的发育，并维持精子在附睾中的存活时间。

（5）促进雄性第二性征的发育，包括蛋白质合成增强，促进肌肉及骨骼发育。

（6）雌性动物雄激素对雌激素有拮抗作用，可抑制雌激素引起的阴道上皮角质化，对维持雌性动物的性欲和第二性征的发育具有重要作用。通过负反馈调节作用抑制下丘脑或垂体分泌 FSH 和 LH，结果雄激素分泌减少，以保持体内激素的平衡状态。胚胎期给雌性动物应用雄激素，可使雌性胚胎失去生殖能力，因此，异性孪生母犊通常不育。

2. 应用 主要用于治疗雄性动物性欲不强、阳痿和性功能减退症。雌性动物或去势雄性动物用雄激素处理后，可用作试情动物。常用的药物为丙酸睾酮，皮下注射或肌内注射均可。

正常雄性动物应用雄激素处理，虽在短时期内对提高性欲有利，但对提高精液品质不利，雄激素更有可能通过负反馈调节作用影响性欲。因此，临床应用雄激素时，必须慎重。

（二）雌激素（E）

雌激素主要有三种形式，即雌二醇、雌酮和雌三醇。其中雌二醇是雌激素的代表，卵泡分泌的主要是雌二醇及少量雌酮。而雌三醇为前两者的代谢产物，可在尿中发现。

1. 生理功能

（1）对初情期前后的动物，雌激素可促进其生殖器官的发育（如初情期前摘除卵巢，生殖道就不能发育；初情期后摘除卵巢，则生殖道退化）；促进乳腺管状系统的发育；抑制长骨的发育，因而成熟的雌性个体较雄性个体小；刺激第二性征的出现。

（2）在发情周期，刺激卵泡发育；雌激素在少量孕酮协助下，作用于中枢神经系统，可以使雌性动物出现性欲及性兴奋，诱导发情行为；刺激子宫和阴道腺上皮增生、角质化，并分泌稀薄黏液，为交配活动做准备；刺激子宫和阴道平滑肌收缩，促进精子运行，有利于精子与卵子结合。

(3) 在妊娠期，刺激乳腺腺泡和管状系统发育，并对分娩启动具有一定作用。

(4) 在分娩期间，与OXT有协同作用，刺激子宫平滑肌收缩，有利于分娩。

(5) 在泌乳期间，与促乳素有协同作用，可以促进乳腺发育和乳汁分泌。

(6) 雌激素对雄性动物的生殖活动主要表现为抑制效应。可以使雄性动物睾丸萎缩，副性腺退化，最终引起不育。

2. 应用 人工合成的雌激素类似物种类很多，虽然化学结构与天然雌激素不相同，但具有雌激素的生物活性。最常见的人工合成的雌激素类似物主要有己烯雌酚、二丙酸己烯雌酚、二丙酸雌二醇、己雌酚、双烯雌酚、苯甲酸雌二醇等。

雌激素在临床上主要配合其他药物用于诱导发情、人工诱导泌乳、治疗胎盘滞留、人工流产等，还可用于雄性动物的“化学去势”。

(三) 孕激素(P)

孕激素在雌性动物和雄性动物体内均存在，其既是雄激素和雌激素生物合成的前体，又是具有独立生理功能的类固醇激素。孕激素种类很多，通常以孕酮为代表。

1. 生理功能 在生理状况下，孕激素主要与雌激素共同作用于雌性动物，通过协同和拮抗两种途径调节生殖活动。

(1) 孕酮能促进生殖道和乳腺发育 生殖道受到雌激素刺激而开始发育，但只有在经过孕酮的作用后才能发育得更充分。孕酮能在雌激素刺激乳腺腺管发育的基础上刺激乳腺泡系统的发育，并与雌激素共同维持乳腺的发育。

(2) 促进胚胎着床并维持妊娠 促进子宫黏膜层加厚，子宫腺增大，刺激子宫内膜腺体分泌，抑制子宫肌肉收缩，促进子宫颈口和阴道收缩，使子宫颈黏液变稠。

(3) 调节发情 少量孕酮与雌激素有协同作用，促进发情的行为表现。大量孕酮具有对下丘脑或垂体前叶的负反馈调节作用，抑制FSH和LH的释放而能够抑制发情。因此，血浆孕酮水平的消长，反馈调节着性腺的功能。当孕酮水平急剧下降时，卵泡即开始发育，引起发情和排卵，因此，应用孕酮可以控制发情。因为大量孕酮还能对抗雌激素作用，阻止子宫敏感化和抑制发情，所以妊娠期黄体和胎盘分泌的孕酮对妊娠后期产生的雌二醇具有对抗作用。

2. 应用 合成的孕激素制剂很多，如甲羟孕酮(MAP)、甲地孕酮(MA)、氯地孕酮(CAP)、氟孕酮(FGA)、炔诺酮、16-次甲基甲地孕酮(MGA)、18-甲基炔诺酮等。合成孕激素的特点是比较稳定，可口服也可用于注射或制成阴道栓，生理活性大。天然孕酮一般口服无效，故常制成油剂用于肌内注射，也可制成丸剂做皮下埋植，或制成乳剂用于阴道栓。合成的孕激素制剂的具体应用如下：

(1) 防止功能性流产，主要是内源性孕激素不足引起的流产。

(2) 结合应用促性腺激素和孕激素，诱导同期发情或诱导超数排卵。

(3) 治疗牛、马卵泡囊肿或排卵延迟。

(4) 检测血或乳汁中孕酮浓度进行早期妊娠诊断或卵巢功能紊乱诊断。

(四) 松弛素(RLX)

1. 生理功能 松弛素的主要生理功能是刺激子宫颈软化，为分娩做相应的准备。在正常生理条件下，它必须在雌激素和孕激素预先作用后才能发挥显著的作用。由于松弛素参与体内硫酸黏多糖的解聚作用，因而可以使骨盆韧带、耻骨联合松弛，以利于分娩时胎儿产出。分娩时与其他激素共同作用可促使子宫颈口开张、子宫肌肉舒张。

2. 应用 松弛素商品制剂临床上可用于子宫镇痛、预防流产和早产以及诱导分娩等。

三、胎盘激素

母体妊娠期间胎盘几乎可以产生垂体和性腺所分泌的多种激素，这对维持孕畜的生理需要及平衡起着重要作用。目前所知，在生产中应用价值较大的胎盘促性腺激素主要有两种，即孕马血清促性腺激素(PMSG)和人绒毛膜促性腺激素(hCG)。

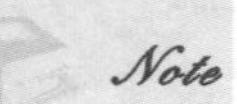

（一）孕马血清促性腺激素(PMSG)

PMSG 主要由马属动物(马、驴、斑马等)胎盘的尿囊绒毛膜子宫内膜杯状结构双核细胞产生，是胚胎的代谢产物，所以又称马绒毛膜促性腺激素(eCG)。PMSG 的化学本质与垂体 GTH 类似。

1. 生理功能 PMSG 对妊娠母马本身的确切功能和生物学特性至今尚不清楚，尚待深入研究、论证。对其他动物而言，PMSG 的生物学效应与 FSH 类似，也有 LH 的作用。

(1) 对雌性动物具有促进卵泡发育、排卵和黄体形成的功能。

(2) 对雄性动物具有促进精细管发育和性细胞分化的作用。

2. 应用 PMSG 在临床上的应用与 FSH 类似，PMSG 是一种经济实用的促性腺激素，在生产上常用来代替较昂贵的 FSH 而广泛应用于动物的诱导发情、超数排卵或提高排卵率(如提高双羔率)；对卵巢发育不全、卵巢静止、持久黄体或雄性生精能力衰退等也都可收到一定疗效。PMSG 的半衰期较长，因此诱导发情或超数排卵时一般只需用 PMSG 处理一次，比用 FSH 简单，但效果不如用 FSH 可靠，动物个体对 PMSG 的反应性差异很大。

PMSG 在体内残留的时间长，故易引起卵巢囊肿(可使牛的卵巢达拳头般大小)。囊肿卵巢分泌的类固醇激素水平异常升高，不利于胚胎发育和着床。为了克服 PMSG 的残留效应，近年来趋向于在用 PMSG 诱导发情后，追加抗 PMSG 抗体，以中和体内残留的 PMSG，提高胚胎质量。

PMSG 的使用一般以肌内注射最方便，用于诱导猪、马、牛、羊发情的常用剂量分别为 750～1000 IU、1000 IU、1000～1500 IU 和 200～400 IU，用于牛和羊睾丸机能衰退和死精症的剂量分别为 1500 IU 和 500～1200 IU。

（二）人绒毛膜促性腺激素(hCG)

hCG 主要由人或灵长类动物妊娠早期的胎盘绒毛膜滋养层细胞所分泌。hCG 与 LH 在结构上的相似性，导致它们在靶细胞上有共同的受体结合位点，而且具有相同的生理功能。

1. 生理功能 hCG 的生理功能与 LH 相似，对雌性动物具有促进卵泡成熟、排卵和形成黄体并分泌孕酮的作用，对雄性动物具有刺激精子生成、间质细胞发育并分泌雄激素的作用。鼠、家兔、骆驼等诱发性排卵动物注射 hCG 后，即使不刺激阴道也可排卵。

2. 应用 因为 hCG 的提取主要使用孕妇尿，所以其是一种相当经济的 LH 代用品，实际上，它还具有一定的 FSH 的作用，其临床效果往往优于单纯 LH。

(1) hCG 主要用于促进雌性动物卵泡成熟和排卵。据报道，hCG 尤其对促进马、驴排卵和提高受胎效果明显。

(2) 可用于增强超数排卵效果，通常在使用 FSH 或 PMSG 促使雌性动物发情后，配种前注射 hCG，可使超数排卵效果提高。

(3) 同期发情处理时，结合应用 hCG 可使排卵时间趋于一致。不仅使排卵数较多，而且可在应用 hCG 之后 12～24 h 定时人工授精。

(4) 治疗排卵延迟或卵泡囊肿及慕雄狂有一定疗效。

(5) 对性腺发育不良或阳痿的公畜，有一定促进睾丸发育和生精的作用，使阳痿有所改善。

由于 hCG 属于大分子蛋白质激素，具有一定的抗原性，多次频繁使用后，尤其是静脉注射，会引起抗体形成，同时有可能会产生免疫性的过敏反应，须引起足够的重视。

四、其他激素

（一）前列腺素(PG)

目前已知的天然前列腺素分为三类九型。三类代表环外双键的数目，用 1、2、3 表示，缩写为 PG_1、PG_2 和 PG_3。九型代表环上取代基和双键的位置，用 A、B、C、D、E、F、G、H 和 I 表示，侧链取代基还有 α、β 两种构型。不同类型的 PG 具有不同的生理功能。在生殖系统中起作用的前列腺素主要

Note

是 $PGF_{2\alpha}$ 和 PGE_2。

1. 生理功能

(1) 溶解黄体作用　由子宫内膜产生的前列腺素通过逆流传递机制，即由子宫静脉透入卵巢动脉，运输到卵巢，作用于黄体。应用外源性 $PGF_{2\alpha}$ 证明，母牛发情周期的第 4 天后，向同侧子宫角内注入 $PGF_{2\alpha}$ 或静脉注射 $PGF_{2\alpha}$，均能引起溶黄体作用的发生，并于给药后 2～4 天发情，妊娠的前 120 天注射 $PGF_{2\alpha}$，将于 1 周内流产。

(2) 促排卵作用　PG 可能触发卵泡壁降解酶的合成作用，同时 PG 可由于刺激卵泡外膜组织的平滑肌纤维收缩，增大了卵泡内压力而导致卵泡破裂和卵子排出。

(3) 促生殖道收缩作用　PG 可影响输卵管活动和受精卵的运行。PGF 倾向于使输卵管闭塞，使受精卵在管内滞留；PGE 则解除这种闭塞，有利于受精卵运行。PG 对输卵管所呈现的复杂的作用，其效果在于调节受精卵发育和子宫状态的同步化。PG 与子宫收缩和分娩活动有关。注射 $PGF_{2\alpha}$，可引起妊娠子宫收缩。动物分娩时，血浆 $PGF_{2\alpha}$ 水平上升是触发分娩的重要因素之一。PG 在子宫内的产生和释放与雌激素的升高有关。催产素可刺激 $PGF_{2\alpha}$ 水平上升，而 $PGF_{2\alpha}$ 又可提高子宫平滑肌对催产素的敏感性。PG 在触发分娩方面的重要作用是肯定的。

2. 应用　主要用于诱导母畜发情、排卵、同期发情、促进产后子宫复原、控制分娩(如诱发母猪白天分娩)以及治疗黄体囊肿、持久黄体、子宫内膜炎、子宫积水和子宫积脓等症，还可用于提高公畜的繁殖力及提高人工授精效果。

天然 PG 生物活性极不稳定，静脉注射到体内极易被分解(约 95%在 1 min 内被代谢)。人工合成 PG 类似物主要有氯前列烯醇。人工合成的 PG 类似物与天然激素相比，具有作用时间长、生物活性高、不良反应小等优点。$PGF_{2\alpha}$ 高效类似物 ICI80996 和 ICI181008，其溶解黄体活性分别相当于天然 $PGF_{2\alpha}$ 的 200 倍和 100 倍。ICI80996 促子宫收缩作用与天然 $PGF_{2\alpha}$ 相当，比较适用于牛；ICI181008 促子宫收缩活性较低，由于马对子宫收缩引起的疼痛比较敏感，所以 ICI181008 比较适用于马，又名配马素。

(二) 性外激素

外激素是指由动物机体释放到外界环境中，能引起同类动物不同个体间发生一系列行为和生理反应的化学物质。能够分泌外激素的腺体主要有皮脂腺、汗腺、唾液腺、下颌腺、耳下腺、包皮腺等。有些动物的乳汁、尿液、粪便中亦含有外激素。其中与性活动有关的外激素统称为性外激素。

1. 性外激素的生理功能

(1) 召唤异性　雌性动物分泌的性外激素可召唤雄性动物侍候雌性动物，直到雌性动物出现发情并与之交配，这种现象在鸟类多见。雄性动物分泌的性外激素可引诱雌性动物，使雌性动物接受交配。如公猪分泌的性外激素，可使相距较远的发情母猪与公猪相会。

(2) 刺激求偶行为　性外激素可诱导发生性行为反应，使公畜嗅闻母畜外阴及其分泌物，母畜向公畜靠拢。

(3) 激发交配行为　性外激素可激发雄性的交配行为，也可使雌性愿意接受交配。如母猪在公猪性外激素刺激下表现出“静立反射”行为。目前，国外利用人工合成的公猪性外激素类似物进行母猪催情、试情、增加产仔数、提高繁殖力，取得了肯定性的结果。

此外，性外激素对异性和同性的生殖内分泌调节以及发情、排卵均有一定程度的影响，主要表现在“异性刺激”或“公羊效应”“群居效应”等方面。

2. 性外激素的应用　现在人们已注意到应用天然的性外激素(即来自动物体本身的)以提高动物繁殖力，而且国外已开始生产和应用人工合成的性外激素。公猪的性外激素现在已在养猪业中用于母猪催情，母猪的试情，公猪的采精训练，解决猪群的母性行为和识别行为，为寄养提供方便的方法。公羊的气味可以看作性外激素，可以促进青年母羊性成熟，促进季节性乏情母羊提前结束休情期，并可延长发情时间，促使母羊发情集中、排卵提早，并可提高母羊的排卵率和产羔率。

巩固训练

一、单项选择题

1. 对卵泡的生长发育起主要作用的激素是(　　)。

A. FSH　　B. LH　　C. GnRH　　D. OXT

2. FSH 由(　　)分泌。

A. 下丘脑　　B. 垂体前叶　　C. 垂体后叶　　D. 卵巢

3. 垂体后叶所储存的生殖激素是(　　)。

A. 促卵泡素　　B. 促黄体素　　C. 促乳素　　D. 催产素

4. 雌激素与孕激素共同作用促进母畜发情,该效应属于激素间的(　　)作用。

A. 拮抗　　B. 竞争　　C. 协同　　D. 共生

5. 动物的某些母性行为,如禽类的抱窝性和鸟类的反哺行为是(　　)作用的结果。

A. 促卵泡素　　B. 促黄体素　　C. 促乳素　　D. 催产素

6. 经诊断,某母畜存在持久黄体,最好选择(　　)进行治疗。

A. 雌激素　　B. 前列腺素　　C. 孕激素　　D. 促性腺激素

7. 雄激素主要由公畜睾丸的(　　)分泌。

A. 颗粒细胞　　B. 间质细胞　　C. 上皮细胞　　D. 生精细胞

二、判断题

1. 生殖激素的作用特点是量小作用大,而且半衰期长,作用持久。(　　)
2. 雄激素只有雄性动物可以分泌,它可以促进雄性第二性征的出现。(　　)
3. 孕酮和前列腺素均可用于家畜的同期发情。(　　)
4. 在同期发情处理中,可使用 $PGF_{2\alpha}$ 延长黄体期,达到同期发情目的。(　　)
5. 生殖激素是指由动物生殖器官产生的激素。(　　)
6. 促进母畜出现发情征状的主要激素是雌激素。(　　)
7. PMSG 与 FSH 的作用相似,常用于家畜超数排卵。(　　)

三、简答题

1. 简述生殖激素的作用特点。
2. 简述孕激素的生理功能。
3. 简述性外激素的生理功能及其在畜牧生产中的应用。

项目三　母畜的发情

学习目标

▲知识目标

1. 了解母畜性功能发育的阶段及各阶段特点。
2. 理解发情和发情周期的含义，掌握发情周期的阶段划分及各阶段特点。
3. 掌握母畜发情鉴定的意义及各种鉴定方法。
4. 了解母畜异常发情的类型和原因。

▲技能目标

1. 能够正确进行母猪的发情鉴定。
2. 能够正确进行母牛、母羊的发情鉴定。
3. 知晓其他动物的发情鉴定方法。

▲思政目标

1. 具有“三勤四有五不怕”的专业精神，科学求实的精神和态度。
2. 遵循“认清规律，尊重规律，掌握规律”的法则。
3. 具有“学一行，爱一行，钻一行”的钉子精神。
4. 注重理论与生产实际相结合，重视问题，解决问题。
5. 树立良好的职业道德意识、艰苦奋斗的作风和爱岗敬业的精神。

扫码学课件
任务 3-1

任务一　母畜的生殖机能发育

任务分析

母畜的生殖机能发育任务单

任务名称	母畜的生殖机能发育	参考学时	1学时
学习目标	1. 了解影响初情期的因素。 2. 理解性成熟的概念和特征。 3. 掌握各种动物的初配适龄。		
完成任务	根据教师讲授及相关知识的学习，具备以下技能： 1. 熟知各种动物的初情期，能够正确描述初情期的特征。 2. 动物初配年龄的选择与确定。 3. 熟知各种动物的种用年限。		

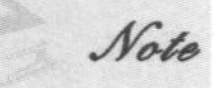

续表

<table>
<tr><td>学习要求
（育人目标）</td><td colspan="6">1. 具有“三勤四有五不怕”的专业精神，科学求实的精神和态度。
2. 遵循“认清规律，尊重规律，掌握规律”的法则。
3. 具有“学一行，爱一行，钻一行”的钉子精神。
4. 注重理论与生产实际相结合，重视问题，解决问题。
5. 树立良好的职业道德意识、艰苦奋斗的作风和爱岗敬业的精神。</td></tr>
<tr><td rowspan="2">任务资讯</td><td colspan="3">资讯问题</td><td colspan="3">参考资料</td></tr>
<tr><td colspan="3">1. 影响动物性成熟的因素有哪些？
2. 初配适龄对生产的指导意义是什么？</td><td colspan="3">1. 线上学习平台中的 PPT、图片、视频及动画。
2. 中国大学 MOOC。</td></tr>
<tr><td rowspan="3">考核标准</td><td colspan="2">知识考核</td><td colspan="2">能力考核</td><td colspan="2">素质考核</td></tr>
<tr><td colspan="2">1. 查阅相关知识内容和有关文献，完成资讯问题。
2. 准确完成线上学习平台的知识测试。
3. 任务单的学习和完成情况。</td><td colspan="2">1. 学习态度：纪律遵守情况、学习认真程度、课堂互动参与情况等。
2. 学习能力：课堂表现力、课程内容掌握情况、知识延展能力等。</td><td colspan="2">1. 遵守学习纪律，积极参与教学环节。
2. 积极思考，按要求完成学习任务。</td></tr>
<tr><td colspan="6">结合课堂做好考核记录，按项目进行评价，考核等级分为优秀、良好、合格和不合格四种。其中优秀为 85～100 分，良好为 75～84 分，合格为 60～74 分，不合格为 60 分以下。</td></tr>
</table>

任务知识

一、初情期

初情期是指母畜开始出现发情、排卵现象的时期。初情期母畜生殖器官迅速发育，开始出现性活动，开始有繁殖后代的能力，但又由于生殖器官还未发育完全，繁殖机能也不成熟，虽常常有发情表现，但发情周期不正常、发情征状不明显，常为安静发情，没有明显的规律性。影响初情期早晚的因素很多，主要有以下几个方面。

（一）品种

一般说来，个体小的品种，其初情期较个体大的早。例如在奶牛中，娟姗牛平均初情期为 8 月龄，荷斯坦牛为 11 月龄，爱尔夏牛为 13 月龄。国内的地方品种（如太湖猪、湖羊等）的初情期一般较国外的品种早。

（二）气候

温度、湿度和光照等气候因素对初情期也有很大影响。与北方相比，南方地区气候湿热，光照时间长，各种动物的初情期较早。同样，热带地区动物的初情期较寒带或温带的早。

（三）营养水平

在高营养水平条件下饲养的动物，生长发育较快，达到初情期体重所需时间较短，所以初情期较早。相反，在较低营养水平条件下饲养的动物，生长发育缓慢，达到初情期体重所需的时间较长，所以初情期较晚。但是，如果营养水平过高，动物饲养过肥，虽然体重增长很快，初情期反而延迟。一般情况下，体重到达成年体重的 30%～40%就会出现初情期。

（四）出生季节

出生季节对初情期的影响主要与气候因素和营养水平有关。季节性发情的动物的初情期受出生季节的影响较大。在适宜季节出生时，由于气候适宜，饲草和饲料丰富，生长速度较快，所以初情

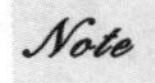

期较早。相反，如果气候因素及环境条件恶劣，饲草和饲料资源短缺，会影响动物正常的生长发育，导致初情期推迟。

二、性成熟期

性成熟期是指动物的生殖器官已基本发育成熟，发情排卵趋于正常，开始产生成熟的生殖细胞，基本具备了繁殖后代能力的时期。性成熟期时，动物体重占成年体重的50%～60%。性成熟后，母畜具备了正常的发情周期和繁殖机能，但是母畜的其他器官尚未发育完全，如此时对母畜进行配种，母畜可能妊娠，但一般会出现产仔数少、仔畜品质较低等情况，甚至影响母畜自身的正常发育。因此性成熟阶段不宜对母畜进行配种，以免影响母畜自身的发育和胎儿的发育，降低母畜一生的生产力。

动物性成熟的一般规律：小动物的性成熟早于大动物，早熟品种早于原始品种与晚熟品种，温暖、健康、营养好的动物性成熟较早。

三、初配适龄

初配适龄，也称适配年龄，是指根据母畜个体发育情况和使用目的而确定的母畜首次配种的年龄。初配适龄是在性成熟后，体重到达成年体重的70%左右之时，此时母畜各器官发育基本完全，能产生正常的生殖细胞，已具备繁殖能力，同时具备了本品种的外貌特征，如果妊娠也不会影响母体和胎儿的生长发育，是进行配种的适宜时间。

在生产中，配种时间过早会影响母畜的生长发育和胎儿的质量，配种时间过晚又会因延长饲养时间而降低母畜的使用价值，造成经济损失，故初配适龄对生产具有重要的指导意义，具体时间应当根据个体发育情况结合年龄、体重和品种等特征综合判断，如当前我国规定黑白花奶牛16月龄体重到达350 kg才能进行初配，没有到达的350 kg的须在20月龄后才能配种。猪在8～12月龄（地方品种5～6月龄50～60 kg，培育品种或外二元杂交母猪8～9月龄120～130 kg）适合初配。

四、体成熟期

母畜全身各个器官的发育都达到了完全成熟，即出生后到达成年体重的年龄称为体成熟期。在生产中应该注意的是母畜的初配适龄一般在性成熟期之后、体成熟期之前，即母畜配种受胎时，躯体仍未完全发育成熟，需再经过一段时间才能达到成年体重。

五、繁殖机能停止期

母畜经过多年的繁殖活动，生殖器官逐渐老化，机能逐渐下降，直至丧失繁殖能力。实际生产中，一般在母畜繁殖机能停止之前，若生产效益明显下降，就应开始淘汰。如奶牛繁殖机能停止的年龄可达15岁以上，但其11岁左右泌乳量就明显下降，多于此时淘汰。

常见母畜的初情期、性成熟期、初配适龄、体成熟期和繁殖年限见表3-1。

表3-1 常见母畜的初情期、性成熟期、初配适龄、体成熟期和繁殖年限

动物种类	初情期	性成熟期	初配适龄	体成熟期	繁殖年限
黄牛	8～12月龄	10～14月	1.5～2.0岁	2～3年	13～15年
奶牛	6～12月龄	12～14月	1.3～1.5岁	1.5～2.5年	13～15年
水牛	10～15月龄	15～20月	2.5～3.0岁	3～4年	13～15年
马	12月龄	15～18月	2.5～3.0岁	3～4年	18～20年
猪	3～6月龄	5～8月龄	8～12月龄	9～12月龄	6～8年
绵羊	4～5月龄	6～10月龄	12～18月龄	12～15月龄	8～11年
山羊	4～5月龄	6～10月龄	12～18月龄	12～15月龄	7～8年
兔	3～4月龄	5～6月龄	6～7月龄	6～8月龄	3～4年

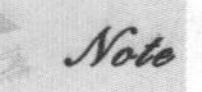

扫码学课件
任务 3-2

任务二 发情与发情周期

任务分析

发情与发情周期任务单

<table>
<tr><td>任务名称</td><td colspan="2">发情与发情周期</td><td>参考学时</td><td colspan="2">3 学时</td></tr>
<tr><td>学习目标</td><td colspan="5">1. 了解卵泡发育的过程。
2. 理解发情、发情周期、发情持续期的概念。
3. 理解排卵的概念和排卵类型。
4. 掌握动物的发情类型和排卵时间。</td></tr>
<tr><td>完成任务</td><td colspan="5">根据教师讲授及相关知识学习，掌握以下知识点：
1. 能够正确描述母畜发情周期中不同时期的特点。
2. 能够正确描述母畜异常发情的表现，并分析其发生的原因。
3. 能够根据母畜排卵的机制和时间推算人工授精的最佳时机。</td></tr>
<tr><td>学习要求
（育人目标）</td><td colspan="5">1. 具有“三勤四有五不怕”的专业精神。
2. 遵循“认清规律，尊重规律，掌握规律”的法则。
3. 具有“学一行，爱一行，钻一行”的钉子精神。
4. 注重理论与生产实际相结合，重视问题，解决问题。
5. 树立良好的职业道德意识、艰苦奋斗的作风和爱岗敬业的精神。</td></tr>
<tr><td rowspan="2">任务资讯</td><td colspan="3">资讯问题</td><td colspan="2">参考资料</td></tr>
<tr><td colspan="3">1. 哪些动物属于季节性发情？分别在什么季节？
2. 动物排卵的类型有几种？各有什么特点？对人工授精有什么影响？</td><td colspan="2">1. 线上学习平台中的 PPT、图片、视频及动画。
2. 中国大学 MOOC。</td></tr>
<tr><td rowspan="3">考核标准</td><td>知识考核</td><td colspan="2">能力考核</td><td colspan="2">素质考核</td></tr>
<tr><td>1. 查阅相关知识内容和有关文献，完成资讯问题。
2. 准确完成线上学习平台的知识测试。
3. 任务单的学习和完成情况。</td><td colspan="2">1. 学习态度：纪律遵守情况、学习认真程度、课堂互动参与情况等。
2. 学习能力：课堂表现力、课程内容掌握情况、知识延展能力等。</td><td colspan="2">1. 遵守学习纪律，积极参与教学环节。
2. 积极思考，按要求完成学习任务。</td></tr>
<tr><td colspan="5">结合课堂做好考核记录，按项目进行评价，考核等级分为优秀、良好、合格和不合格四种。其中优秀为 85～100 分，良好为 75～84 分，合格为 60～74 分，不合格为 60 分以下。</td></tr>
</table>

任务知识

动画：
卵泡的发育

一、卵泡的发育和排卵

（一）卵泡的发育

母畜卵巢上的卵泡由内部的卵母细胞和周围的卵泡细胞组成。卵泡发育是指卵泡由原始卵泡

Note

发育成为成熟卵泡的生理过程，其发育从形态上可分为 5 个阶段，依次为原始卵泡、初级卵泡、次级卵泡、三级卵泡和成熟卵泡(图 3-1)。

扫码看彩图
图 3-1

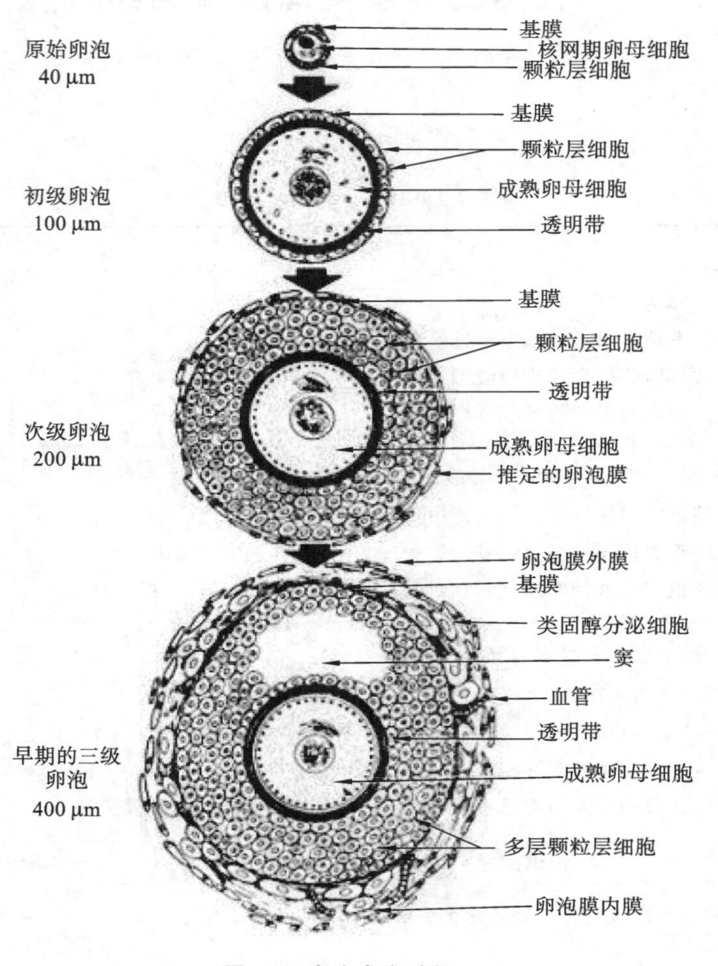

图 3-1　卵泡发育过程

1. 原始卵泡　排列在卵巢皮质层周围，内部是一个卵母细胞，周围包裹一层扁平的卵泡细胞，无卵泡膜和卵泡腔。母畜出生后，卵巢中就已形成大量的原始卵泡。

2. 初级卵泡　排列在卵巢皮质层外围，卵母细胞的周围是一层或两层柱状的卵泡细胞，无卵泡膜和卵泡腔。

3. 次级卵泡　由初级卵泡发育而来，此阶段卵母细胞周围的卵泡细胞增殖为多层，并出现了小的卵泡腔。卵母细胞和卵泡细胞之间还形成了一层透明带。

4. 三级卵泡　由次级卵泡继续发育，颗粒层细胞层数不断增多，卵泡腔增大，卵泡液充满卵泡腔。卵母细胞及其周围的颗粒细胞突入卵泡腔内形成了卵丘。其余的颗粒细胞则分布于卵泡腔的周围形成了颗粒层。在颗粒层外围形成卵泡内膜和外膜。内膜为上皮细胞，有血管分布，具有分泌类固醇激素的作用，外膜由纤维状细胞构成。

5. 成熟卵泡　由三级卵泡继续发育而来。此阶段的卵泡，卵泡腔增大到整个卵巢皮质部，卵泡突出于卵巢表面，即将破裂排卵。

（二）排卵

成熟卵泡破裂、释放卵子的过程称为排卵。排卵前，卵泡的体积不断增大，腔内液体不断增多，卵泡明显向卵巢表面突出。卵泡表面的血管增多，而中心的血管逐渐减少。生长发育到一定阶段，卵泡成熟并破裂排卵。排卵时，随着卵泡液的流出，卵子与卵丘脱离而被排出卵巢外，由输卵管伞部

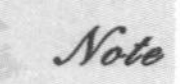

接纳。

1. 排卵的类型 根据母畜排卵的特点和黄体的功能，将排卵分为两种类型：自发性排卵和诱发性排卵。

(1) 自发性排卵 卵泡成熟后便自发排卵和自动形成黄体。这种类型又有两种情况：一是发情周期中黄体的功能可以维持一定时期，且具有功能性，如牛、羊、猪、马等属于这种类型；二是除非交配，否则形成的黄体是没有功能的，即不具有分泌孕酮的功能，老鼠属于这种类型。

(2) 诱发性排卵 又称刺激性排卵，必须通过交配或其他途径使子宫颈受到某些刺激才能排卵，并形成功能性黄体。兔、猫、骆驼等属于诱发性排卵动物，它们在发情季节时，卵泡有规律地陆续成熟和退化，如果交配（刺激），随时都有成熟的卵泡排出。

2. 排卵过程 成熟卵泡逐步突出于卵巢表面，突出部分的卵泡膜逐渐变薄，并形成一个排卵点及卵泡缝隙，同时，卵丘与卵丘系膜分离，继而排卵点破裂，破口沿卵泡缝隙增大，最后卵子随卵泡液一起流出。

3. 排卵的机理

(1) 物理作用 卵泡内膜的分泌细胞不断分泌卵泡液，使卵泡不断“胀大”，卵泡膜所受张力越来越大，到一定程度时，卵泡膜会被“胀破”。

(2) 化学作用 促黄体素（LH）能促进溶蛋白酶的分泌，而卵泡膜为蛋白质膜结构，溶蛋白酶则能将其不断溶解，使卵泡膜逐渐变薄，并在卵泡膜最高处形成排卵点和一条排卵缝隙（最薄的部位），卵泡发育到一定程度时，先从排卵点和排卵缝隙破裂，继而开始排卵。

4. 排卵数目及时间 各种动物的排卵时间及排卵数，因动物种类、品种、个体、年龄、营养状况和环境条件等因素的不同而异。各类动物的排卵时间及排卵数目见表 3-2。

表 3-2 各类动物的排卵时间及排卵数目

动物类别	黄牛	水牛	猪	山羊	绵羊	马	驴	兔
排卵时间	发情终止以后 10～18 h	发情终止后 4～30 h	发情终止后 20～36 h	发情期末	发情期末	发情终止前 1～2 天	发情终止前 1～2 天	交配后 6～12 h
排卵数目	1 个	1 个	10～25 个	1～5 个	1～3 个	1 个	1 个	10～20 个

二、母畜的发情

雌性动物生长发育到一定年龄后，在垂体促性腺激素的作用下，卵巢上卵泡发育并分泌雌激素，引起生殖器官和性行为的一系列变化，并产生性欲，母畜的这种生理状态称为发情。

卵巢中卵泡的生长发育、成熟和雌激素的产生是母畜发情的内在表现，也是母畜发情的本质特征；生殖器官的变化、性行为的变化和精神状态的变化则是发情的外在表现。因此，正常发情包括三个方面的主要变化，即卵巢变化、生殖道变化和行为变化。

1. 卵巢变化 母畜发情开始之前，卵巢卵泡已开始生长，至发情前 2～3 天卵泡发育迅速，卵泡内膜增厚，至发情时卵泡已发育成熟，卵泡液分泌增多，此时，卵泡壁变薄而表面突出。在激素的作用下，促使卵泡壁破裂，卵子被挤压而排出，排卵后的腔体逐渐演化成黄体。

2. 生殖道变化 母畜发情时卵泡迅速发育、成熟，雌激素的分泌量增大，其强烈地刺激生殖道，使血流量增加，外阴部出现充血、肿胀、松软，阴蒂充血且有勃起，阴道黏膜充血、潮红，子宫和输卵管平滑肌的蠕动加强，子宫颈松弛，子宫黏膜上皮细胞和子宫颈黏膜上皮杯状细胞增生，腺体增大，分泌机能增强，有黏液分泌。

3. 行为变化 随着卵泡的发育雌激素的分泌量不断增多，在有少量孕酮协同下，母畜会表现出兴奋不安，食欲减退，对外界的变化刺激十分敏感，不停鸣叫、举尾弓背、频频排尿，出现求偶行为，表现为爬跨其他母畜或接受其他母畜的爬跨等。

Note

视频：动物的发情

三、发情周期和发情持续期

（一）发情周期

在发情季节内，母畜从一次发情开始（或结束）到下一次发情开始（或结束）所间隔的时间为一个发情周期，这种周期性的活动周而复始，其变化规律明显而稳定，一直到性机能停止时为止。

各种动物的发情周期长短不一，同种动物不同品种以及同一品种内的不同个体，发情周期也可能不同，但个体本身的周期性则极其规律。一般情况下，猪、牛、山羊和马平均为 21 天（16～25 天）、绵羊为 17 天（14～20 天）、驴为 23 天（20～28 天）。根据母畜在发情周期中的一系列表现特征，可以将发情周期人为地划分为几个时期，一般采用四分法或二分法。

1. 四分法 四分法将发情周期划分为四个时期，分别是发情前期、发情期、发情后期和间情期。

（1）发情前期 卵泡发育的准备阶段。上一个发情周期所形成的黄体进一步退化萎缩，卵巢上开始有新的卵泡生长发育；雌激素也开始分泌，使整个生殖道的血液供应量开始增加，引起毛细血管扩张，阴道、阴门黏膜有轻度充血、肿胀；子宫颈略为松弛，子宫腺体略有生长，腺体分泌活动逐渐增加，分泌少量稀薄黏液，阴道黏膜上皮细胞增生，但尚无性欲表现，不接受公畜和其他母畜的爬跨。

（2）发情期 此期母畜的性欲逐步达到高潮，卵泡发育迅速，卵巢体积明显增大，雌激素分泌增多，强烈刺激生殖道，使阴道、阴门黏膜明显充血、肿胀，子宫黏膜显著增生，子宫颈充血、颈口张开，子宫肌层蠕动加强，腺体分泌增多，有大量的透明稀薄黏液排出，发情表现明显，食欲下降、兴奋不安、哞叫、奶牛产奶量下降等。多数动物在此期的末期排卵。

（3）发情后期 卵泡排卵后形成黄体的时期。此期动物由性欲激动逐渐转入安静状态，卵泡破裂排卵后雌激素分泌显著减少，黄体开始形成并分泌孕酮作用于生殖道，使充血肿胀逐渐消退；子宫肌层蠕动减弱，腺体活动减少，子宫颈管逐渐封闭，子宫内膜逐渐增厚，阴道黏膜增生的上皮细胞脱落，母畜逐渐恢复正常，性欲逐渐消失。

（4）间情期 也称休情期，是黄体活动期。在间情期的初期卵巢上的黄体逐渐发育成熟并分泌孕酮，使子宫内膜增厚、腺体分泌作用加强，为胚胎发育提供营养。如果卵子受精，这一阶段将延续下去，动物不再发情。如未孕，则黄体持续一段时间后，开始萎缩退化，又回到发情前期。此时母畜性欲已完全停止，精神状态恢复正常。

2. 二分法 根据卵巢上组织学变化以及有无卵泡发育和黄体存在，发情周期分为卵泡期和黄体期。母畜发情周期的实质是卵泡期与黄体期的交替出现。

（1）卵泡期 上一个发情周期的黄体基本退化，卵巢上有卵泡发育、成熟，直到排卵的阶段，包括发情前期和发情期。猪、牛、羊、马、驴等大动物为 5～7 天，约占发情周期的 1/3。

（2）黄体期 从排卵后形成黄体，直到黄体萎缩退化为止的阶段，包括发情后期和间情期，约占发情周期的 2/3。

动物的发情周期种间差异较大，个体间也不尽相同。神经系统和激素的调节是影响动物发情周期的内在因素，而营养状况（如日粮能量、蛋白质、维生素和微量元素等）、温度、光照等是影响动物发情周期的外在因素。

（二）发情持续期

发情持续期是指母畜从开始发情到发情结束所持续的时间，即有性欲和性兴奋表现的持续时间，相当于发情周期中的发情期。发情持续的时间因动物的种类、品种、季节、饲养管理状况、年龄以及个体条件等不同而有所差异。一般夏季的发情期较短，营养差或寒冷季节时发情期也稍短，经产母畜较初产母畜短。

各种动物的发情持续期：牛为 18～19 h、水牛为 1～2 天、山羊为 24～48 h、绵羊为 16～35 h、猪为 2～3 天（地方种为 3～5 天）、马为 4～8 天、驴为 5～6 天。

四、发情季节

Note

季节变化是影响母畜生殖活动特别是发情周期的重要因素，它通过神经和内分泌系统影响发情周期，使部分动物在一定的季节才能发情，一些动物则全年都能发情。据此，将母畜的发情类型分为以下两类。

（一）非季节性发情（又称常年发情）

此类母畜的发情不受季节的影响，全年均可发情，如猪、牛、湖羊、寒羊等，但一些地区的猪、牛因受气候和生产的影响，在一些时间发情较集中，而其他时间发情相对较少，如在我国东北，牛的发情在5～8月份较为集中，其他季节则较少。

（二）季节性发情

此类母畜在特定季节才会出现发情，在其他季节中，卵巢处于相对静止状态，母畜无发情周期现象。季节性发情又分为季节性多次发情与季节性单次发情。

1. 季节性多次发情 动物在一个发情季节里，可以多次发情。这种动物称为季节性多次发情动物，如马、驴在3～7月份发情，骆驼在冬春季节发情，但这些动物发情后如未配种或受孕，间隔21天左右可再次发情。

2. 季节性单次发情 动物在一个发情季节里，一般只发情一次。这种动物称为季节性单次发情动物，如狗、猫、水貂等。实践中，随着生活环境和饲料条件的改善，有的动物已不完全呈现这一规律。

动物发情季节是通过长期自然选择逐渐演化形成的。首先是配种季节是否有利于受孕分娩后幼畜的生长，如绵羊秋配春产、马春配春产等，这些都有利于幼畜的成活和生长；其次是受季节因素（如光照）的调节，如光照可影响松果体激素的分泌，进而引起季节性发情。如马、驴、雪貂、野猪、野兔和一般食肉、食虫兽以及所有的鸟类，都是每年春夏日照逐渐延长时发情、配种；而绵羊、山羊、鹿和一般野生反刍兽类则是在秋冬日照缩短时性活动频繁，日照由短变长的冬至后，发情逐渐停止。前者称为“长日照发情动物”，后者称为“短日照发情动物”。

发情虽有季节，但也不是固定不变的。随着驯化程度的加深、饲养管理的改善和环境条件的改变，其季节性限制也会变得不明显。如寒冷地区或原始品种的绵羊季节性发情明显，温暖地区及经严格选育的绵羊则没有严格的季节性发情。国内品种（如湖羊、寒羊等）和引进品种（如波尔山羊等）虽常年发情，但以秋季为性活动旺盛期。

五、乏情、产后发情和异常发情

（一）乏情

乏情是指已达初情期的母畜不发情，卵巢无周期性的功能活动而处于相对静止状态。多数情况下，乏情是因生理异常引起的，属于生理性乏情。例如，母畜在妊娠、泌乳期间不发情，季节性发情的动物在非发情季节期间不发情，还有营养不良、衰老等引起的暂时性或永久性卵巢活动降低以致不发情等都属于生理性乏情。如果是因疾病引起的，如卵巢机能障碍和子宫一些病理状态引起的不发情，则属病理性乏情。

1. 季节性乏情 动物在长期的进化过程中形成了选择适宜环境来繁衍后代的现象，即季节性繁殖。在非繁殖季节，卵巢卵泡无周期性活动，生殖道也无周期性变化。对有繁殖季节的动物，可以通过改变环境条件（如温度、光照等）使卵巢机能从静止状态转为活动状态，使发情季节提早到来。但这种乏情状态使用外源激素（如注射促性腺激素）来调控，其效果往往不好。

2. 泌乳性乏情 即有些动物在产后泌乳期间，由于卵巢周期性活动机能受到抑制而引起的不发情。泌乳性乏情的发生和持续时间，因畜种和品种不同而有很大差异。母猪在哺乳期间，发情和排卵受到抑制，因此在正常情况下母猪是在仔猪断奶后才发情。挤乳乳牛每天挤乳多次比每天挤乳两次的母牛出现发情时间要延长。高产乳牛或哺乳仔数多的乳牛，乏情期一般较长。泌乳引起乏情的原因是泌乳期间过多的泌乳刺激，如吮乳或挤乳的刺激而诱发外周血浆中促乳素浓度的升高，而促乳素对下丘脑产生负反馈调节作用，抑制了促性腺激素释放激素的释放，因而使垂体前叶FSH分泌减少和LH合成量降低，致使乳牛不发情；另一方面，泌乳过多会抑制卵巢周期活动的恢复，因而

Note

影响发情。例如，高产乳牛或哺乳仔数多的乳牛，乏情期一般较长。

3. 营养性乏情 日粮中营养水平对卵巢机能活动有明显的影响。营养不良可以抑制发情，且青年动物比成年动物影响更大。例如，能量水平过低，矿物质、微量元素和维生素缺乏都会引起哺乳母牛和断乳母猪乏情；放牧母牛和绵羊缺磷会引起卵巢机能失调，饲料缺锰可导致青年母猪和母牛卵巢机能障碍，缺乏维生素 A 和维生素 E 会出现性周期不规则或不发情。

4. 应激性乏情 不同环境引起的应激，如气候恶劣、畜群密集、使役过度、栏舍卫生不良、长途运输等都可抑制发情、排卵及黄体功能，这些应激因素可使下丘脑-垂体-卵巢轴的机能活动转变为抑制状态。

5. 衰老性乏情 动物因衰老使下丘脑-垂体-性腺轴的功能减退，导致垂体促性腺激素分泌减少，或卵巢对激素的反应性降低，不能激发卵巢机能活动而表现出不发情。

（二）产后发情

产后发情是指母畜分娩后出现的第一次发情。各种动物产后发情的时间不同，在良好的饲养管理和适宜的气候条件下，产后出现第一次发情时间就相对早一些，反之就会推迟。母畜产后第一次发情时是否配种要根据不同的动物和体况来决定。如奶牛一般可在产后 25～30 天发情，多数表现为安静发情。本地耕牛特别是水牛一般产后发情较晚，往往经数月以上，主要是饲养管理不善或使役过度引起的。常见动物的产后发情情况如下。

1. 母牛 产后发情时由于子宫尚未复原，个别牛的恶露还没有流净，此时即使发情表现明显也不能配种。为保证奶牛一个标准的泌乳期，在产后 35～50 天发情配种较适宜。

2. 母羊 母羊大多在产后 2～3 个月发情。不哺乳的绵羊可在产后 20 天左右出现发情，但征状不明显。

3. 母猪 母猪一般在分娩后 3～6 天出现发情，但不排卵。一般在仔猪断乳后 1 周之内出现第一次正常发情。如因仔猪死亡致使母猪提前结束哺乳期，则可在断奶后数天发情。哺乳期也有发情的，但为数甚少。

4. 母马 母马往往在产驹后 6～12 天便发情，一般发情表现不太明显，但是母马产后第一次发情时有卵泡发育，并可排卵，因此可以配种，俗称“配血驹”。

5. 母兔 母兔在产后 1～2 天就有发情，卵巢上有卵泡发育成熟并排卵。如及时配种，能正常受胎。

6. 母犬 犬是季节性单次发情动物，其生殖生理不同于其他家畜。产后便进入无任何外部变化的乏情期，此期一般持续 3 个月左右。原因在于其子宫对孕酮敏感，黄体退化之后，要很长一段时间子宫才能恢复。

（三）异常发情

有少量母畜会出现一些与正常发情规律不相符的情况，这种情况称为异常发情。异常发情多见于初情期后、性成熟前，性机能尚未发育完全的一段时间内。性成熟以后，饲养管理不当或环境条件发生异常等，也会导致异常发情的出现。异常发情主要有以下一些类型。

1. 安静发情 安静发情又称隐性发情、暗发情，是指母畜卵巢上有卵泡生长发育成熟、排卵，而外阴部及行为变化不明显的现象。常见于产后带仔母牛或母马的产后第一次发情，每天挤奶次数过多或体质衰弱的母牛以及青年动物或营养不良的动物。引起安静发情的原因主要是体内有关激素分泌失调，例如：雌激素分泌不足，发情外表征状就不明显；促乳素分泌不足或缺乏，促使黄体早期萎缩退化，于是孕酮分泌不足，降低了下丘脑中枢对雌激素的敏感性。

2. 孕后发情 又称妊娠发情或假发情，是指动物在怀孕期仍有发情表现。在怀孕最初的 3 个月内，常有 3%～5%的母牛发情，绵羊在孕后发情可达 30%，孕后发情发生的主要原因是激素分泌失调，即妊娠黄体分泌孕酮不足，而胎盘分泌雌激素过多。母牛有时也因在怀孕初期，卵巢上仍有卵泡发育，致使雌激素分泌量过高而引起发情，并常造成怀孕动物早期流产，有人称之为“激素性流产”。

孕马发情时，卵泡可以成熟破裂排卵，因母马在怀孕早期，体液中含有大量 PMSG，可以促进卵泡成熟排卵。

3. 断续发情 是指母畜发情延续很长，且发情时断时续。多见于早春或营养不良的母马。其原因是卵泡交替发育，先发育的卵泡中途发生退化，新的卵泡又开始发育，因此产生断续发情的现象。当其转入正常发情时，就能发生排卵，配种也能正常受胎。

4. 短促发情 是指母畜的发情持续时间短于正常的持续期。短促发情多发生于青年动物，常见于乳牛，如不注意观察，往往错过配种时机。造成短促发情的原因可能是神经内分泌系统的功能失调，发育的卵泡很快成熟并破裂排卵，缩短了发情期，也可能是由卵泡突然停止发育或发育受阻而引起。

5. 持续发情 也称慕雄狂，是指母畜对公畜特别敏感，遇公畜产生神经质反应。慕雄狂的母牛表现为发情持续而强烈，发情周期不正常，发情期长短不一，经常从阴户流出透明黏液，阴户浮肿，荐坐韧带松弛，同时尾根举起，配种不受胎。慕雄狂的母马易兴奋，性烈而难以驾驭，不让其他马接近，也不接受交配，发情可持续 10～40 天而不排卵，一般在早春配种季节刚刚开始时容易发生。慕雄狂发生的原因与卵泡囊肿有关，但并不是所有的卵泡囊肿都具有慕雄狂的症状，也不是只有卵泡囊肿才引起慕雄狂表现，如卵巢炎、卵巢肿瘤以及下丘脑、垂体、肾上腺等内分泌器官机能失调，均可发生慕雄狂。乳牛的慕雄狂如为卵泡囊肿所引起，注射合成的促性腺激素释放激素效果较好。

扫码学课件
任务 3-3

任务三　母畜的发情鉴定技术

任务分析

母畜的发情鉴定技术任务单

任务名称	母畜的发情鉴定技术		参考学时	4 学时
学习目标	1. 了解母畜发情鉴定的意义，掌握发情鉴定的常用方法。 2. 掌握母猪、母牛、母羊发情鉴定的要点。			
完成任务	利用实训室或实训基地，按照操作规程完成任务。 1. 能够正确进行母猪的发情鉴定。 2. 能够正确进行母牛的发情鉴定。 3. 能够正确进行母羊的发情鉴定。			
学习要求（育人目标）	1. 具有科学求实的精神和态度。 2. 具有胆大心细、敢于动手的工作态度。 3. 具有规范操作、严格消毒的专业意识。 4. 具有敢于创新、不怕失败的开拓精神。 5. 具体问题具体分析，注重理论与生产实际相结合。			
任务资讯	资讯问题	参考资料		
	1. 如何进行母猪的发情鉴定？ 2. 如何进行母牛的发情鉴定？ 3. 如何进行母羊的发情鉴定？	1. 线上学习平台中的 PPT、图片、视频及动画。 2. 倪兴军. 动物繁育[M]. 武汉：华中科技大学出版社，2018。		

Note

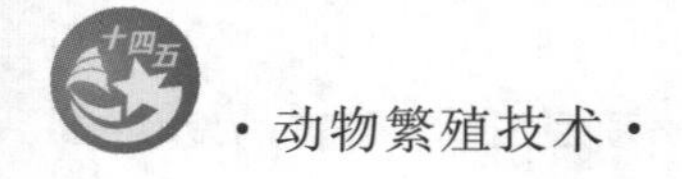

续表

	知识考核	能力考核	素质考核
考核标准	1. 查阅相关知识内容和有关文献,完成资讯问题。 2. 准确完成线上学习平台的知识测试。 3. 任务单的学习和完成情况。	1. 能够准确说出母猪、母牛、母羊发情鉴定的常用方法。 2. 规范进行发情鉴定前人员和器械的消毒。 3. 会对母猪、母牛、母羊进行发情鉴定。	1. 遵守学习纪律,服从学习安排。 2. 积极动手实践,观察细致认真。 3. 操作规范、严谨。
	结合课堂做好考核记录,按项目进行评价,考核等级分为优秀、良好、合格和不合格四种。其中优秀为85～100分,良好为75～84分,合格为60～74分,不合格为60分以下。		

任务知识

发情鉴定是动物繁殖工作中的重要技术之一,可以判断母畜是否发情及其发情程度,以便确定配种适期,提高受胎率。对异常发情的母畜及时发现问题、解决问题,提高利用率。

一、发情鉴定的方法

各种动物的发情特征既有共性,又有特殊性。因此,发情鉴定的方法有很多种,在生产实践中进行发情鉴定时,既要注意共性,又要兼顾不同动物自身的特性。目前,发情鉴定常用的方法有外部观察法、试情法、直肠检查法、阴道检查法和其他方法。

(一)外部观察法

外部观察法是各种动物发情鉴定最常用的一种方法,也是最基本的方法。其主要是根据动物的外部表现和精神状态来判断是否发情和发情程度。

各种动物发情时的共同特征:食欲下降甚至拒食,兴奋不安,爱活动;外阴肿胀、潮红、湿润,有的流出黏液,频频排尿,对周围的环境和雄性动物的反应敏感。不同种类动物也有各自的特征,如母牛发情时四处游走哞哞叫,并爬跨其他母牛;母猪拱门闹圈;母马扬头嘶鸣,阴唇外翻闪露阴蒂;母驴伸颈低头、"吧嗒嘴"等。动物的发情特征是随着发情过程的进展,由弱变强,又逐渐减弱直到完全消失。

此法的缺点是根据外部变化有时不能准确判断卵泡发育程度,例如,当动物出现假发情时只有发情征状而无卵泡发育及排卵。

(二)试情法

试情法是利用体质健壮、性欲旺盛、温顺无恶癖的非种用公畜对母畜进行试情,根据母畜对公畜的反应来判断母畜是否发情和发情程度的方法。母畜发情时,愿意接近公畜且呈交配姿势。不发情或发情结束的母畜,则远离试情公畜,强行接近时,往往会出现躲避甚至踢、咬等抗拒行为。试情用的公畜在试情前要进行处理,最好做输精管结扎或阴茎扭转手术。公羊可在腹部安装试情兜布进行试情。

试情法的优点是简单方便,表现明显,容易掌握,适用于各种动物,特别适用于外部发情征状不明显或不能确定排卵时间的动物。因此,此法在畜牧生产中的应用较为广泛,不足之处是不能准确鉴定母畜的发情阶段。

(三)直肠检查法

直肠检查法是将已涂润滑剂的手臂伸进保定好的母畜直肠内,隔着直肠壁触摸卵巢上卵泡发育情况,以确定配种时期的方法。本方法只适用于大动物,在生产实践中,对牛、马及驴的发情鉴定效果较为理想。检查时要有步骤地进行,用指肚触诊卵泡的发育情况,切勿用手挤压,以免将发育中的

卵泡挤破。

此法的优点是可以准确判断卵泡的发育程度，确定适宜的输精时间，有利于减少输精次数，提高受胎率；也可以在必要时进行妊娠检查，以免对妊娠母畜进行误配，引发流产。此法的缺点是冬季检查时操作者必须脱掉衣服，才能将手臂伸进动物直肠，易引起操作者感冒和风湿性关节炎等职业病。操作者操作时一定要戴好长臂手套，做好自身的防护，防止患布氏杆菌病等人兽共患病。

（四）阴道检查法

阴道检查法是将灭菌的阴道开膣器（或称开膣器）插入被检查母畜的阴道内，观察其阴道黏膜的颜色、充血程度、润滑度和子宫颈口的颜色、肿胀度、开口大小及黏液数量、颜色、黏稠度等，来判断母畜是否发情的方法。阴道检查法主要适用于马、牛、驴及羊等动物。由于此方法不能准确判断母畜的排卵时间，也容易对生殖道造成损伤、感染，故在生产中很少采用，只作为辅助的检查手段。如采用本方法，在操作时要严格保定动物，防止人畜受到伤害；对母畜外阴部进行清洗，开膣器要严格清洗消毒；检查时动作要轻稳谨慎，避免损伤阴道黏膜和撕裂阴唇；检查时要使开膣器的温度和畜体的温度接近，避免母畜受到刺激。

（五）生物和理化鉴定法

1. 仿生学法 应用仿生学的方法模拟公畜的声音，或利用人工合成的外激素模拟公畜的气味，来测试母畜是否发情。

2. 孕酮含量测定法 从母畜的血液、尿液、乳汁中测定其孕激素含量，来判断母畜是否发情，此方法的成本较高。

3. 生殖道分泌物 pH 值测定法 母畜性周期的不同阶段，其生殖道分泌物的 pH 值呈现一定的规律变化。发情旺盛时，黏液为中性或弱碱性，黄体期偏酸性。

二、各种动物的发情鉴定

（一）母猪的发情鉴定

视频：母猪的发情鉴定

母猪发情时，发情持续期长，外阴部和行为变化明显，因此母猪的发情鉴定是以外部观察法为主，结合试情法、性外激素法并辅之以压背法进行综合判断。

1. 外部观察法 母猪在发情初期，表现不安，时常鸣叫，外阴稍充血肿胀，食欲减退，约半天后外阴充血明显，微湿润，喜欢爬跨其他母猪，也接受其他母猪的爬跨。随后，母猪的交配欲达到高峰，阴门黏膜充血更为明显，呈潮红湿润状态，如用手按压其背部（压背法），或其他猪爬压其背部，则出现静立反应，母猪站立不动，尾巴上翘，凹腰拱背，用手臂向前推动母猪，它不仅不会逃脱，反而有向后的反作用力，有时以其臀部顶碰公猪，这时即进入发情的盛期（图 3-2、图 3-3、图 3-4）。此后母猪交配欲逐渐降低，外阴肿胀充血消退，阴门变得较干，淡红微皱，分泌物减少，喜欢静伏，表现迟滞，这时即为配种或输精的适期。

扫码看彩图 图 3-2

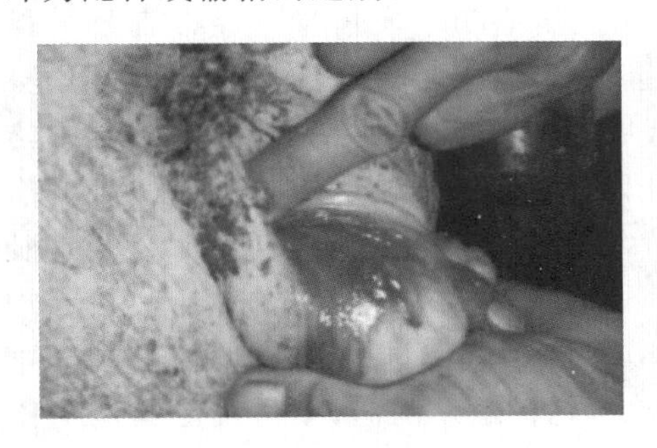

图 3-2　阴户黏膜充血

扫码看彩图 图 3-3

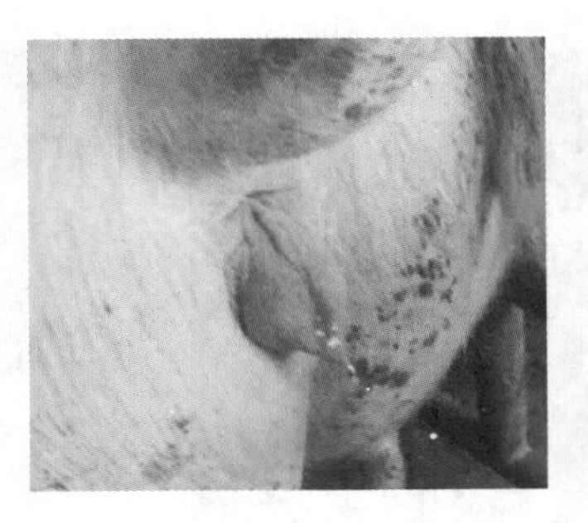

图 3-3　母猪的分泌物

扫码看彩图 图 3-4

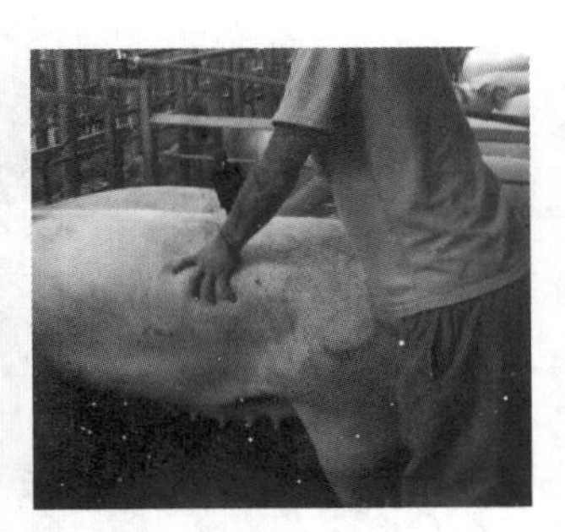

图 3-4　母猪的静立反应

2. 试情法 试情公猪要求：选用体质健壮、性欲旺盛、温顺、善交流、体型大、口腔唾液多及年龄适合的公猪对母猪进行试情。

Note

用试情公猪试情时，公猪在限位栏外与待查情的母猪近距离（口鼻）接触，观察母猪的反应，同时按压母猪的背部。发情母猪表现为两耳竖起，寻找并喜欢接近公猪。用手按压母猪背腰部时，母猪静立不动，向人靠拢，尾巴翘起，即出现静立反应，说明母猪已到发情盛期。

另外，还可采用性外激素法：母猪发情时，对公猪的气味和叫声反应敏锐，故可将公猪尿液或包皮冲洗液向母猪舍喷雾，也可在母猪群播放公猪求偶的录音，通过观察母猪的反应来鉴定其是否发情。对于后备母猪集中发情，此法效果较好。

扫码看彩图

图 3-5

扫码看彩图

图 3-6

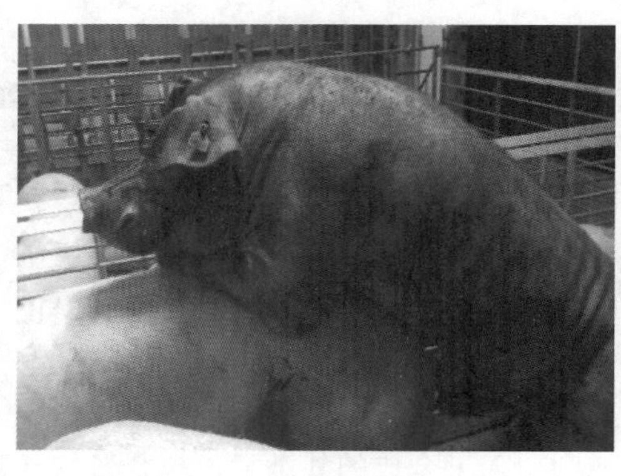

图 3-5　接受公猪爬跨

图 3-6　公猪试情

3. 外部观察十压背法　生产中总结出了“一看、二听、三算、四压背、五综合”的母猪发情鉴定方法。

一看：外阴部变化、行为表现、采食情况。

二听：母猪的叫声。

三算：母猪的发情周期和持续期。

四压背：做压背试验。

五综合：综合以上情况分析，确定配种适期。

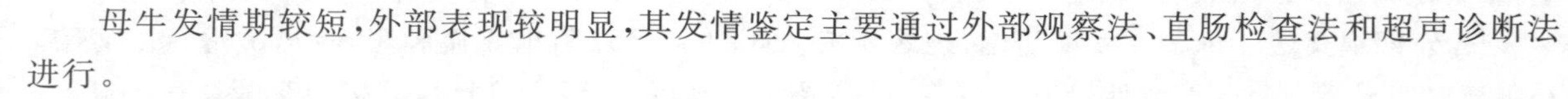

视频：母牛的发情鉴定

（二）母牛的发情鉴定

母牛发情期较短，外部表现较明显，其发情鉴定主要通过外部观察法、直肠检查法和超声诊断法进行。

1. 外部观察法　根据母牛爬跨或接受其他牛爬跨的行为来发现母牛发情是最常用的方法（图3-7）。一般采取早、晚各观察一次的方法进行。

（1）发情初期　发情母牛并不接受爬跨，表现为静立不动，后肢叉开并举尾；精神不安，食欲下降，四处游走哞哞叫，反刍次数减少，产奶量下降，频频排尿。外阴部稍肿胀，阴道黏膜潮红肿胀，子宫颈口开张，有少量透明的稀薄黏液流出，几小时后进入发情盛期。

扫码看彩图

图 3-7

图 3-7　爬跨其他母牛

（2）发情盛期　发情母牛经常有公牛爬跨，并且很安定，接受爬跨。外阴部肿胀明显，皱褶开展，阴道黏膜更加潮红，子宫颈开口较大，流出的黏液呈纤缕状或玻璃棒状，以手拍压牛背十字部，母牛出现凹腰和高举尾根表现。

（3）发情后期　母牛兴奋性逐渐减弱，哞叫声减少，尾根紧贴阴门，不再接受其他牛爬跨并出现躲避又不远离表现。外阴部、阴道及子宫颈的肿胀稍减退，排出的黏液由透明状变为稍有乳白色的混浊状，黏性下降，牵拉如丝

状。此后，母牛外部征状消失，逐渐恢复正常，进入间情期。

2. 直肠检查法

(1) 直肠检查法的适用情况

①母牛常出现安静发情或假发情。

②母牛营养不良，生殖机能衰退，卵泡发育缓慢，排卵时间延迟或提前。对有这些情况的母牛通过直肠检查法判断其排卵时间是很有必要的。

通过直肠检查法判断母牛的发情，可以准确地判断母牛的发情阶段和排卵时间。由于此法技术要求较高，经过训练和长期实践的技术人员才能做出较准确的判断。

(2) 直肠检查法的操作　牛骨盆腔段直肠的肠壁较薄且游离性强，可隔肠壁触摸子宫及卵巢。将待检母牛牵入保定栏内保定，尾巴拉向一侧。检查人员将手指甲剪短磨光，挽起衣袖，用温水清洗手臂并涂抹润滑剂(液状石蜡或肥皂)。检查人员应呈“弓字步”站立在母牛正后方，五指并拢成锥形，左右旋转缓慢伸入直肠内，排出宿粪。手进入骨盆腔中部后，将手掌展平，掌心向下，慢慢下压并左右抚摸钩取，找到软骨棒状的子宫颈，沿着子宫颈前移可摸到略膨大的子宫体和角间沟，向前即为子宫角，顺着子宫角大弯向外侧一个或半个掌位，可找到卵巢(图 3-8)。用拇指、食指和中指固定、触摸卵巢，感觉卵巢的形状、大小及卵巢上卵泡的发育情况。按同样的方法触摸另一侧卵巢，判断母牛发情的时期，确定准确的配种时间。

图 3-8　牛的直肠检查法

(3) 直肠检查的注意事项

①在直肠检查过程中，检查人员应小心谨慎，避免粗暴。

②检查人员应在母牛正后方，呈“弓字步”站立，随着母牛前后移动而移动，方便检查人员操作，而不被母牛伤到。

③如遇到母牛努责，手臂应暂时停止前进，等待直肠收缩缓解时再操作。

④排干粪时，直肠内的宿粪可一次排出。将手臂伸入直肠内向上抬起，使空气进入直肠，然后手掌稍侧立向前慢慢推动，使粪便蓄积，刺激直肠收缩。当母牛出现排便反射时，应尽力阻挡，待排便反射强烈时，可将手臂退出，干燥的粪便可一次性排干净。

⑤排稀粪时，将手臂向身体侧靠拢，使粪便从直肠与手臂的缝隙排出。

3. 超声诊断法　利用超声诊断仪可以适时地检测卵泡的发育情况，并且客观地显示出卵泡发育的情况，避免因为检查人员的差异造成错误的鉴定，可以实现真正意义上的适时输精。

(1) 牛卵泡发育规律与发情期的判断　牛的卵泡发育可分为以下 4 个时期。

①卵泡出现期：卵巢稍增大，卵泡直径为 0.50～0.75 cm，触诊时感觉卵巢上有一隆起的软化点，但波动不明显，母牛一般已开始有发情表现。从开始算起，此期约为 10 h。

②卵泡发育期：卵泡直径增大到 1.0～1.5 cm，呈小球状，波动明显，突出于卵巢表面。此期持续时间为 10～12 h，此期后半段，母牛的发情表现已经不太明显。

③卵泡成熟期：卵泡不再增大，但泡壁变薄，紧张性增强，触诊时有一触即破的感觉，似熟葡萄。此期为 6～8 h。

④排卵期：卵泡破裂排卵，卵泡液流失，卵巢上留下一个小的凹陷。排卵多发生在性欲消失后 10～15 h，夜间排卵较白天多，右侧较左侧多。排卵后 6～8 h 可摸到肉样感觉的黄体，其直径为 0.5～0.8 cm。

（2）诊断方法　先将母牛保定，掏出宿粪，对外阴和探头进行消毒，并用润滑剂湿润探头。检查人员站立在母牛的正后方，打开主机并用左手固定，同时右手持超声诊断仪探头插入母牛直肠内，隔着直肠壁找到母牛卵巢的位置进行探查，观察卵巢图像，冻结图像后对卵巢上卵泡发育情况进行诊断，如图 3-9 所示。

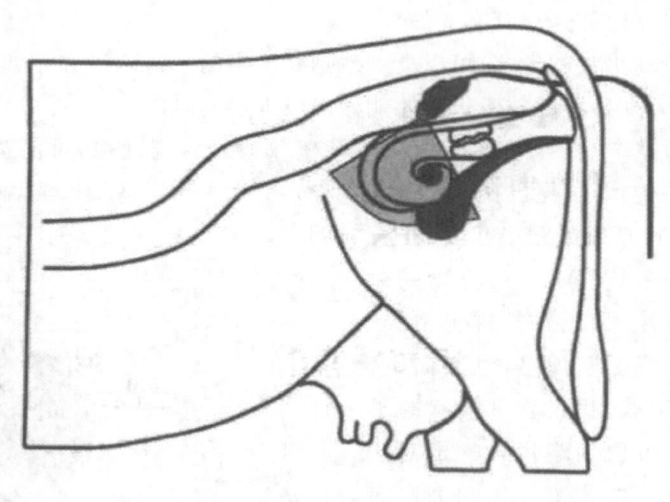

图 3-9　牛直肠超声探查卵巢

视频：母羊的发情鉴定

（三）母羊的发情鉴定

母羊的发情持续期短，且外部表现不太明显，特别是绵羊，又无法进行直肠检查，因此母羊的发情鉴定以试情法为主，结合外部观察法进行判断。母羊发情时，其外阴部也发生肿胀，但不是十分明显，只有少量黏液分泌，有的甚至见不到黏液而只是稍有湿润。生产中母羊的发情鉴定主要有两种操作方法。

（1）方法一　采用将试情公羊（结扎输精管或腹下戴试情兜布）按公、母 1∶40 的比例，每日一次或早、晚各一次，定时放入母羊群中进行试情，接受公羊爬跨者即为发情母羊。

（2）方法二　在试情公羊的腹部戴上标记装置（发情鉴定器）或在胸部装上颜料囊，如果母羊发情并接受公羊爬跨，便有颜色印在母羊背部，有利于将发情母羊从羊群中挑选出来进行配种。

视频：母犬的发情鉴定

（四）母犬的发情鉴定

母犬发情持续期长，外阴部和行为变化明显，其发情鉴定以外部观察法为主。

发情前期，母犬的主要特征是外阴肿胀、充血并有血样分泌物出现。初期为暗红色血液，慢慢地颜色变浅，最后清亮无血丝。排尿次数增加，母犬吸引公犬，常被成群公犬追逐，但不接受交配。此期常持续 9 天左右（3～16 天）。

发情期的标志是母犬愿意接受公犬爬跨，此期通常为 9～10 天，母犬外阴部充血程度减轻，分泌物及血样物质变少，翘起尾巴愿意接受交配，随后开始排卵。发情后期，母犬拒绝公犬爬跨，外阴部肿胀消退，一切恢复正常，进入间情期。

（五）猫的发情鉴定

母猫发情时外部表现比较明显且有规律性，发情持续时间较长，适用外部观察法。

母猫发情的主要征状是喜欢外出游荡，叫春、出现弓背、举尾巴，外阴部的阴毛明显分开、倒向两侧，阴唇红肿、湿润，有时外翻，有黏液流出。

母猪的发情鉴定

【目的要求】 通过实训，掌握母猪发情鉴定的各种方法，判断输精或配种时间。

【材料用具】 母猪、试情公猪、脸盆、毛巾、手套、肥皂、诱导发情药剂等。

【内容步骤】

一、外部观察法进行母猪发情鉴定

（1）通过对母猪发情鉴定的理论讲授，要求学生熟记母猪发情时的外部征状。

（2）组织学生到校内实训场或附近养殖场现场观察母猪发情时的外部征状，并做好记录，让学生熟悉如何区分发情母猪与非发情母猪。

母猪发情时外阴部明显充血，肿胀，而后阴门充血、肿胀更加明显，阴唇内黏膜随着发情盛期的到来，变为鲜红或血红色，黏液量多而稀薄。随后母猪阴门变得淡红、微皱、稍干，阴唇内黏膜血红色开始减退，黏液由稀转稠，此时母猪进入发情末期，是配种的最佳时间。

仔细观察母猪的外阴、分泌物、行为及其他方面的表现和变化，在查情时要综合所有的发情迹象考虑，不应只根据少数征状来查情。

①后备母猪发情期外阴变化的全过程图解见图3-10。

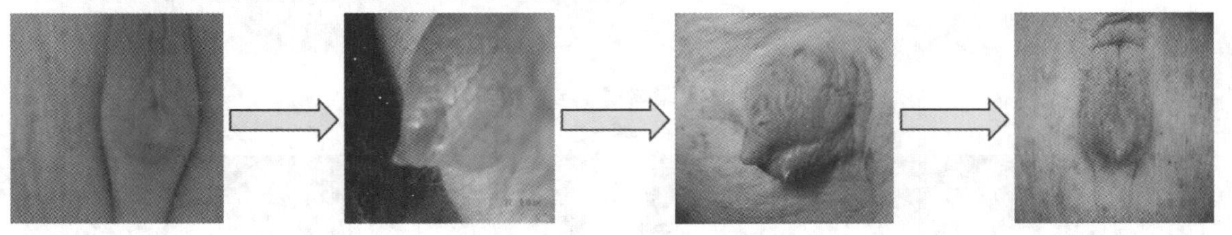

图3-10　后备母猪发情期外阴变化的全过程图解(红肿—肿胀—出现皱褶—消退)

②经产母猪发情期外阴变化的全过程图解见图3-11、图3-12。

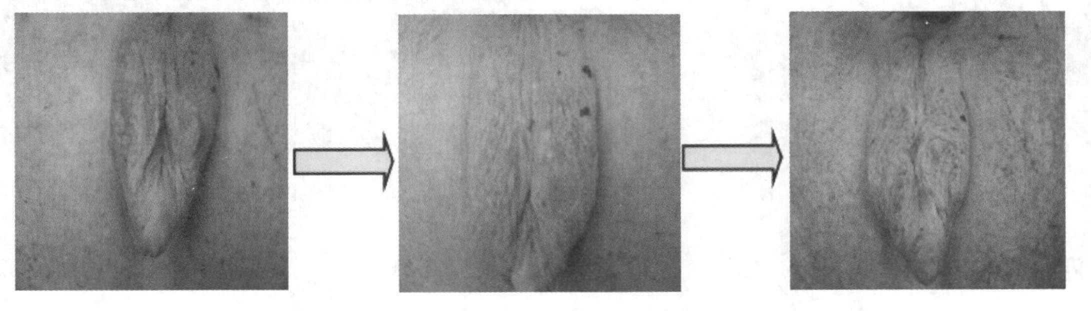

图3-11　经产母猪发情期外阴肿胀情况(有变化但不明显)

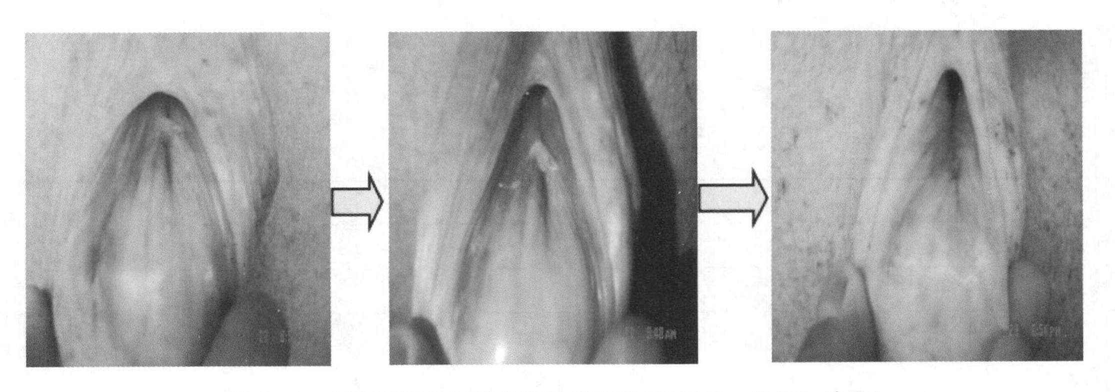

图3-12　经产母猪发情期外阴黏膜变化情况(红—深红—消退)

Note

二、试情法进行母猪发情鉴定

(1) 先由教师讲解母猪的试情方法及试情表现。

(2) 利用发情母猪与试情公猪进行现场试情(图 3-13),让学生通过实际观察,来判断母猪是否发情,再根据发情状态推算输精或配种时间。

三、压背检查母猪的发情

用手按压发情母猪背部时或其他猪爬压其背部时,母猪站立不动,出现静立反应,是进入发情盛期的表现(图 3-14、图 3-15)。

扫码看彩图

图 3-13

图 3-13　公猪试情车与试情场景图

扫码看彩图

图 3-14

扫码看彩图

图 3-15

图 3-14　“骑跨”试情

图 3-15　压背试情

四、作业

(1) 结合实训过程谈一谈母猪发情鉴定的心得体会和注意事项。

(2) 描述母猪发情的外部特征。

展示与评价

母猪的发情鉴定评价单

技能名称	母猪发情鉴定				
专业班级		姓名		学号	
完成场所		完成时间		组别	
完成条件	填写内容:场所、动物、设备、仪器、工具、药品等				

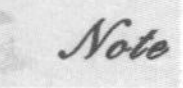

续表

<table>
<tr><td>操作过程描述</td><td colspan="12"></td></tr>
<tr><td>操作照片</td><td colspan="12">操作过程或项目成果照片粘贴处</td></tr>
<tr><td rowspan="4">任务评价</td><td colspan="3">小组评语</td><td colspan="3">小组评价</td><td colspan="3">评价日期</td><td colspan="3">组长签名</td></tr>
<tr><td colspan="3"></td><td colspan="3"></td><td colspan="3"></td><td colspan="3"></td></tr>
<tr><td colspan="3">指导教师评语</td><td colspan="3">指导教师评价</td><td colspan="3">评价日期</td><td colspan="3">指导教师签名</td></tr>
<tr><td colspan="3"></td><td colspan="3"></td><td colspan="3"></td><td colspan="3"></td></tr>
<tr><td rowspan="2">考核标准</td><td colspan="4">优秀标准</td><td colspan="4">合格标准</td><td colspan="4">不合格标准</td></tr>
<tr><td colspan="4">1. 操作规范，安全有序
2. 步骤正确，按时完成
3. 全员参与，分工合理
4. 结果准确，分析有理
5. 保护环境，爱护设施</td><td colspan="4">1. 基本规范
2. 基本正确
3. 部分参与
4. 分析不全
5. 混乱无序</td><td colspan="4">1. 存在安全隐患
2. 无计划，无步骤
3. 个别人或少数人参与
4. 不能完成，没有结果
5. 环境脏乱，未打扫卫生</td></tr>
</table>

母牛的发情鉴定

【目的要求】 通过实训，掌握母牛发情鉴定的各种方法，判断输精或配种时间。

【材料用具】 母牛、保定栏或保定架、保定绳、脸盆、毛巾、长臂手套、肥皂、75%酒精棉球、液状石蜡、高锰酸钾溶液、诱导发情药剂等。

【内容步骤】

一、外部观察法进行母牛发情鉴定

（1）通过对母牛发情鉴定的理论讲授，要求学生熟记母牛发情时的外部征状。

（2）组织学生到校内实训场或附近养殖场现场观察母牛发情时的外部征状，并做好记录，让学生熟悉如何区分发情母牛与非发情母牛。

二、直肠检查法进行母牛发情鉴定

（1）在实训现场先由教师讲解检查前的各项准备工作、具体操作方法，然后进行牛的直肠检查示范性操作，边操作边讲解动作要领及注意事项。

（2）组织学生进行直肠检查的实际操作，学生边操作，教师边指导。

（3）学生根据触摸到卵巢上卵泡的质地、大小，判断母牛是否发情，若已发情，判断输精或配种

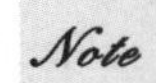

时间。

（4）注意事项：

①直肠检查之前，教师应重点讲解和示范操作，并要求学生按操作规程进行操作，在实训过程中应防止事故发生，确保人畜安全。

②事先准备好实习母牛若干头，教师预先检查，了解每头母牛的生理状况，是否发情，尽量选择发情明显的母牛作实训动物。

③计划实训期间，若没有发情母牛，可以使用诱导发情药剂。

④鉴定母牛的发情应根据多方表现综合判定，以卵泡发育作为可靠依据。因此，条件许可的情况下，可以实施B超卵巢诊断。

三、作业

（1）结合实训过程谈一谈母牛发情鉴定的心得体会和注意事项。

（2）描述母牛发情的特征。

巩固训练

扫码看答案

一、名词解释

初情期　性成熟　体成熟　初配适龄　发情　发情周期　产后发情　断续发情　持续发情

二、单项选择题

1. 属于季节性发情的动物是（　　）。

A. 猪　　B. 牛　　C. 犬　　D. 羊

2. 母畜排卵的时间一般发生在（　　）。

A. 发情前期　　B. 发情期　　C. 发情后期　　D. 间情期

3. 母畜初次发情和排卵的时期，称为（　　）。

A. 发育期　　B. 性成熟期　　C. 初情期　　D. 适配期

4. 有的母畜第一次发情时安静排卵，主要是由缺乏（　　）所致。

A. 雌激素　　B. 孕酮　　C. 促卵泡素　　D. 促排卵素

5. 卵母细胞的透明带是在（　　）阶段形成的。

A. 原始卵泡　　B. 初级卵泡　　C. 次级卵泡　　D. 有腔卵泡

6. 家畜妊娠后，卵巢上的（　　）对妊娠的维持具有重要作用。

A. 白体　　B. 卵泡　　C. 黄体　　D. 红体

7. 属于诱发性排卵类型的动物是（　　）。

A. 马　　B. 牛　　C. 骆驼　　D. 鹿

8. 母牛的发情周期平均为（　　）。

A. 21天　　B. 28天　　C. 17天　　D. 35天

9. 慕雄狂常见的发病原因是（　　）。

A. 子宫蓄脓　　B. 子宫肌瘤　　C. 雄激素水平高　　D. 卵巢囊肿

10. 在发情时用力压背产生静立反应的家畜是（　　）。

A. 牛　　B. 绵羊　　C. 猪　　D. 马

三、简答题

1. 影响动物初情期的因素有哪些？
2. 初配适龄的确定应考虑的因素有哪些？
3. 动物的排卵类型有几种？分别有什么特点？
4. 简述发情周期的四分法。

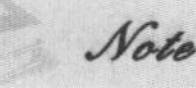

5. 简述异常发情的类型。
6. 简述母猪发情鉴定的方法及鉴定要点。
7. 简述母牛发情鉴定的方法及鉴定要点。
8. 简述母羊发情鉴定的方法及鉴定要点。

四、论述题

1. 初配适龄对畜禽生产的意义是什么?
2. 掌握母畜排卵的机制和时间对人工授精的意义是什么?

Note

项目四　人工授精

学习目标

▲知识目标

1. 了解人工授精的意义及发展概况。
2. 理解和掌握猪、牛、羊、鸡、犬的采精原理和方法。
3. 掌握精液品质常规检查的项目和评定方法。
4. 了解精液稀释液的配方成分及配方表,掌握稀释液配制的基本要求与方法。
5. 了解精液保存的方法与原理,掌握冻精解冻的方法。
6. 掌握输精技术的操作要点及注意事项。

▲技能目标

1. 能够正确调教公猪、公牛人工采精。
2. 会假阴道的安装与调试,能严格做好人工授精器材的清洗与消毒。
3. 能够正确评定精子的活力和密度。
4. 能够准确配制精液的稀释液,会正确稀释、分装和保存精液。
5. 能够确定母畜的最佳输精时间,能正确完成母猪、母牛、母羊、母鸡的输精操作。
6. 能够进行冷冻精液的解冻与配种。

▲思政目标

1. 具有"三勤四有五不怕"的专业精神。
2. 具有遵守规范、严格程序、安全操作的专业意识。
3. 具有"学一行,爱一行,钻一行"的钉子精神。
4. 具有胆大心细、敢于动手的工作态度。
5. 注重理论与生产实际相结合,重视问题,解决问题。
6. 具有科学求实和开拓创新的精神。
7. 树立良好的职业道德意识、艰苦奋斗的作风和爱岗敬业的精神。

扫码学课件
任务 4-1

任务一　人工授精概述

任务分析

人工授精概述任务单

任务名称	人工授精概述	参考学时	2学时
学习目标	1. 了解人工授精的概念及发展概况。 2. 了解人工授精对畜牧生产的意义。		

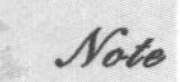

续表

<table>
<tr><td>完成任务</td><td colspan="3">掌握人工授精技术的基本程序。</td></tr>
<tr><td>学习要求
（育人目标）</td><td colspan="3">1. 具有“三勤四有五不怕”的专业精神。
2. 具有遵守规范、严格程序、安全操作的专业意识。
3. 具有“学一行，爱一行，钻一行”的钉子精神。
4. 具有胆大心细、敢于动手的工作态度。
5. 注重理论与生产实际相结合，重视问题，解决问题。
6. 树立良好的职业道德意识、艰苦奋斗的作风和爱岗敬业的精神。</td></tr>
<tr><td rowspan="2">任务资讯</td><td colspan="2">资讯问题</td><td>参考资料</td></tr>
<tr><td colspan="2">1. 人工授精具体做哪些工作？
2. 人工授精的标准是什么？</td><td>1. 线上学习平台中的 PPT、图片、视频及动画。
2. 倪兴军. 动物繁育[M]. 武汉：华中科技大学出版社，2018。</td></tr>
<tr><td rowspan="3">考核标准</td><td>知识考核</td><td>能力考核</td><td>素质考核</td></tr>
<tr><td>1. 查阅相关知识内容和有关文献，完成资讯问题。
2. 准确完成线上学习平台的知识测试。
3. 任务单的学习与完成情况。</td><td>1. 人工授精的标准。
2. 人工授精的技术要领。</td><td>1. 遵守学习纪律，服从学习安排。
2. 积极动手实践，观察细致认真。
3. 操作规范、严谨。</td></tr>
<tr><td colspan="3">结合课堂做好考核记录，按项目进行评价，考核等级分为优秀、良好、合格和不合格四种。其中优秀为 85～100 分，良好为 75～84 分，合格为 60～74 分，不合格为 60 分以下。</td></tr>
</table>

任务知识

人工授精（AI）技术是指利用器械人工采集雄性动物的精液，经检查、稀释、保存等特定处理后，再用器械输入雌性发情动物生殖道的特定部位，以代替自然交配而繁殖后代的一种技术。

一、人工授精技术的发展概况

据文献记载，意大利生理学家 Spallanzani 于 1780 年第一次成功地用狗进行了人工授精试验。此后，直到 19 世纪末和 20 世纪初，才对马试验成功，然后又用于牛、羊。到 20 世纪 30 年代，人工授精逐步形成了一套较为完善的操作方法，从而由试验阶段进入实用阶段。20 世纪 40—60 年代的 20 多年间，人工授精技术迅速发展成为繁殖改良家畜的重要手段。世界上许多国家人工授精技术已相当普及，尤其以乳牛的普及率最高，发展最快，技术水平较高。

20 世纪 50 年代英国的史密斯（Smith）和波芝（Polge）等将甘油用于冷冻保存牛精液试验，在 −79 ℃下保存牛精液并用于输精，获得了世界上第一头冻精牛，从而使人工授精技术进入一个新的发展阶段。20 世纪 60 年代中期，奶牛业使用冷冻精液技术后，因其受胎率与使用新鲜精液无明显差异，原来使用的液态保存精液技术逐步淘汰。很多国家在奶牛生产中人工授精技术的普及率达到了 100%，其他动物，如猪、马、绵羊、山羊、家禽和野生动物，冷冻精液研究也有了长足的发展。

中国在 1935 年开始了马的人工授精试验，并获得成功，1951 年以后得到推广。之后绵羊的人工授精试验也获得成功。马和绵羊人工授精试验的成功对我国马匹的杂交改良和细毛羊的培育起到了重要作用，同时给其他动物人工授精的推广应用打下了良好基础。目前，我国马的人工授精技术应用不论是配种的数量还是受胎率，均处于世界前列。我国奶牛的人工授精工作始于 20 世纪 50 年

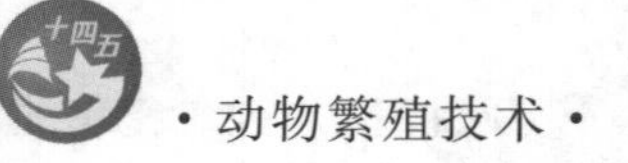

代中期，70年代应用冷冻精液以来，奶牛冻配率已达到90%以上。20世纪80年代推广了猪的人工授精，目前，人工授精的母猪头数位列世界首位。家禽人工授精的应用研究工作始于新中国成立初期，在采精、精液稀释与保存方面取得了较大进展。近年来，对其他特种动物的人工授精及冷冻精液研究工作也相继取得了突破性进展。

二、人工授精技术在畜牧生产中的意义

（一）提高雄性动物优良个体的配种效能和种用价值

人工授精配种数可以超过自然交配的配种母畜数许多倍（马、羊和猪），甚至数百倍（牛），特别是冷冻精液的推广应用，可使一头优良种公牛每年配种母牛达数万头。

自然交配方式下，每头公畜每年可配母畜数：猪为15～20头，牛为30～40头，羊为30～50只，马为20～25匹。采用人工授精方式，每头公畜每年可配母畜数：猪为200～400头，牛为500～2000头（6000～12000头，冻精），羊为700～1000只，马为200～400匹。

（二）加速动物品种改良，促进育种工作

人工授精极大地提高了公畜的配种能力，因而就能选择最优秀的公畜用于配种，使良种遗传基因的影响显著扩大，从而加大改良速度。

（三）突破优良种畜精液配种的时间限制和地域限制

精液冷冻保存结合人工授精技术有助于突破优良种畜精液配种的时间限期和地域限制，有效地解决公畜不足地区的母畜配种问题。同时，饲养公畜头数少，既节约了大量的饲料，又降低了饲养管理成本。

（四）防止生殖道传染病的传播

公、母畜不接触，人工授精又有严格的技术操作要求，因此，人工授精可防止疾病，特别是某些因交配而感染的传染病传播。

（五）有利于提高母畜的受胎率

人工授精所使用的精液，品质都经过严格的检查，质量有保证；输精之前会对母畜进行发情鉴定，以掌握最佳的配种时机；此外，人工授精还可克服因公、母畜体格悬殊不易交配，或生殖道某些异常不易受胎的困难，因此有利于提高母畜的受胎率和消灭不孕。

（六）为开展科学研究提供有效手段

通过人工授精可以进行远缘的种间杂交，目前已有黄牛和牦牛、斑马和马等动物的杂种后代，这在自然交配条件下是难以实现的。

三、人工授精技术的基本流程

人工授精技术的基本流程包括以下七个步骤：

（1）做计划和器械准备。

（2）稀释液配制。

（3）采精。

（4）精液及其品质检查。

（5）精液稀释。

（6）分装。

（7）适时输精。

扫码学课件
任务 4-2

任务二　采精技术

任务分析

采精技术任务单

<table>
<tr><td>任务名称</td><td colspan="3">采精技术</td><td>参考学时</td><td>4 学时</td></tr>
<tr><td>学习目标</td><td colspan="5">1. 了解公畜采精前的准备工作。
2. 掌握公畜采精前的调教和训练方法。
3. 理解和掌握猪、牛、羊、鸡、犬的采精原理和方法。</td></tr>
<tr><td>完成任务</td><td colspan="5">利用实训室或实训基地，按照操作规程完成任务。
1. 熟悉假阴道的构件组成，能够正确安装和调试假阴道。
2. 能够利用多种方法对青年公猪进行采精调教。
3. 能够熟练地采用手握法完成公猪的采精。</td></tr>
<tr><td>学习要求
（育人目标）</td><td colspan="5">1. 具有遵守规范、严格程序、安全操作的专业意识。
2. 注重理论与生产实际相结合，重视问题，解决问题。
3. 树立良好的职业道德意识、艰苦奋斗的作风和爱岗敬业的精神。</td></tr>
<tr><td rowspan="2">任务资讯</td><td colspan="2">资讯问题</td><td colspan="3">参考资料</td></tr>
<tr><td colspan="2">1. 如何调教公猪人工采精？
2. 手握法采集公猪精液的操作要点是什么？
3. 其他公畜的采精方法与操作要点是什么？</td><td colspan="3">1. 线上学习平台中的 PPT、图片、视频及动画。
2. 倪兴军. 动物繁育[M]. 武汉：华中科技大学出版社，2018。</td></tr>
<tr><td rowspan="3">考核标准</td><td>知识考核</td><td colspan="2">能力考核</td><td colspan="2">素质考核</td></tr>
<tr><td>1. 查阅相关知识内容和有关文献，完成资讯问题。
2. 准确完成线上学习平台的知识测试。
3. 任务单的学习和完成情况。</td><td colspan="2">1. 能够正确安装和调试假阴道。
2. 严格规范地对采精人员和器械进行消毒。
3. 会用手握法采集公猪精液。</td><td colspan="2">1. 遵守学习纪律，服从学习安排。
2. 积极动手实践，观察细致认真。
3. 操作规范、严谨。</td></tr>
<tr><td colspan="5">结合课堂做好考核记录，按项目进行评价，考核等级分为优秀、良好、合格和不合格四种。其中优秀为 85～100 分，良好为 75～84 分，合格为 60～74 分，不合格为 60 分以下。</td></tr>
</table>

任务知识

采精是人工授精的重要环节，认真做好采精前的准备，正确掌握采精技术，合理安排采精频率，是保证采得多量优质精液的重要条件。

公畜采精的方法有假阴道法、手握法、电刺激法、按摩法等，分别适用于不同的动物。下面依次介绍猪、牛、羊、犬、鸡的人工采精方法。

一、公猪手握法采精

手握法是目前采取公猪精液普遍使用的一种方法。该法操作方便，设备简单，能采集富含精子的浓份精液。公猪自然交配时其螺旋形阴茎头会被母猪的子宫颈紧紧锁住，故公猪阴茎对压力的感受最为敏感。

（一）采精前的准备

1. 采精室　采精要有一定的采精环境，以便雄性动物建立起巩固的条件反射，同时防止精液污染。公猪采精室在进行采精之前必须做好清洁卫生工作，须确保采精时室内空气中没有悬浮的灰尘。采精室与人工授精实验室和公猪舍相连，并附设喷洒消毒和紫外线照射杀菌设备（图 4-1）。

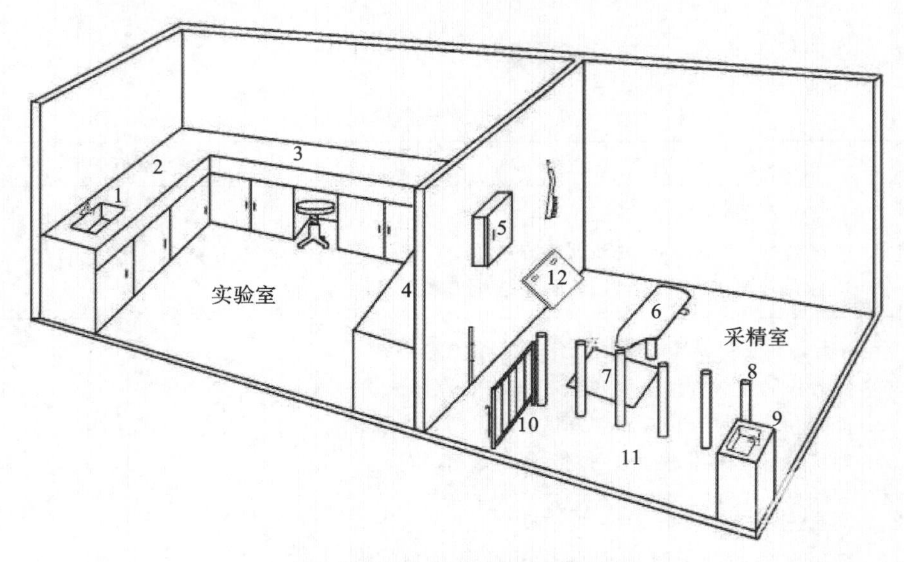

图 4-1　猪人工授精实验室和采精室

实验室（3.5 m×3 m），采精室（3.5 m×3 m）

1. 水槽　2. 湿区（稀释液配制、用品清洗）　3. 干区（精液品质检查）

4. 分装区（进行精液稀释分装、排序、标记、精液保存）

5. 实验室-采精室用品传递窗（两侧均设门）　6. 假母猪　7. 防滑垫

8. 防护栏（直径 10～12 cm，高 75 cm，净间距 28 cm）　9. 水槽

10. 栅栏门（防止公猪逃跑和进入采精室时跑进安全区）　11. 安全区　12. 赶猪板

2. 台畜　台畜是供公猪爬跨用的台架，有真台畜和假台畜之分。真台畜是使用发情母猪作台畜，不需调教，即可取得良好的采精效果。真台畜应选择健康无病、体格健壮、性情温顺、无恶癖的同类个体。

假台畜又称采精台、假母猪，是模仿母猪体型、高低、大小，选用金属材料或木料做成的一个具有一定支撑力的支架，外层覆以棉絮、泡沫等柔软之物，也可用猪皮包裹，以假乱真（图 4-2、图 4-3）。日常采精一般利用假台畜，需要对青年公猪进行调教后加以使用。

扫码看彩图
图 4-3

图 4-2　假母猪（木制）

图 4-3　假母猪（钢制）

3. 采精公猪的调教

（1）后备公猪一般在 7.5～8 月龄开始采精调教。先调教性欲旺盛的青年公猪，其他公猪在旁边

的采精训练栏观察、学习。

(2) 挤出包皮积尿，清洗公猪的后腹部及包皮部，按摩公猪的包皮部。

(3) 诱导爬跨：用发情母猪的尿或阴道分泌物涂在假母猪上，同时模仿母猪叫声，也可以用其他公猪的尿或口水涂在假母猪上，公猪受到刺激引起性兴奋并爬跨假母猪。若这些方法都不奏效，可赶来一头发情母猪，与采精台并列，让公猪空爬母猪几次，在公猪很兴奋时人为将公猪移上采精台，进行调教采精。

(4) 摩擦包皮区，促使阴茎伸出。

(5) 尽量紧握龟头并适度逐渐加压促其射精。

(6) 待公猪完全射精后，再松手让公猪慢慢下来，必要时人工帮助以免跌伤，切不可对公猪有任何粗暴行为。

(7) 调教成功的公猪连续采精 3 次，每天一次，以巩固其记忆，形成条件反射。对于难以调教的公猪，可实行多次短暂训练，每周 4～5 次，每次 15～20 min。如果公猪表现出任何厌烦、受挫或失去兴趣，应该立即停止调教训练。

注意事项：在公猪很兴奋时，要注意公猪和采精员自己的安全，采精栏必须设有安全角。无论哪种调教方法，公猪爬跨后一定要进行采精，不然公猪很容易对爬跨假母猪失去兴趣。调教时，不能让两头或以上公猪同时在一起，以免引起公猪打架等，影响调教的进行和造成不必要的经济损失。

（二）采精操作

1. 集精杯的安装

(1) 在集精杯内套一层塑料袋(图 4-4(a))。将一张塑料袋放入集精杯中，将玻璃棒用消毒纸巾擦干净，插入塑料袋中，然后将塑料袋外翻，用玻璃棒使袋子贴附于杯内壁(玻璃棒平时放在一塑料袋中)。

视频：公猪的采精(1)

(2) 杯口上固定过滤网(图 4-4(b))。将玻璃棒抽出，打开过滤网包装袋，拿着过滤网的一角，将过滤网盖在集精杯口上，右手拿一张纸巾压在网面上，左手将一橡皮筋撑开把过滤网固定在集精杯外沿上。过滤网安装好后，网面应下陷 3 cm 左右。放入 37 ℃的恒温箱中预热，冬季尤其应引起重视。

(3) 采精时拿出集精杯并盖上盖子，然后传递给采精人员。将消毒纸巾盒、乳胶手套、集精杯放在实验室与采精栏之间的壁橱内，关上壁橱门。当处理室距采精栏较远时，应将集精杯放入泡沫保温箱，然后带到采精栏。

(a) 安装集精杯的用品

(b) 安装集精杯的过程

扫码看彩图 图 4-4

图 4-4　集精杯的安装

2. 公猪的准备

(1) 打开公猪栏门，将公猪赶进采精栏，然后进行公猪体表的清洁(图 4-5)，刷拭掉公猪体表尤其是下腹及侧腹的灰尘和污物。

（2）用水冲洗干净公猪全身特别是包皮部，挤出包皮积液（图 4-6），并用毛巾擦干净包皮部，避免采精时残液滴流入精液中导致污染精液。

（3）经常修剪公猪阴毛（图 4-7），避免其过长而黏附污物，一般以 2 cm 为宜。

扫码看彩图

图 4-5

扫码看彩图

图 4-6

扫码看彩图

图 4-7

图 4-5　公猪体表清洁

图 4-6　挤出包皮积液

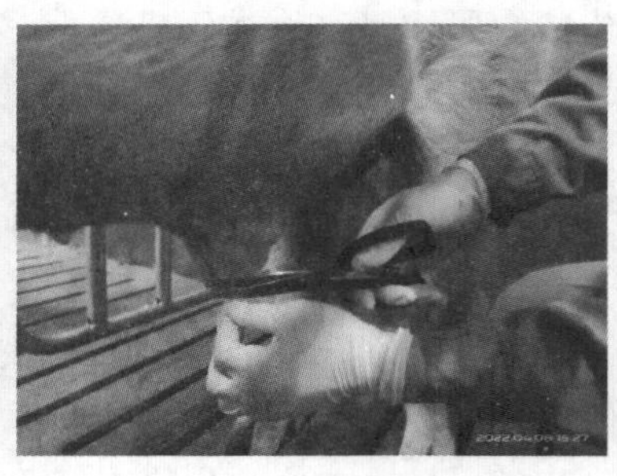

图 4-7　修剪阴毛

3. 采精

（1）采精员从采精栏与实验室之间的壁橱里，从手套盒中抽取手套，在右手上戴两到三层乳胶手套。

（2）采精员站在假母猪头的一侧，轻轻敲击假母猪以引起公猪的注意，并模仿发情母猪发出“哼……哼……”的声音引导公猪爬跨假母猪。

（3）当公猪爬跨假母猪时，采精员应辅助公猪保持正确的姿势，避免侧向爬跨，以免将阴茎压在假母猪上。

（4）确定公猪正确爬跨后，采精员迅速用右手按摩挤压公猪包皮囊，将其中的包皮积液挤净，然后用纸巾将包皮口擦干。

（5）锁定龟头。脱去右手的外层手套，右手呈空拳，当龟头从包皮口伸入空拳后，用中指、无名指、小指锁定龟头，并向左前上方拉伸，龟头一端略向左下方。

（6）防止精液被包皮积液污染。为防止未挤净的包皮积液顺着阴茎流入集精杯中造成精液污染而废弃，采精时要保证阴茎的龟头端略高于包皮口。

（7）不要收集最初射出的精液。最初射出的精液不含精子，而且混有尿道中残留的尿液，对精子有毒害作用，因此弃掉不收集（图 4-8）。起初射出的清亮液体约 5 mL，待排完后，左手拿纸巾擦干净右手上的液体及污物。

（8）收集含有精子的浓份精液。当公猪射出乳白色的精液时，左手将集精杯口向上接近右手小指正下方开始收集（图 4-9）。公猪射精时间较长，而且是分段进行的。第一份浓份精液射完后，又开始排基本不含精子的清亮液体，此时应挪开集精杯不收集，待第二份乳白色的浓份精液射出时再收集。最后一段精液又很稀，基本不含精子，不要收集。

扫码看彩图

图 4-8

扫码看彩图

图 4-9

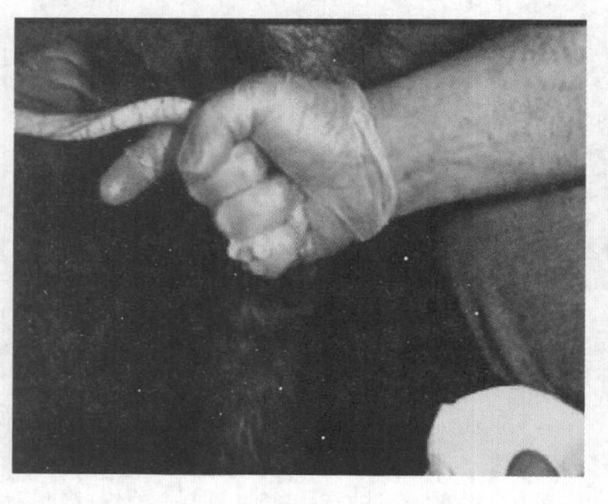

图 4-8　锁定龟头并弃掉初射精液

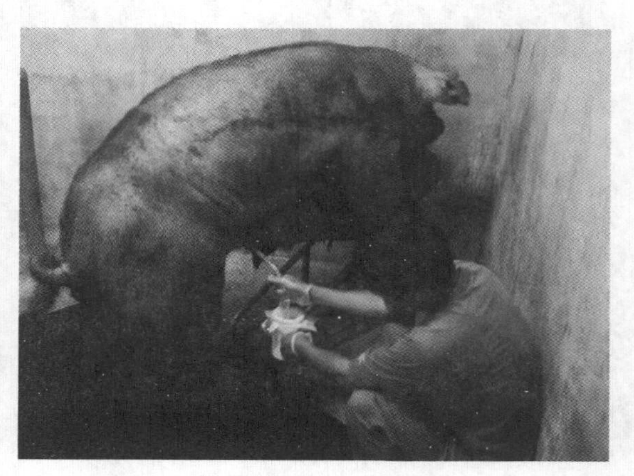

图 4-9　采集公猪精液

(9) 要保证公猪的射精过程完整。采精过程中,即使最后射出的精液不收集,也不要中止采精,直到公猪阴茎软缩,试图爬下假母猪,再慢慢松开公猪的龟头。不完整的射精会导致公猪生殖疾病而过早被淘汰。

注意事项:采精杯上套的四层过滤用纱布,使用前不能用水洗,若用水洗则要烘干,因水洗后,相当于采得的精液进行了部分稀释,即使水分含量较少,也将会影响精液的浓度。采完精液后,公猪一般会自动跳下母猪台,但当公猪不愿下来时,可能是还要射精,故工作人员应有耐心。对于那些采精后不下来而又不射精的公猪,不要让它形成习惯,应赶它下假母猪。

4. 采精后的工作

(1) 采精完毕后,应看着公猪安全跳下假母猪。

(2) 将右手小指压住过滤网一侧,食指和拇指从另一侧将过滤网及上面的胶状物翻向手心。要注意防止橡皮筋脱出后,胶状物掉入集精杯中。

(3) 将精液袋束口放于杯沿上,盖上杯盖,再将集精杯放入采精室与实验室之间的壁橱内,关上壁橱门。

(4) 将公猪赶回公猪舍。

二、公牛假阴道法采精

(一) 采精前的准备

视频:公牛的采精

1. 场地的准备　公牛的采精也应有固定的场地,以利于形成条件反射。场地要求清洁、宽敞、平坦、安静、防滑(可加防滑垫),便于冲洗除粪,温度保持在 5 ℃以上。场地内设有采精架,用以固定台牛,利于公牛爬跨。室内设有拴系架,用于拴系待采公牛。

2. 台牛的准备　台牛供公牛爬跨用,分为活台牛和假台牛。活台牛可以大大增强公牛的性欲,因而在生产上被普遍采用。在台牛的选择上,要求体格健壮、性情温和、高矮适合采精公牛,用公牛或母牛均可。由于母牛的特殊性,更利于提高公牛的性兴奋,适合给性欲低下的公牛作台牛。采精前,台牛要固定牢,台牛的后躯、肛门、母牛的外阴、尾根等部位要清洗干净,擦干后拴好牛尾。

3. 采精公牛的准备　公牛采精前,要剪掉阴茎包皮上的长毛,将包皮内冲洗干净。待采公牛要牵入采精室拴系,观看采精,促进性欲。每次采精前,要让公牛空爬跨 2～3 次,以提高性兴奋,并促进副性腺液排出,清洁尿道。对青年公牛,在采精前 1 个月开始采精训练,牵到采精场边上观看采精,并进行试爬跨以适应采精现场的气氛、环境,为今后顺利采精打好基础。

4. 假阴道的准备　假阴道主要由外壳、内胎、集精杯、活塞和固定胶圈组成(图 4-10、图 4-11)。其准备过程如下。

(1) 洗净漏斗和内胎,用 75%的酒精消毒,自然挥干后,擦生理盐水,以起到缓冲作用,然后让其自然蒸发干。

(2) 清洗集精管,烘箱高温烘干杀菌、消毒。

(3) 安装好假阴道,内胎涂擦润滑剂,灌入温水,加压,放入恒温箱保存备用。

扫码看彩图 图 4-11

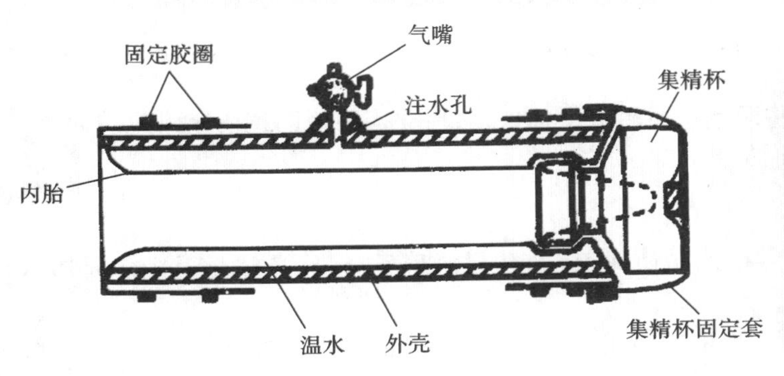

图 4-10　假阴道示意图

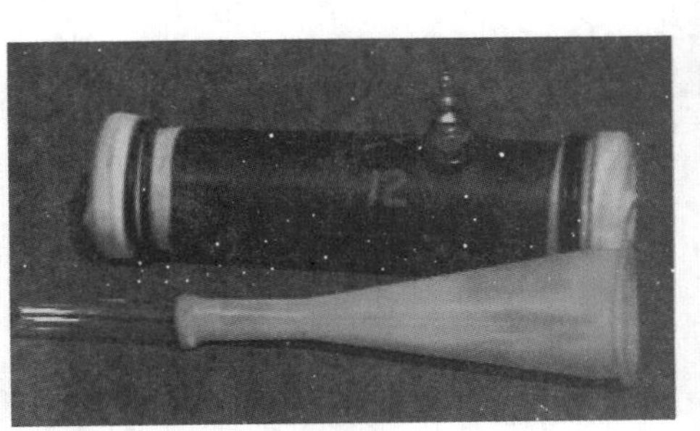

图 4-11　牛的假阴道

扫码看彩图
图 4-12

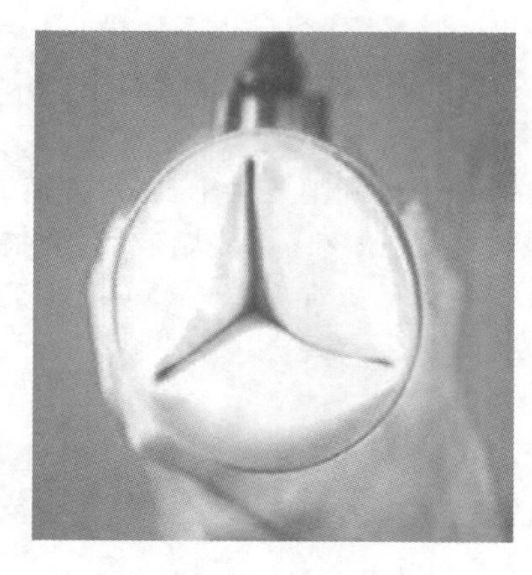

图 4-12 假阴道的调试

(4) 检查温度、压力、润滑度。假阴道的内壁温度要控制在 38～41 ℃之间，不可随意调高。因为温度高采得的精液中的精子受到热刺激，存活时间短，不耐冻。提高采精温度还容易使公牛对温度的依赖过强，形成恶癖，导致采精困难。润滑剂的涂擦要适量、均匀，深度为外壳长度的 2/3。假阴道的压力要根据公牛的个体不同而定，一般不宜太大，以加压后外口呈内三角、不凸出为宜(图 4-12)。

(5) 使用前检查假阴道是否漏水，漏斗和集精管有无破损。

（二）采精操作

(1) 采精员站在台牛的右侧，右手持假阴道与水平面成 45°角左右，以保持假阴道阴茎入口端的温度。

(2) 当公牛跃上台牛的时候，采精员迅速用左肩靠近公牛的右腹侧，两腿呈前实后虚的弓步形，左手在公牛阴茎尚未接触到台牛后躯的时候，兜住阴茎的包皮，将阴茎带到近体侧，把假阴道口对准阴茎龟头，保持假阴道与阴茎在同一条直线上，在公牛性欲达到高峰时，迅速将阴茎导入假阴道内，促成公牛射精(图 4-13)。

扫码看彩图
图 4-13

图 4-13 公牛的采精

(3) 顺势随公牛后移，让公牛自行将阴茎从假阴道中抽出，然后立即将假阴道阴茎入口端向上，使假阴道直立，盖住上端，送入处理室处理。

（三）公牛采精的注意事项

(1) 注重精液品质的感观检查，一旦精液品质变差，副性腺液较多，应认真检查工作存在什么问题。

(2) 公牛对场地和台牛均有选择性。场地和台牛长期不变，会降低公牛的性兴奋，所以台牛最好不固定，采精架要有 2～3 个及以上。另外，要注意保持采精场地周围环境的安静，避免闲杂人围观，使公牛精神能够集中。

Note

（3）采精的最佳时机是在公牛的性高潮阶段，表现如下：阴茎充血，勃起充分；龟头呈亮红色或深红色；阴茎随后躯的前后抖动而有节奏地前后抽动，探寻阴道外口，并伴有副性腺液从阴茎口射出；公牛的精神集中等。为使公牛能达到性高潮状态，爬跨前，要尽量让公牛在台牛跟前多逗留一会儿，以培养情绪，促进性欲，切不可急于求成。

（4）采精操作尽可能符合自然条件下本交的状态，让公牛本能地把阴茎插入假阴道内射精。切记操作动作不可过大、过激，更不允许把假阴道直接套向阴茎，否则，一方面容易造成阴茎损伤，另一方面，对没达到射精最佳时机的公牛，易造成射精困难、不射精、出现恶癖等。

（5）要注意导牛员与采精员之间的相互配合，避免人畜受伤。

（6）公牛的采精以每周2次，每次采2个射精过程为宜。2个射精过程要间隔15～20 min或以上，以利于公牛恢复体力，保持旺盛的性欲。青年公牛一般在18月龄后开始试采，采精不可过早、过频，否则会缩短公牛的使用年限。另外，季节对公牛的精液品质影响较大。

三、公羊假阴道法采精

视频：公羊的采精

（一）采精前的准备

1. 场地的准备 公羊的采精应有良好的固定采精场所，以利于形成条件反射。场地要求清洁、宽敞、平坦、安静，场地内设有采精架。

2. 台羊的准备 选择发情母羊作为台羊较为理想。要求体格健壮、健康无病、体型大小适中。台羊后躯应擦干净，头部固定在采精架上。训练好的公羊，可不用发情母羊作为台羊，用公羊作为台羊、假台羊等都能采出精液来。

3. 采精公羊的调教 一般来说，公羊采精比较容易，但有些公羊，尤其是初次参加配种的公羊，就不太容易采集，可采取以下措施进行调教。

（1）同圈法 将不爬跨的公羊和若干只发情母羊关在一起过夜或与母羊混养几天，公羊便会开始爬跨。

（2）诱导法 在其他公羊配种或采精时，让被调教公羊站在一旁观看，诱导其爬跨。

（3）按摩睾丸法 在调教期每日按时按摩睾丸10～15 min，或用冷湿布擦睾丸，这样可大大提高公羊的性欲。

（4）药物刺激法 对性欲差的种公羊注射丙酸睾酮1～2 mL，2天/次，连续注射3次后可使公羊爬跨。

（5）气味刺激法 将发情母羊的阴道黏液或尿液涂在公羊鼻端，来刺激公羊性欲。

（6）异性刺激法 用发情母羊做台羊，可提高种公羊的性欲。

4. 假阴道的准备 羊的假阴道与牛的相似，只是大小有所不同，同样要经过洗涤、消毒、安装与调试，即可以使用。参考牛的假阴道准备，不再赘述。

（二）采精操作

（1）用0.1%高锰酸钾溶液或无菌生理盐水刷洗公羊下腹部，挤出包皮腔内积尿及其他污物并擦干，剪短包皮口处的长毛。

（2）让公羊空爬2～3次，然后正式采精。

（3）采精员蹲在台羊右侧后方，右手握假阴道，气卡塞向下，靠在台羊臀部，假阴道和地面约呈35°角（图4-14）。当公羊爬跨、伸出阴茎时，左手轻托阴茎包皮，迅速地将阴茎导入假阴道内，公羊射精动作很快，发现抬头、挺腰、前冲，表示射精完毕，全过程只有几秒。随着公羊从台羊身上滑下时，将假阴道取下，立即使集精瓶的一端向下竖立，打开气卡活塞，放气卡取下集精瓶（不要让假阴道内水流入精液，外壳有水要擦干），送操作室检查。采精时，必须高度集中，动作敏捷，做到稳、准、快。

（三）公羊采精的注意事项

（1）采精时手指不能直接接触公羊阴茎，只能用手拖住包皮将阴茎导入假阴道。

Note

扫码看彩图
图 4-14

图 4-14　公羊的人工采精

(2) 整个采精过程应做到无菌操作,防止水和其他杂质混入精液。

(3) 采精场地、人员要稳定,不要随便更换采精人员,不要在采精场地殴打、呵斥公羊。

(4) 种公羊体重大,台羊承受不住,往往造成采精失败,可以做一个铁皮支架,让发情小母羊站在下边,公羊爬跨时由支架承受压力,进行采精。

(5) 种公羊每天可采精 1~2 次,采 3~5 天,休息 1 天,必要时每天采 3~4 次。二次采精后,让公羊休息 2 h 后,再进行第 3 次采精。

四、公犬按摩法采精

采用按摩法采精时,采精人员须经过严格的训练,以确保人员安全,也避免损伤公犬的生殖器官。

(一) 采精前的准备

1. 场地的准备　采精应该在良好的环境中进行,以利于公犬形成稳定的性条件反射,同时又能够避免精液受到污染。采精场地一般选择在室内,由采精室和精液处理室组成,面积为 15~20 m^2,两者相邻,外室为采精室,内室为精液处理室,要求宽敞明亮、平坦、清洁、避风、干燥、安静,最好有较好的环境调控设施,并要彻底消毒,室温应为 20 ℃左右。

2. 台犬的准备　目前多用发情的母犬作为台犬。采精前,台犬的后躯、尾根部、外阴部和肛门等部位应彻底洗涤清洁,再用消毒过的干布擦干。

3. 公犬的调教　对于青年公犬或者没有形成良好条件反射的种公犬应进行调教。常见的调教方法如下。

(1) 用发情母犬刺激　将一头处于发情期的母犬固定于采精场地的采精架或犬主人工保定,然后将待采精的公犬带进采精场地。此时,种公犬不需要任何刺激,就会与母犬进行嬉戏并嗅闻母犬外生殖器。而且在较短的时间内,公犬就会产生爬跨、尝试插入等交配行为。此时。采精员应适时掌握时机,在种公犬阴茎未完全勃起即将插入母犬阴道时顺势将其引导到母犬生殖器外,采取恰当的采精方法,种公犬便会射精。

Note

(2) 用发情母犬阴道黏液和尿液刺激　因为公犬对发情母犬的阴道黏液和尿液的气味非常敏感，因此，调教时，可将沾有发情母犬阴道黏液或尿液的棉球诱使种公犬嗅闻，由于其内、外激素的刺激而引起种公犬性欲，经过几次采精后即可调教成功。

4. 器具的准备　犬采精所用的器具主要是收集精液的采精杯，其使用方法与猪采精所用保温杯基本相同。先将两层采精袋装入采精杯内，并用洁净的玻璃棒使其贴靠在采精杯壁上，袋口翻向采精杯外，上盖一层专用过滤网，用橡皮筋固定，并使过滤网中部下陷 3 cm，以避免公犬射精过快或精液过滤慢时精液外溢。安装好后，将其放在 38 ℃温度下预温 10 min，以便采精时采精杯温度恒定，避免精子冷打击。

5. 采精人员的准备　采精员应具有熟练的技术，动作敏捷，操作时要注意人、犬的安全。操作前，要求穿上长筒胶靴，身着紧身利落的工作服，避免与公犬及周围物体勾挂，影响操作。指甲剪短、磨光，手臂要清洗消毒。采精员将公犬带入采精室后，清扫犬体表，尽快双手戴上双层无毒的一次性手套，并用温水和肥皂水对阴茎及周围进行清洗，避免皮屑及被毛污染精液。有时，这也是对公犬阴茎部的刺激，使其在清洗以后进行采精时形成条件反射。

（二）采精操作

目前普遍采用徒手按摩法采集公犬的精液，此法简单方便，若有发情母犬作为台犬加以刺激，基本可以采集到公犬各个阶段的精液，提高精液品质，同时也不会伤及公犬的生殖器官。

采精时，采精人员蹲在公犬左侧，左手持采精杯(或收集管)，待种公犬爬跨发情母犬(或假台犬)且阴茎勃起伸出包皮之后，采精人员应迅速用事先洗净并消过毒(或戴乳胶手套)的右手握住公犬龟头后部的阴茎，将其拉向侧面(或将阴茎由两后腿间拉向后方)，用拇指和食指勒住龟头球并施加压力，使阴茎充分勃起，同时随着公犬的反复抽动而配合其做前后按摩。如此反复数次，待阴茎充分勃起后约经 30 s 即开始射精。此时，用另一只手拿着已经灭菌的采精杯收集精液，射精过程可持续1～22 min(图 4-15)。对于已经调教好的公犬，可直接采用手指按摩阴茎，使公犬阴茎勃起并射精。

扫码看彩图
图 4-15

图 4-15　公犬的采精

公犬射精一般分为三个阶段：第一部分为尿道小腺体分泌的稀薄水样液体，含有少量的精子；第二部分是来自睾丸的富含精子的部分，呈乳白色；第三部分多是前列腺素分泌物，量最多，基本不含精子。采精时，这三个阶段的精液很难截然分开，只有第一阶段较明显，呈水样，可弃掉不用，后两个阶段的可一起收集。收集时，可在集精杯上覆盖2～3层灭菌纱布进行过滤。

（三）采精的注意事项

(1) 采精时，采精员的动作幅度与力度不能过大、过重，以免损伤阴茎，并可防止振落被毛和皮屑落入采精杯内，污染精液。当将公犬阴茎拉到后方后，应按摩阴茎球，动作尽量轻快，并在龟头的背部保持一定的压力，但不要压住阴茎下面的输精管。

(2) 采精员手部不可过凉，以免降低公犬性欲。在收集精液时，要特别注意器具不能触及龟头，否则对于神经质的公犬会造成射精停止。采完精后，应轻轻把充血的阴茎球按回原状，并将阴茎复位。射精的最开始部分，多混有尿液等杂物，弃之不用，后两段可以一起收集，但尽量少采副性腺分泌物。

(3) 大型犬1次射精量1.5～2 mL，小型犬1次射精量不足1 mL。徒手按摩采精法可以现采现用，不宜对精液进行保存，采到的精液要立即用等温的稀释液1∶1稀释。

(4) 正常情况下，公犬每周可采精2～3次。

视频：公鸡的采精

五、公鸡按摩法采精

（一）采精前的准备

1. 采精场所 鸡的采精一般在种鸡舍内进行，要求人员、时间、地点三固定。采精之前要加强公鸡的饲养管理，并给予良好的光照刺激。

2. 采精器械 鸡采精的主要器械是采精杯、采精管、保温瓶、集精器、储精管、温度计、试管、毛剪等，使用前必须及时清洗干净，再放入电热鼓风干燥箱内，在130～150 ℃下消毒80 min。消毒后的器皿放在恒温干燥箱中保存备用。

3. 公鸡的选择 选择双亲健康、高产和体况结实的公鸡，并且公鸡体型匀称。

4. 公鸡的调教训练 训练前，将公鸡泄殖腔周围的羽毛剪掉，以不妨碍采精为限。每天1～2次徒手按摩公鸡的腰荐部数次，训练3～4天，以建立条件反射。

（二）采精操作

1. 双人徒手按摩法 一人保定公鸡，保定员左手五指自然分开，松松地夹住公鸡两腿，掌心托住公鸡的胸脯，使鸡头向后并轻轻夹于腋下，尾部朝向术者。右手扣住公鸡的一侧翅膀，令其紧贴保定人员身体腹上侧部，保定人员两腿前后叉开。

另一人进行采精操作，采精员先以剪刀剪去公鸡泄殖腔周围的羽毛，再以酒精棉球消毒泄殖腔周围，待酒精干后再进行采精。采精时，采精员用右手中指和无名指夹着经消毒、清洗、烘干的集精器，使器口握在手心内，手心朝向下方，以避免按摩时公鸡排粪污染，左手沿公鸡背鞍部向尾羽方向按摩几次，以减轻公鸡惊恐并引起性欲。接着采精员左手顺势翻转手掌，将尾羽翻向背侧，并以拇指与食指跨在泄殖腔两上侧，右手拇指与食指跨在泄殖腔两下侧腹部柔软部，以迅速敏捷的手法，抖动触摸腹部柔软处，然后迅速轻轻地用力向上抵压泄殖腔，左手拇指和食指即可在泄殖腔两上侧做微微挤压，精液即可顺利排出。与此同时，迅速将右手夹着的集精器口翻上，承接精液流入集精器中（图4-16）。

2. 背腹式按摩一人采精法 单人操作时，采精员坐在凳上，将公鸡保定在两腿间，头部朝左下侧，可空出两手，按上法按摩即可。

根据公鸡的采精量，采3～5只后，用采精管吸取采精杯中的精液，注入保温瓶内的储精管中。

Note

扫码看彩图
图 4-16

图 4-16　公鸡的采精

技能训练

公猪手握法采精

【目的要求】 通过实训，掌握公猪的调教和手握法采精技术，确保采集的精液达到规定的要求。

【材料用具】

视频：公猪的采精(2)

猪的人工授精器械清单

名称	规格	单位	数量	用途
采精室				
采精室	3 m×3 m	个	1	采精场所
假母猪	100 cm×26 cm×55 cm	个	1	用于采精时公猪爬跨
防护柱	直径 10 cm，高 75 cm	根	7	确保公猪攻击时人员安全撤离
赶猪板	100 cm×60 cm	个	1	用于驱赶公猪和防止公猪进攻
水管、扫把			各 1	用于冲刷和清扫地面
硬刷、抹布			各 1	用于清洁公猪下腹及假母猪
搁物架	高 110 cm	个	1	用于临时放置采精用品
防滑垫	60 cm×60 cm	块	1	放置于假母猪后，防止公猪摔倒
小凳子	塑料	张	1	采精员可坐在小凳子上操作
实验室采精用品				
采精杯	250 mL 保温杯	个	2	采精用
采精袋	20 cm×25 cm	个	100	一次性用品，在采精杯中盛放精液
过滤网	20 cm×20 cm	张	100	放于采精杯上过滤精液中胶状物
一次性手套	150 枚	盒	2	采精
纸巾	130 抽	盒	2	用于吸附、擦拭和隔开过滤网与采精杯盖
橡皮筋	100 个	盒	1	用于将过滤网固定于采精杯上
恒温箱		台	1	用于消毒用品和预热采精杯
玻璃棒		根	2	准备采精杯时使用

Note

【内容步骤】

(1) 采精杯的准备：将一次性采精袋放进灭菌后的保温杯中，用消毒纸巾将玻璃棒擦干净，插入采精袋中，然后将采精袋外翻，用玻璃棒使袋子贴附于杯内壁。再将精液过滤网(1～2 层)罩在杯口上，并用纸巾团使其向下凹陷 2～3 cm，用橡皮筋套住滤纸及采精袋的边缘加以固定，盖上盖子，放入 37 ℃的恒温箱中预热。

(2) 仪器准备及预热：①打开恒温载物台，与显微镜连接，温度设定在 35～37 ℃，并在其上放置载玻片与盖玻片；②打开水浴锅，将配制好的稀释液放入水浴锅中加热至 35～37 ℃，并在稀释液中放置两个温度计；③打开精子密度测定仪，准备好检测片；④将输精瓶放入 37 ℃的温箱中预热。

(3) 在采精之前先剪去公猪包皮上的被毛，防止干扰采精及细菌污染。

(4) 将待采精公猪赶至采精栏，用清水清洗其腹部及包皮。

(5) 挤出包皮积尿，用清水洗净，抹干。采精员带上 2 层采精手套，按摩公猪的包皮部，待公猪爬上假母猪后，脱掉外层手套，用手握紧伸出的龟头，顺公猪前冲时将阴茎的“S”状弯曲拉直，握紧阴茎螺旋部的第一和第二褶，在公猪前冲时允许阴茎自然伸展，不必强拉。充分伸展后，阴茎将停止推进，达到强直、“锁定”状态，开始射精。射精过程中不要松手，否则压力减轻将导致射精中断。注意在采精过程中不要碰阴茎体，否则阴茎将迅速缩回。

(6) 收集精液时，将最先射出的水样透明液体弃掉，待射出的精液呈乳白色浓稠时开始用采精杯收集，大概 10 min，直至公猪射精完毕时才放手，注意在收集精液过程中防止包皮部积液或其他液体等进入采精杯。后备公猪的射精量一般为 150～200 mL，成年公猪为 200～600 mL，称重量算体积，1 g 计为 1 mL。

(7) 采精完毕立即登记“公猪采精登记表”。

(8) 彻底清洗采精栏。

公猪采精登记表

栏号	耳号	间隔/天	采精日期											

展示与评价

公猪手握法采精评价单

技能名称	公猪手握法采精				
专业班级		姓名		学号	
完成场所		完成时间		组别	
完成条件	填写内容：场所、动物、设备、仪器、工具、药品等				

续表

<table>
<tr><td>操作过程描述</td><td colspan="4"></td></tr>
<tr><td>操作照片</td><td colspan="4">操作过程或项目成果照片粘贴处</td></tr>
<tr><td rowspan="4">任务评价</td><td>小组评语</td><td>小组评价</td><td>评价日期</td><td>组长签名</td></tr>
<tr><td></td><td></td><td></td><td></td></tr>
<tr><td>指导教师评语</td><td>指导教师评价</td><td>评价日期</td><td>指导教师签名</td></tr>
<tr><td></td><td></td><td></td><td></td></tr>
</table>

<table>
<tr><td rowspan="2">考核标准</td><td>优秀标准</td><td>合格标准</td><td>不合格标准</td></tr>
<tr><td>1. 操作规范，安全有序
2. 步骤正确，按时完成
3. 全员参与，分工合理
4. 结果准确，分析有理
5. 保护环境，爱护设施</td><td>1. 基本规范
2. 基本正确
3. 部分参与
4. 分析不全
5. 混乱无序</td><td>1. 存在安全隐患
2. 无计划，无步骤
3. 个别人或少数人参与
4. 不能完成，没有结果
5. 环境脏乱，桌面未收</td></tr>
</table>

人工授精器材的认识和假阴道的安装

【目的要求】 通过实训，熟悉人工授精所使用的各种器械、用品，了解其用途、构造和使用方法，掌握各种家畜假阴道的安装方法。

【材料用具】

(1) 各种公畜采精用假阴道，牛、羊电刺激采精棒，猪手握法采精用的橡胶手套等。

(2) 各种母畜输精器、阴道开膣器、额灯和手电筒。

(3) 高压灭菌器、酒精灯、长柄钳、镊子、玻璃棒、棒状温度计、漏斗、量杯、灭菌凡士林、75%和95%酒精棉球、滑石粉、来苏尔、洗衣粉等。

【内容步骤】 示范讲解人工授精器材的构造、各部名称和用途，并做假阴道安装的示范，然后学生分组观察并做假阴道的安装练习。

一、人工授精器材的认识

1. 假阴道 假阴道一般呈长筒状，由外壳、内胎和集精杯(管)3个主要部分组成。其粗细和长短因畜种而异。

(1) 外壳 牛、羊和猪的假阴道外壳一般为硬橡胶或塑料制成的圆筒，中部装有可吹气、注水和排水的开关。猪用假阴道则在此处连接一个可向假阴道内打气的双链球，以调节压力。

马的假阴道外壳由镀锌铁皮或金属制成，分头、颈和体三部分。筒体的中部装有把柄，其侧面有吹气和注、排水孔，并有封闭塞或橡胶带。

（2）内胎　由优质橡胶制成的胶筒，有的内胎面制成粗糙面，以增强采精时对阴茎的刺激，利于采精。

（3）集精杯（管）　牛、羊用双层的棕色集精杯或有刻度的离心管，马用黑色橡皮杯，猪用棕色有刻度的广口瓶。当用手握法对公猪进行采精时，只需备一只乳胶手套和收集精液的容器即可。集精杯（管）可借橡皮圈直接固定于假阴道的一端或借橡胶漏斗与假阴道连接。

2. 输精器　目前常用的为金属或塑料制成的输精管，其后连接一个橡皮球。冷冻细管精液输精则使用特制的卡苏枪或输精器。

一些家畜输精时，常借助阴道开膣器开张，用额灯或手电筒照明。开膣器的种类和大小因畜种而异。

二、假阴道的安装

1. 假阴道外壳及内胎的检查

（1）检查假阴道外壳两端是否光滑，外壳有无裂隙或开焊之处（特别是马用外壳）。

（2）检查内胎是否漏水。可将内胎注满水，用两手握紧两端，并扭转内胎施以压力，观察胎壁有无破损漏水之处，如发现应及时修补或更换。公猪的手握法采精用的乳胶手套在用前也应检查。

2. 采精器材的清洗

（1）外壳、内胎、集精杯（管）等用具用后可用热的洗衣粉水清洗。内胎的油污必须洗净。

（2）以清水冲净洗衣粉，待自然干燥后即可使用。

3. 内胎的安装　将内胎放入外壳，内胎露出外壳两端各一部分，长短应相等。而后将其翻转在外壳上，内胎应平整，不应扭曲，再以橡皮圈加以固定。

4. 消毒　先以长柄钳夹取75%的酒精棉球擦拭内胎和集精杯，再以95%的酒精棉球充分擦拭。采精前，最好用稀释液冲洗1～2次。

5. 集精杯（管）的安装　牛、羊、猪的集精杯（管）可借助特制的保定套或橡皮漏斗与假阴道连接。

6. 注水　通过注水孔向假阴道内、外壁之间注入50～55 ℃温水，使其能在采精时保持38～42 ℃，注水总量为内、外壁间容积的1/3～1/2。

7. 涂润滑剂　用消毒好的玻璃棒，取灭菌凡士林少许，均匀地涂于内胎表面，涂抹深度为假阴道长度的1/2左右，润滑剂不宜过多、过厚，以免混入精液，降低精液品质。当用手握法给公猪采精时无须使用润滑剂。

8. 调节假阴道内腔的压力　从注气孔吹入或打入（猪）空气，根据不同家畜和个体的要求调整内腔压力。

9. 假阴道内腔温度的测量　把消毒的温度计插入假阴道内腔，待温度不变时再读数，一般以40 ℃左右为宜，马可稍高。要根据不同个体的要求，做适当调整。

10. 防尘　用一块折成4折的消毒纱布盖住假阴道入口，以防灰尘落入。

三、输精器材的准备

金属和玻璃制成的输精管、输精枪，最好用高压蒸汽消毒，在输精前最好将输精管用稀释液冲洗1～2次。

细管冷冻精液的输精器一般由金属外壳和里面的推杆组成。使用前金属外套应进行消毒，前端的金属套不能连续使用。使用时将细管的一端剪去，另一端插在输精枪的推杆上。借助推杆，推动细管中的活塞即可将精液推出。

若采用开膣器法输精，需先对开膣器进行严格消毒。

扫码学课件
任务 4-3

任务三　精液品质检查

任务分析

精液品质检查任务单

<table>
<tr><td>任务名称</td><td colspan="2">精液品质检查</td><td>参考学时</td><td>4 学时</td></tr>
<tr><td>学习目标</td><td colspan="4">1. 精液品质检查前的准备工作。
2. 精液的品质检查及精子活力评定。</td></tr>
<tr><td>完成任务</td><td colspan="4">利用实训室或实训基地，按照操作规程完成任务。
1. 使用精子密度测定仪对精子密度进行测定。
2. 使用显微镜检查精子活力并能正确评定。</td></tr>
<tr><td>学习要求
（育人目标）</td><td colspan="4">1. 具有“三勤四有五不怕”的专业精神。
2. 具有遵守规范、严格程序、安全操作的专业意识。</td></tr>
<tr><td rowspan="2">任务资讯</td><td colspan="2">资讯问题</td><td colspan="2">参考资料</td></tr>
<tr><td colspan="2">1. 种公猪精液品质的鉴定标准是什么？
2. 显微镜检查精子活力的操作要点是什么？</td><td colspan="2">1. 线上学习平台中的 PPT、图片、视频及动画。
2. 倪兴军. 动物繁育[M]. 武汉：华中科技大学出版社，2018。</td></tr>
<tr><td rowspan="3">考核标准</td><td>知识考核</td><td colspan="2">能力考核</td><td>素质考核</td></tr>
<tr><td>1. 准确完成线上学习平台的知识测试。
2. 任务单学习和完成情况。</td><td colspan="2">1. 能够正确安装和调试显微镜。
2. 精子密度测定仪的使用方法。</td><td>1. 积极动手实践，观察细致认真。
2. 操作规范、严谨。</td></tr>
<tr><td colspan="4">结合课堂做好考核记录，按项目进行评价，考核等级分为优秀、良好、合格和不合格四种。其中优秀为 85～100 分，良好为 75～84 分，合格为 60～74 分，不合格为 60 分以下。</td></tr>
</table>

任务知识

精液品质检查的目的是鉴定精子品质的优劣。精液品质反映了种公畜的饲养水平和种用价值，也可反映精液处理的水平。进行精液品质检查时，要对精液进行编号，将采集的精液迅速置于 30 ℃的温水中，防止低温对精子的打击。检查时动作要迅速、准确，取样要有代表性。

一、精液外观评定

1. 采精量　采精后即可测出精液量的多少。猪、马的精液应经 2～3 层的消毒纱布过滤或离心处理，除去胶状物质后再读数。各种家畜的采精量都有一定范围，出现差异应及时查明原因，并予以调整或治疗。

2. 颜色　精液一般为乳白色或灰白色，精子密度越大，精液的颜色越深。牛、羊的精液呈乳白色或乳黄色，有时呈淡黄色；马、猪的精液为淡乳白色或灰白色。精液颜色异常属不正常现象，若精液呈红色说明混有鲜血；精液呈褐色很可能混有陈血；精液呈淡黄色可能混有脓汁或尿液。颜色异常的精液应废弃，立即停止采精，并查明原因及时治疗。

3. 气味　正常精液略带有腥味，牛、羊的精液除具有腥味外，另有微汗脂味。气味异常常伴有

Note

颜色的变化。

4. 云雾状 牛、羊的精液精子密度大，放在玻璃容器中观察，精液呈上下翻滚状态，像云雾一样，称为云雾状，这是精子运动活跃的表现。云雾状明显可用“+++”表示，“++”表示较为明显，“+”表示不明显。

视频：精子活力检查

二、精子活力检查

精子活力又称活率，是指精液中做直线前进运动的精子占整个精子数的百分比。精子活力是精液检查的重要指标之一，在采精后、稀释前后、保存和运输前后、输精前都要进行检查。

1. 检查方法 检查精子活力需借助显微镜，放大200～400倍，把精液样品放在镜前观察。常用方法有以下两种。

(1) 平板压片法 取一滴精液于载玻片上，盖上盖玻片，放在镜下观察。此法简单、操作方便，但精液易干燥，检查应迅速。

(2) 悬滴法 取一滴精液滴在盖玻片上，再置于凹玻片的凹窝内，迅速翻转使精液形成悬滴，制成悬滴玻片，此法精液较厚，检查结果可能偏高。

2. 评定 评定精子活力的方法有“五级评分制”和“十级评分制”。一般多采用“十级评分制”，如果精液中有90%的精子做直线前进运动，精子活力计为0.9，如有50%的精子做直线前进运动，活力计为0.5，以此类推。评定精子活力的准确度与经验有关，具有主观性，检查时应多看几个视野，取平均值。

牛、羊及猪的浓份精液精子密度较大，为方便观察，可用等渗溶液(如生理盐水等)稀释后检查。温度在37 ℃左右，需用有恒温装置的显微镜。

三、精子密度检查

精子密度是指单位体积(1 mL)精液内所含有精子的数目。精子密度大，稀释倍数高，进而可增加可配母畜数，也是评定精液品质的重要指标。

1. 估测法 估测法通常结合精子活力检查来进行，根据显微镜下精子的密集程度，把精子的密度大致分为密、中、稀三个等级，这种方法能大致估计精子的密度，主观性强，误差较大，如图4-17所示。

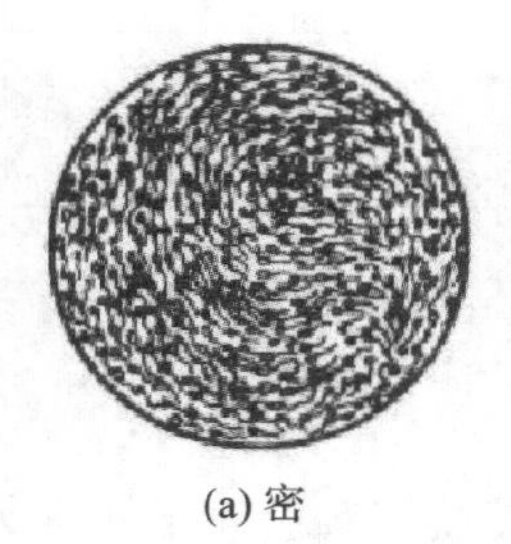
(a) 密

(b) 中

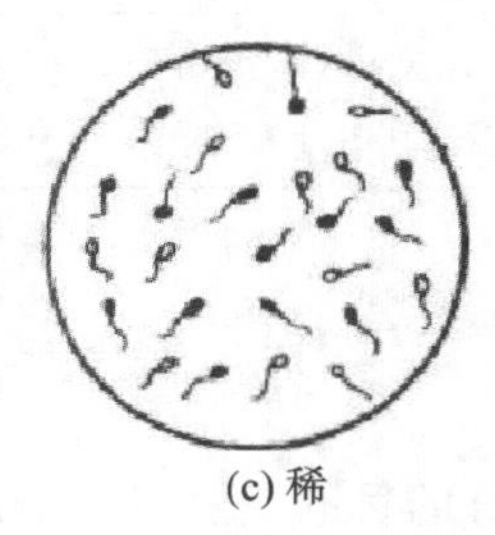
(c) 稀

图4-17 用估测法评定精子密度

视频：血细胞计数板的使用

2. 血细胞计数法 用血细胞计数法定期对公畜的精液进行检查，可较准确地测定精子密度(图4-18)。此法所用器具主要包括血细胞计数器及红细胞和白细胞吸管。血细胞计数器中有一块计数板，板上有2个计数室，每个计数室有25个中方格，每个中方格分为16个小方格。计数室边长是1 mm，高度为0.1 mm，为一个正方形。红细胞吸管能对精液进行100～200倍的稀释，适用于牛、羊的精液检查；白细胞吸管能对精液进行10～20倍的稀释，适用于猪和马的精液检查。

为保证检查结果的准确性，在操作时要注意：滴入计数室的精液不能过多，否则会使计数室高度增加；检查中方格时，要以精子头部为准，为避免重复和漏掉，对于头部压线的精子采取“计上不计下，计左不计右”的办法；为了减少误差，应连续检查2次，求其平均值。如2次差异较大，要求做第3次检查。

Note

3. 光电比色法 现世界各国普遍应用于牛、羊的精子密度测定。此法快速、准确、操作简便。

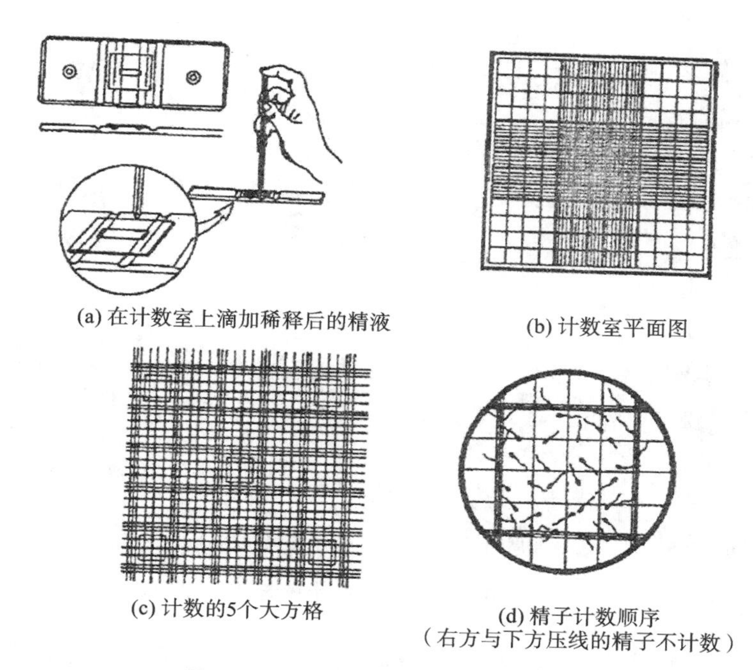

(a) 在计数室上滴加稀释后的精液

(b) 计数室平面图

(c) 计数的5个大方格

(d) 精子计数顺序
（右方与下方压线的精子不计数）

图 4-18　血细胞计数法检查精子密度

其原理是精液透光性的强弱与精子密度呈负相关，即精子密度越大，透光性就越差。

事先将原精液稀释成不同倍数，用血细胞计数法计算精子密度，从而制成精液密度标准管，然后用光电比色计测定其透光度，根据透光度求每相差 1%透光度的级差精子数，编制成精子密度对照表备用。测定精液样品时，将精液稀释 80～100 倍，用光电比色计测定其透光值，查表即可得知精子密度。

四、精子形态检查

精子形态是否正常对受精率有直接的影响。如果精液中含有大量畸形精子和顶体异常的精子，受精能力就会降低。

1. 精子畸形率　精液中形态不正常的精子称为畸形精子，精子畸形率是指精液中畸形精子数占总精子数的百分比。畸形精子各种各样，一般可分为头部畸形、颈部畸形、中段畸形和主段畸形（图 4-19）。在各种家畜的正常精液中，精子畸形率一般不超过 20%，牛不超过 18%，水牛不超过 15%，羊不超过 14%，猪不超过 18%，否则不能用于输精。一般检查方法是做成切片进行染色，在显微镜下观察计数。

2. 精子顶体异常率　精子的正常顶体内含有多种与受精有关的酶类，在受精过程中起着重要作用。因此，精子顶体正常与否和精子存活、受精能力有密切的关系。顶体异常有顶体膨胀、缺损、部分脱落、全部脱落等。在正常情况下，牛精子的顶体异常率不超过 5.9%，猪不超过 2.3%。如精子顶体异常率显著增高（牛超过 14%，猪超过 4.3%），会直接影响受精率。新鲜精液经过保存或低温打击，精子的顶体异常率显著增高，牛为 14.1%，猪为 4.3%；精液经过冷冻后变化更大，牛可达 40%，猪可达 45%。

五、其他检查

1. 精子存活时间和存活指数检查　精子存活时间和存活指数检查是鉴定稀释液和精液处理效果的一种方法。精子存活时间是指精子在体外的总存活时间，检查时将稀释后的精液置于一定的温度（0 ℃或 37 ℃）下，间隔 8～12 h 检查精子活力，直至无活动精子为止。所有间隔时间累加后减去最后两次间隔时间的一半即为精子存活时间。精子存活指数是指相邻两次检查的平均存活率与间隔时间的积相加总和。精子存活时间越长，指数越大，说明精子生活力越强，品质越好。

扫码看彩图
图 4-19

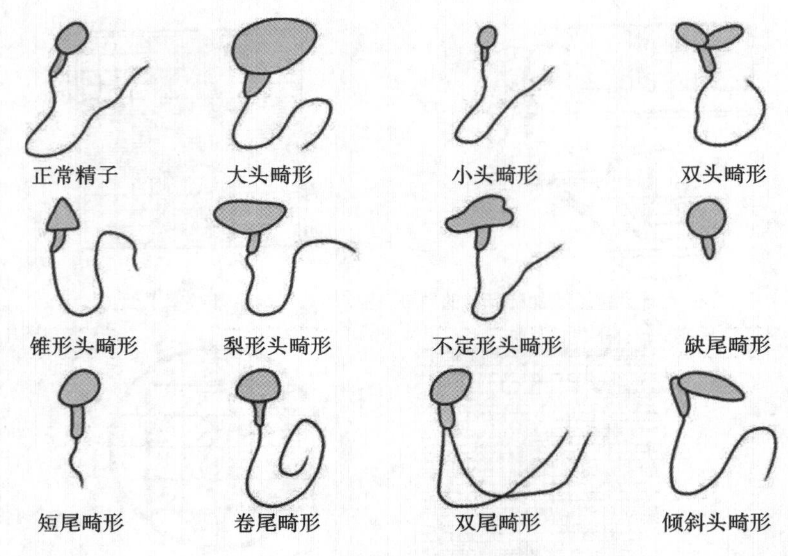

图 4-19　畸形精子类型

2. 美蓝褪色试验　美蓝是氧化还原剂，氧化时呈蓝色，还原时无色。精子在美蓝溶液中呼吸时氧化脱氢，美蓝被还原而褪色。因此。根据美蓝溶液褪色时间的快慢可估测出精子的密度和活力。

3. 精液果糖分解试验　测定果糖的利用率，可反映精子的密度和精子的代谢情况。通常用1亿精子在37 ℃厌氧条件下每小时消耗果糖的质量(mg)表示。其方法是在厌氧情况下把一定量的精液(如0.5 mL)在37 ℃的恒温箱中停放3 h，每隔1 h取出0.1 mL进行果糖量测定，将结果与放入恒温箱前比较，最后计算出果糖酵解指数。牛、羊的精液一般果糖利用率为1.4～2 mg，猪、马由于精子密度小，指数很低。

4. 精子抵抗力测定　精子抵抗力测定是精子对1%氯化钠溶液的抗性测定。钠的等渗溶液对精子脂蛋白膜有溶解作用，精子的抗性越高，这种溶液对精子的影响就越小，精子在稀释度更大的溶液中仍具有直线前进运动能力，它可以作为稀释倍数的参考依据。

精液品质的外观检查及精子活力评定

【目的要求】　通过实训，掌握公猪精液的品质检查及精子活力评定，确保精液的品质标准。

【材料用具】　显微镜、载玻片、盖玻片、显微镜恒温板(35～40 ℃)、电子天平、烧杯、吸管、擦镜纸、纸巾、公猪精液等。

【内容步骤】

一、公猪精液的外观检查

为了不影响精子的活力，在5～10 min内完成质检。检查指标：精液量、颜色、气味。

1. 精液量　后备公猪的射精量一般为150～200 mL，成年公猪为200～600 mL，精液量的多少因品种、品系、年龄、采精间隔、气候和饲养管理水平等不同而不同(图4-20)。

2. 颜色　正常精液的颜色为乳白色或灰白色。若精液颜色有异常，则说明精液不纯或公猪有生殖道疾病。凡发现颜色有异常的精液，必须丢弃。同时，查明原因及时处理。

3. 气味　正常的公猪精液具微腥味，无腐败恶臭味。有特殊臭味的精液一般混有尿液或其他异物，一旦发现，必须弃掉，并查明原因做出处理。

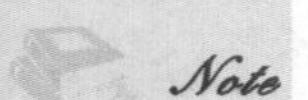

扫码看彩图
图 4-20

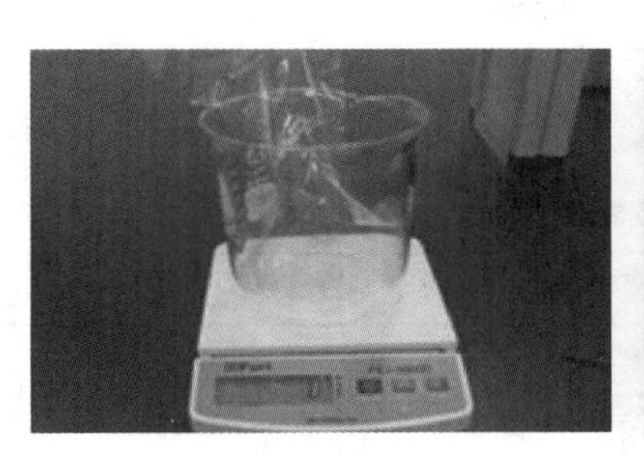
(a) 在烧杯中放入一个食品袋，放在电子天平上置零

(b) 取出食品袋后，放入装精液的袋子，显示读数即精液的质量（g）

图 4-20　精液量的测定(1 g 精液等同于 1 mL 精液)

二、公猪精液的活力检查

精子活力的高低与受配母猪的受胎率和产仔数有较大的关系。每次采精后及使用精液前，都要进行活力检查，精子活力的检查必须使用 37 ℃左右的保温板，以维持精子自身的温度需要。一般先将载玻片放在保温板上预热至 37 ℃左右，再滴上精液，盖上盖玻片，然后在显微镜下进行观察。在我国，精子活力一般采用 10 级制，即在显微镜下观察一个视野内做直线前向运动的精子数，若有 90%的精子呈直线前向运动，则其活力为 0.9，有 80%呈直线前向运动，则活力为 0.8，依次类推。新鲜精液的精子活力以高于 0.7 为正常(图 4-21)。稀释后的精液，当活力低于 0.6 时，必须丢弃。

扫码看彩图
图 4-21

(a) 取精液滴在预温至37 ℃的载玻片上

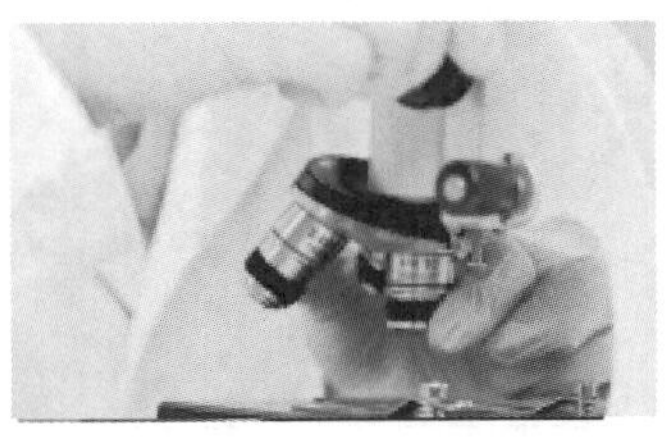
(b) 盖上盖玻片后，400倍观察精液运动状况

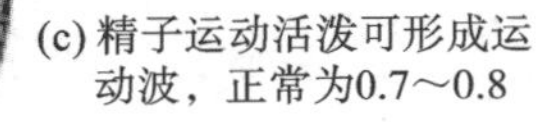
(c) 精子运动活泼可形成运动波，正常为0.7～0.8

图 4-21　精子活力的评定

三、作业

将实验结果填入精液品质检查登记表内。

精液品质检查登记表

动物类别	编号	采精时间（年/月/日）	射精量/mL	色泽	气味	云雾状	精子活力

Note

展示与评价

精液品质的外观检查及精子活力评定评价单

<table>
<tr><td>技能名称</td><td colspan="6">精液品质的外观检查及精子活力评定</td></tr>
<tr><td>专业班级</td><td></td><td>姓名</td><td></td><td>学号</td><td colspan="2"></td></tr>
<tr><td>完成场所</td><td></td><td>完成时间</td><td></td><td>组别</td><td colspan="2"></td></tr>
<tr><td>完成条件</td><td colspan="6">填写内容:场所、动物、设备、仪器、工具、药品等</td></tr>
<tr><td>操作过程描述</td><td colspan="6"></td></tr>
<tr><td>操作照片</td><td colspan="6">操作过程或项目成果照片粘贴处</td></tr>
<tr><td rowspan="4">任务评价</td><td>小组评语</td><td>小组评价</td><td colspan="2">评价日期</td><td colspan="2">组长签名</td></tr>
<tr><td></td><td></td><td colspan="2"></td><td colspan="2"></td></tr>
<tr><td>指导教师评语</td><td>指导教师评价</td><td colspan="2">评价日期</td><td colspan="2">指导教师签名</td></tr>
<tr><td></td><td></td><td colspan="2"></td><td colspan="2"></td></tr>
<tr><td rowspan="2">考核标准</td><td colspan="2">优秀标准</td><td colspan="2">合格标准</td><td colspan="2">不合格标准</td></tr>
<tr><td colspan="2">1. 操作规范,安全有序
2. 步骤正确,按时完成
3. 全员参与,分工合理
4. 结果准确,分析有理
5. 保护环境,爱护设施</td><td colspan="2">1. 基本规范
2. 基本正确
3. 部分参与
4. 分析不全
5. 混乱无序</td><td colspan="2">1. 存在安全隐患
2. 无计划,无步骤
3. 个别人或少数人参与
4. 不能完成,没有结果
5. 环境脏乱,桌面未收</td></tr>
</table>

技能训练

精子密度的显微镜估测与计数检查

【目的要求】 通过实训,掌握精子密度的目测估计及其计数检查方法。

【材料用具】 显微镜、载玻片、盖玻片、微量移液器(5/25 μL)、微量移液器(10/250 μL)、吸管(250 μL)、血细胞计数室、计数器、擦镜纸、纸巾、3% NaCl 溶液、95%酒精、乙醚。

【内容步骤】

一、显微镜观察估测精子的密度

取一小滴精液于洁净的载玻片上，盖上洁净的盖玻片，使精液分散成均匀的一薄层，不得有气泡存留，也不能使精液外流或溢出于盖玻片上。置于显微镜下放大100倍观察，按下列等级评定其密度。

1. 密 在整个视野中精子的密度很大，彼此之间空隙很小，看不清各个精子个体运动的情况。每毫升精液含精子数在10亿个以上。登记时标注以“密”字。

2. 中 精子之间空隙明显，精子彼此之间的距离约有1个精子的长度，有些精子的活动情况清楚可见。这种精液的密度评为“中”，每毫升所含精子数为2亿～10亿个。登记时标注以“中”字。

3. 稀 视野中精子稀疏、分散，精子之间的空隙超过1个精子的长度。这种精液每毫升所含精子数在2亿个以下。登记时标注以“稀”字。

二、精子密度的计数检查

（一）实训准备

（1）了解血细胞计数室的构造。

（2）了解移液器的稀释方法：用移液器吸10 μL精液＋1990 μL（在小试管内先加2 mL，再吸出10 μL）的3% NaCl溶液，即稀释200倍。同样，20 μL精液用1980 μL的3% NaCl溶液稀释，即稀释100倍。以此类推。

（二）操作步骤

（1）将计数室推上盖玻片。要求盖玻片被推上后以立起计数板不掉下来为原则，并且盖玻片在折光时可见到清晰的彩色条纹。

（2）将盖好盖玻片的计数板置于低倍镜下观察，首先要求找到清晰的计数室。

（3）根据提供精液的动物种类确定稀释倍数，再用移液管将精液按上述方法稀释，混匀。用吸管吸满混匀的精液，将吸管尖端置于血细胞计数室与盖玻片交界处的边缘上，吸管内的精液自动渗入计数室内，使之自然、均匀地充满计数室。注意不要使精液溢出盖玻片，也不可因精液不足而使计数室内有气泡或干燥处，否则，应重新操作。静置2 min，开始计数。

（4）镜检和计数：移到高倍镜下检查。先数出4个角和正中间的5个方格中的精子数，也就是80个小方格中的精子数。载物台要平置，不能斜放。光线不必过强。

计算精子数：5个方格中的精子数×5＝整个计数室中25个中方格内的精子总数，也就是1 mm^2 ×1/10 mm＝1/10 mm^3 的精子。如果再乘以10，就等于1 mm^3 精液内的精子数，再乘以1000就是1 mL精液内的精子数（因为1000 mm^3 为1 mL），再乘以稀释倍数。如果取来的精液本身不是原精液，而是经稀释 X 倍，那么还须再乘以 X 倍。将以上结果总括起来即

1 mL原精液内的精子数＝5个中方格中的精子数×5×10×1000×稀释倍数（如果是原精液则不乘）

（三）注意事项

（1）若精子压计数室的线，则以精子头为准，按照“计上不计下，计左不计右”的原则计数。

（2）为了减少误差，应对同一样品做2～3次重复，求其平均值。如果计数的结果相差较大，则应进行再次检查。

注：①一般羊的精子密度为（20亿～30亿）/mL，牛的精子密度为（10亿～15亿）/mL，猪、马的精子密度为（1亿～1.5亿）/mL，兔的精子密度为（2亿～3亿）/mL，鸡的精子密度为（35亿～38亿）/mL。

②吸管用后清洗步骤：自来水→蒸馏水→95%酒精→乙醚。

③计数板用后清洗方法：自来水→蒸馏水→白绸布擦干净备用。

④精液稀释的方法还包括在10 mL离心管中，加0.5 mL精液，再用NaCl溶液稀释至10 mL，

即稀释20倍。

⑤也可用2%伊红溶液稀释精液，既杀死精子又使精子头部着色，使计数容易。

三、作业

(1) 写出精子密度的估测结果，并绘出观测的图片。

(2) 根据计数结果结合精子密度的计算公式计算出精液的密度。

展示与评价

精子密度的显微镜估测与计数检查评价单

<table>
<tr><td>技能名称</td><td colspan="12">精子密度的显微镜估测与计数检查</td></tr>
<tr><td>专业班级</td><td colspan="2"></td><td colspan="2">姓名</td><td colspan="3"></td><td colspan="3">学号</td><td colspan="2"></td></tr>
<tr><td>完成场所</td><td colspan="2"></td><td colspan="2">完成时间</td><td colspan="3"></td><td colspan="3">组别</td><td colspan="2"></td></tr>
<tr><td>完成条件</td><td colspan="12">填写内容：场所、动物、设备、仪器、工具、药品等</td></tr>
<tr><td>操作过程描述</td><td colspan="12"></td></tr>
<tr><td>操作照片</td><td colspan="12">操作过程或项目成果照片粘贴处</td></tr>
<tr><td rowspan="4">任务评价</td><td colspan="3">小组评语</td><td colspan="3">小组评价</td><td colspan="3">评价日期</td><td colspan="3">组长签名</td></tr>
<tr><td colspan="3"></td><td colspan="3"></td><td colspan="3"></td><td colspan="3"></td></tr>
<tr><td colspan="3">指导教师评语</td><td colspan="3">指导教师评价</td><td colspan="3">评价日期</td><td colspan="3">指导教师签名</td></tr>
<tr><td colspan="3"></td><td colspan="3"></td><td colspan="3"></td><td colspan="3"></td></tr>
<tr><td rowspan="2">考核标准</td><td colspan="4">优秀标准</td><td colspan="4">合格标准</td><td colspan="4">不合格标准</td></tr>
<tr><td colspan="4">1. 操作规范，安全有序
2. 步骤正确，按时完成
3. 全员参与，分工合理
4. 结果准确，分析有理
5. 保护环境，爱护设施</td><td colspan="4">1. 基本规范
2. 基本正确
3. 部分参与
4. 分析不全
5. 混乱无序</td><td colspan="4">1. 存在安全隐患
2. 无计划，无步骤
3. 个别人或少数人参与
4. 不能完成，没有结果
5. 环境脏乱，桌面未收</td></tr>
</table>

技能训练

精子形态和畸形率的测定

【目的要求】 通过实训，了解精子形态与精液品质的关系，掌握精子形态的分类和分析方法。

【材料用具】 高倍显微镜、相差显微镜、精液、染色液。

【内容步骤】

一、威廉氏染色法

威廉氏染色法是观察精子头部形态的常用染色方法。

1. 染色液

(1) 复红(又称品红)染色液　复红原液(10 g 复红溶于 100 mL 96%的酒精)10 mL 加 5%的石炭酸(苯酚)100 mL。取上述混合液 50 mL 加饱和伊红酒精溶液 25 mL，放置 2 周后即可使用。

(2) 美蓝(又称亚甲蓝)染色液　美蓝溶液(10 g 美蓝溶于 1000 mL 96%的酒精中)30 mL 加 0.01% KOH 溶液 100 mL 过滤后再加入 3 倍量的蒸馏水，混合后即可使用。

2. 染色程序

(1) 先制作精液抹片，要求薄而均匀，然后风干或用酒精灯火焰固定。

(2) 浸入无水酒精中固定 2～3 min，取出风干。

(3) 浸入 0.5%氯胺 T 中 1～2 min。

(4) 用清水洗 1～2 min。

(5) 迅速通过 96%的酒精，风干。

(6) 放入复红染色液中 10～15 min，清水中蘸 2 次。

(7) 迅速通过美蓝染色液。

(8) 水洗后风干。

经此染色后，精子头部呈淡红色，中段及尾部为暗红色，头部轮廓清晰。可在高倍显微镜(油镜)下清楚地区分各种头部畸形的精子。随机观察 200 个精子，计算各类头部畸形精子的比例。

二、苏木精-伊红染色法

用此种染色法可观察精液中非精子有形成分的类型和比例。细胞核染成蓝色，细胞质呈红色。

1. 染色液

(1) 苏木精染色液　2 g 苏木精溶于 100 mL 无水酒精中，加入 100 mL 蒸馏水、100 mL 甘油、3 g冰醋酸和 10 g 铝酸钾混合，放置 14 天后使用，用前振荡。

(2) 伊红染色液　1 g 伊红加入 100 mL 95%的酒精，染色时，取一定量的该液加入等量 70%的酒精。

2. 染色程序

(1) 制备间断式的精液抹片(即当推制抹片时，不要一推到底，而要断续前推，使抹片厚度有一个梯度变化，染色后易于观察不同类型的精子成分)，风干。

(2) 浸入无水酒精中固定 3～5 min，风干。

(3) 分别浸入 95%、75%的酒精和蒸馏水中各 1 min。

(4) 浸入苏木精染色液中 5 min。

(5) 浸入伊红染色液中 1～2 min。

(6) 水洗 1～3 min。

(7) 通过 70%酒精和无水酒精。

(8) 风干后，用二甲苯加盖片封存。如不保存，直接观察。

经染色后，可在高倍显微镜(油镜)下观察各种非精子有形成分的量，估计它们所占的比例。细

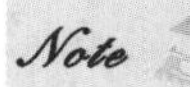

胞核染成蓝色，细胞质染成红色。

三、精子尾部形态的观察

1. 福尔马林-缓冲液的制备 将 21.82 g 二水磷酸氢二钠和 22.25 g 磷酸二氢钾分别溶于 500 mL 蒸馏水中，取 200 mL 磷酸氢二钠溶液加 80 mL 磷酸二氢钾溶液，配成缓冲液。取该缓冲液 100 mL，加入 40% 的福尔马林溶液 62.5 mL，最后加蒸馏水至 500 mL。

2. 观察程序

(1) 将福尔马林-缓冲液注入容量为 1 mL 的小玻璃管中，然后置于 37 ℃恒温箱中备用。

(2) 根据原精液的浓度，向装有福尔马林-缓冲液的小管中注入 2～5 滴精液充分混合。

(3) 取 1 滴混合后的精液置于载玻片上，加盖玻片后静置数分钟。可在 400 倍的显微镜下观察精子尾部的形态。随机观察 200 个精子，计算各种尾部畸形精子所占的比例。

四、精子形态的分类

1. 头部畸形 头部畸形包括窄头、头基部狭窄、梨形头、圆头、巨头、小头、头基部过宽、双头、顶部脱落等，但以前 6 种居多。

2. 尾部畸形 尾部畸形包括带原生质滴的精子（近端、远端）、无头的尾（它和无尾的头往往是一个精子的两部分，在分析时一般算作尾部畸形）、单卷尾、多重卷尾、环形卷尾、双尾等。

3. 中段畸形 中段畸形包括颈部肿胀、中段纤丝裸露、中段呈螺旋状、双中段等。

五、非精子有形成分

非精子有形成分多为精子形成过程中的某些退化物、生殖上皮的脱落物和血细胞等。这些成分在精液中出现的比例和类型在一定程度上能反映睾丸和精液排出管道的生理状态。在精液中经常出现的非精子有形成分有白细胞、红细胞和鳞状上皮细胞等。

六、作业

绘出实训中所观察到的各类畸形精子。

展示与评价

精子形态和畸形率的测定评价单

技能名称	精子形态和畸形率的测定				
专业班级		姓名		学号	
完成场所		完成时间		组别	
完成条件	填写内容：场所、动物、设备、仪器、工具、药品等				
操作过程描述					
操作照片	操作过程或项目成果照片粘贴处				

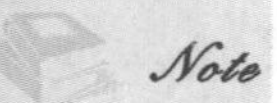

续表

任务评价	小组评语	小组评价	评价日期	组长签名
	指导教师评语	指导教师评价	评价日期	指导教师签名

考核标准	优秀标准	合格标准	不合格标准
	1. 操作规范，安全有序 2. 步骤正确，按时完成 3. 全员参与，分工合理 4. 结果准确，分析有理 5. 保护环境，爱护设施	1. 基本规范 2. 基本正确 3. 部分参与 4. 分析不全 5. 混乱无序	1. 存在安全隐患 2. 无计划，无步骤 3. 个别人或少数人参与 4. 不能完成，没有结果 5. 环境脏乱，桌面未收

任务四 精液的稀释与保存

扫码学课件

任务 4-4

任务分析

精液的稀释与保存任务单

任务名称	精液的稀释与保存		参考学时	4 学时
学习目标	1. 精液的稀释与保存的准备工作。 2. 精液的稀释与保存的要求。			
完成任务	利用实训室或实训基地，按照操作规程完成任务。 1. 精液的正确稀释。 2. 精液的分装、保存、运输与储存。			
学习要求（育人目标）	1. 具有“三勤四有五不怕”的专业精神。 2. 具有遵守规范、严格程序、安全操作的专业意识。			
任务资讯	资讯问题		参考资料	
	1. 种公猪精液稀释的要点有哪些？ 2. 精液有哪些保存方法？各自的原理是什么？ 3. 精液运输有哪些注意事项？		1. 线上学习平台中的 PPT、图片、视频及动画。 2. 倪兴军. 动物繁育[M]. 武汉：华中科技大学出版社，2018。	
考核标准	知识考核	能力考核	素质考核	
	1. 准确完成线上学习平台的知识测试。 2. 任务完成报告的规范。	能够正确稀释和保存。	1. 积极动手实践，观察细致认真。 2. 操作规范、严谨。	
	结合课堂做好考核记录，按项目进行评价，考核等级分为优秀、良好、合格和不合格四种。其中优秀为 85～100 分，良好为 75～84 分，合格为 60～74 分，不合格为 60 分以下。			

Note

任务知识

精液须经过适当的稀释处理才能延长保存时间,同时可扩大容量,增加与配母畜头数。

视频:精液的稀释

一、精液稀释的目的

(1) 扩大精液容量,从而增加输精头数,提高公畜利用率。

(2) 延长精子的保存时间及受精能力,便于精液的运输,使精液得以充分利用。

二、稀释液的成分及作用

稀释液的成分必须能提供精子存活所需的能量物质,增加精液量,维持适宜的 pH 值、渗透压和电解质的平衡,增强精子对低温的抵抗能力,防止细菌的滋生。归纳起来,按其作用可分为以下四类。

1. 稀释剂 主要用以扩大精液容量。常用的稀释剂有等渗的生理盐水、葡萄糖、果糖以及某些盐类的溶液。

2. 营养剂 主要提供精子在体外所需的能量,常用的有糖类(主要为单糖)、奶类及卵黄等。

3. 保护剂 对精子起保存作用,防止精子受"低温打击",创造精子生存的抑菌环境等。常用保护剂有以下几种。

(1) 缓冲物质 如柠檬酸钠、磷酸二氢钾、酒石酸钾(钠)等。对酸中毒和酶活力具有良好的缓冲作用。

(2) 非电解质 如单糖类、氨基乙酸、磷酸盐类、酒石酸盐等,具有降低精液中电解质浓度,延长精子在体外存活时间的作用。

(3) 防冷休克物质 如奶类、卵黄等,具有防止精子冷休克的作用。

(4) 抗冻保护物质 如甘油和二甲基亚砜(DMSO)等,具有抗冷冻危害的作用。

(5) 抗菌物质 采精及精液处理中难免受细菌等有害微生物的污染,有必要把抗菌物质列为稀释液的常规成分。常用的抗菌物质有青霉素、链霉素、氨苯磺胺等。

4. 其他成分 如酶类、激素类、维生素类和调节 pH 值的物质。主要是改善精子外在环境的理化特性,调节母畜生殖道的生理机能,提高受精机会。

三、稀释液的种类和配制

(一) 稀释液的种类

目前已有的精液稀释液种类很多,根据稀释液的性质和用途,可分为以下四类。

1. 即用稀释液 适用于采精后立即输精,以单纯扩大精液容量、增加配种头数为目的。以简单的等渗糖类和奶类物质为主体。

2. 常温保存稀释液 适用于精液在常温下短期保存,以糖类和弱酸盐为主体,此类稀释液一般 pH 值偏低。

3. 低温保存稀释液 适用于精液低温保存,以卵黄和奶类为主体,具有抗冷休克的特点。

4. 冷冻保存稀释液 适用于冷冻保存,含有甘油或二甲基亚砜等抗冻物质。

在生产中可根据动物的种类、精液保存方法等实际情况来决定选用何种精液稀释液。

(二) 稀释液的配制要求

(1) 配制稀释液所使用的用具、容器必须洗涤干净,消毒,用前用稀释液润洗。

(2) 稀释液必须保持新鲜。如条件许可,经过消毒、密封,可在冰箱中存放 1 周,但卵黄、奶类、活性物质及抗生素需在用前临时添加。

(3) 所用的水必须清洁无毒性,蒸馏水或去离子水要求新鲜,使用沸水应在冷却后用滤纸过滤,经过实验对精子无不良影响才可使用。

(4) 药品成分要纯净,称量需准确,充分溶解,经过滤后进行消毒。高温变性的药品不宜高温处理,应用细菌滤膜以防变性失效。

(5) 使用奶类应在水浴中灭菌(90～95 ℃)10 min,除去奶皮。卵黄要取自新鲜鸡蛋,取前应对蛋壳消毒。

(6) 抗生素、酶类、激素、维生素等添加剂必须在稀释液冷却至室温时,按用量准确加入。

四、精液稀释方法和稀释倍数

(一) 稀释方法

(1) 稀释要在等温条件下进行,即稀释液与精液的温度必须调整一致。

(2) 稀释时,将稀释液沿瓶壁缓缓倒入精液瓶中,不要将精液倒入稀释液中。稀释时将精液瓶轻轻转动,混合均匀,避免剧烈振荡。

(3) 如果做高倍稀释,应分次进行,避免精子所处环境剧烈变化。

(4) 稀释过程中要避免强烈光线照射和接触有毒、有刺激性气味的气体。

(5) 精液稀释后要及时进行精子活力检查,以便及时了解稀释效果。

(二) 稀释倍数

适宜的稀释倍数可延长精子的存活时间,但稀释倍数超过一定的限度则会降低精子的活力,影响受精效果。稀释倍数取决于原精液的精子密度和活力等。

牛精液耐稀释潜力很大,制作冻精时,一般可稀释 10～40 倍;绵羊、山羊、公猪精液一般稀释 2～4 倍;马、驴精液若在采精当天或次日使用,一般稀释 2～3 倍。

稀释倍数也可按下列公式计算。

$$\text{稀释倍数}=\frac{\text{每毫升原精液含有效精子数}}{\text{每毫升稀释精液含有效精子数}}=\frac{x}{y}$$

$$x=\text{精子密度}\times\text{精子活力}$$

$$y=\frac{\text{每头份应输入有效精子数}}{\text{每头份应输入的精液容积}}$$

举例:一头公牛射精量为 8 mL,精子密度为 1×10^9/mL=10 亿/mL,精子活力 0.8,每头份应输入有效精子数 1×10^8(1 亿),每头份输入精液容积为 1 mL,求最大稀释倍数。

解:

$$x=8\times10^9\times0.8=6.4\times10^9$$

$$y=10^8/1\ \text{mL}=10^8$$

$$\text{最大稀释倍数}=6.4\times10^9/10^8=64\ \text{倍}$$

五、精液液态保存

精液液态的保存方法,按保存的温度可分为常温保存(15～25 ℃)和低温保存((0～5 ℃)两种。

(一) 常温保存

常温保存是将精液保存在室温条件下,因温度有变动,所以也称变温保存。常温保存精液设备简单,易于推广,但保存时间较短。

1. 原理 常温保存主要是利用稀释液的弱酸性环境抑制精子的活动,以减少能量消耗,使精子保持在可逆的静止状态而不丧失受精能力。一般采取在稀释液中充入二氧化碳(如伊利尼变温稀释液)或在稀释液中配有酸类物质和充以氮气(如己酸稀释液及一些植物汁液),可以延长精子存活时间。

2. 稀释液

(1) 牛用稀释液(表 4-1) 随着牛的冷冻精液应用的普及,常温保存牛精液已不常用。主要有伊利尼变温稀释液,可在 18～27 ℃下保存精液 6～7 天;康乃尔大学稀释液在 8～15 ℃下可保存精液 1～5 天,一次输精受胎率达 65%以上;己酸稀释液在 18～24 ℃下可保存精液 2 天,一次输精受胎率达 64%。

表 4-1　牛精液常温保存稀释液

成　　分	伊利尼变温稀释液	康乃尔大学稀释液	己酸稀释液	番茄汁稀释液	椰汁稀释液	蜜糖-柠檬酸-卵黄液
基础液：						
二水柠檬酸钠/g	2	1.45	2	—	2.16	2.3
碳酸氢钠/g	0.21	0.21	—	—	—	—
氯化钾/g	0.04	0.04	—	—	—	—
磺乙酰胺钠/g	—	—	0.0125	—	—	—
葡萄糖/g	0.3	0.3	0.3	—	—	—
蜜糖/g	—	—	—	—	—	1
氨基乙酸/g	—	0.937	1	—	—	—
氨苯磺胺/g	0.3	0.3	—	—	0.3	0.3
椰汁/mL	—	—	—	—	15	—
番茄汁/mL	—	—	—	100	—	—
奶清/mL	—	—	—	10	—	—
甘油/mL	—	—	1.25	—	—	—
蒸馏水/mL	100	100	100	—	100	100
稀释液						
基础液/(%)(体积百分率，后同)	90	80	79	80	95	90
卵黄/(%)	10	20	20	20	5	10
2.5%己酸/(%)	—	—	1	—	—	—
青霉素/(IU/mL)	1000	1000	1200	—	1000	500
链霉素/(μg/mL)	1000	1000	—	—	1000	1000
硫酸链霉素/(μg/mL)	—	—	—	1200	—	—
氯霉素/(IU/mL)	—	—	—	0.0005	—	—
过氧化氢酶/(IU/mL)	—	—	—	—	150	—
抗霉菌素/(IU/mL)	—	—	—	—	4	—

(2) 猪用稀释液(表 4-2)　猪精液常温保存效果较好。可按保存时间选择稀释液，1 天内输精的，可用一种成分稀释液；保存 1～2 天的，可用两种成分稀释液；保存时间在 3 天的，可用综合稀释液。

表 4-2　猪精液常温保存稀释液

成　　分	葡萄糖液	葡萄糖-柠檬酸钠液	氨基乙酸-卵黄液	葡-柠-乙二胺四乙酸液	蔗糖-乳粉液	英国变温稀释液	葡萄糖-碳酸氢钠-卵黄液	葡-柠-乙-卵黄液
基础液								
二水柠檬酸钠/g	—	0.5	—	0.3	—	2.0	—	0.18
碳酸氢钠/g	—	—	—	—	—	0.21	0.21	0.05
氯化钾/g	—	—	—	—	—	0.04	—	—
葡萄糖/g	6.0	5.0	5.0	—	—	0.3	4.29	5.1
蔗糖/g	—	12.0	—	—	6.0	—	—	—

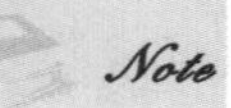

续表

成　分	葡萄糖液	葡萄糖-柠檬酸钠液	氨基乙酸-卵黄液	葡-柠-乙二胺四乙酸液	蔗糖-乳粉液	英国变温稀释液	葡萄糖-碳酸氢钠-卵黄液	葡-柠-乙-卵黄液
氨基乙酸/g	—	—	30	—	—	—	—	—
乙二胺四乙酸/g	—	—	—	0.1	—	—	—	0.16
乳粉/g	—	—	—	—	5.0	—	—	—
氨苯磺胺/g	—	—	—	—	—	0.3	—	—
蒸馏水/mL	100	100	100	100	100	100	100	100
稀释液								
基础液/(%)	100	100	70	95	96	100	80	97
卵黄/(%)	—	—	30	5	—	—	20	3
10%安钠咖/(%)	0	0	0	—	4	—	—	—
青霉素/(IU/mL)	1000	1000	1000	1000	1000	1000	1000	500
链霉素/(μg/mL)	1000	1000	1000	1000	1000	1000	1000	500

(3) 马、绵羊用稀释液(表 4-3)　采用含有明胶的稀释液，在 10～14 ℃下呈凝固状态保存效果较好。保存绵羊精液可达 48 h 以上，保存马精液可达 120 h 以上，存活率为原精液的 70%。采用葡萄糖-甘油-卵黄液和马奶液，分别在 12～17 ℃、15～20 ℃下可保存马精液达 2～3 天。

表 4-3　马、绵羊精液常温保存稀释液

成　分	马用稀释液种类			绵羊用稀释液种类	
	明胶-蔗糖液	葡萄糖-甘油-卵黄液	马奶液	RH 明胶液	明胶-蔗糖液
基础液					
二水柠檬酸钠/g	—	—	—	3	—
蔗糖/g	8	—	—	—	—
葡萄糖/g	—	7	—	—	—
明胶/g	7	—	—	10	10
羊奶/mL	—	—	—	—	100
马奶/mL	—	—	100	—	—
磺胺甲基嘧啶钠/g	—	—	—	0.15	—
蒸馏水/mL	100	100	—	100	—
稀释液					
基础液/(%)	90	97	99.2	100	100
卵黄/(%)	5	2.5	—	—	—
甘油/(%)	5	0.5	0.8	—	—
青霉素/(IU/mL)	1000	1000	1000	1000	1000
链霉素/(μg/mL)	1000	1000	1000	1000	1000

(4) 家禽用稀释液　常用于家禽精液稀释后马上输精的稀释液有三种：①0.9%氯化钠溶液；②5.7%葡萄糖溶液；③卵黄-葡萄糖溶液(葡萄糖 4.25 g，卵黄 1.5 mg，蒸馏水 98.5 mL)。

Note

(5) 其他动物精液常温稀释液　见表4-4。

3. 操作方法　先将精液与稀释液在等温条件下按一定比例混合，然后分装在储精瓶中，密封后放入恒温16～18 ℃冰箱中保存。也可将储精瓶放入15～25 ℃温水瓶内保存。

表4-4　其他动物精液常温稀释液

成　　分	水牛用稀释液	驴用稀释液	山羊用稀释液	兔用稀释液
	葡-柠-碳-柠液	葡萄糖液	羊奶液	葡萄糖-柠檬酸钠液
基础液				
葡萄糖/g	0.97	7	—	5
羊奶/mL	—	—	100	—
柠檬酸钠/g	0.16	—	—	0.5
碳酸氢钠/g	0.15	—	—	—
柠檬酸钾/g	0.11	—	—	—
蒸馏水/mL	100	100	100	100

（二）低温保存

低温保存是指将精液稀释后存放于0～5 ℃的环境中，通常置于冰箱内或装有冰块的广口保温瓶中冷藏。其保存时间比常温保存时间长，但猪精液的低温保存效果则不如常温好。

1. 原理　通过降低温度来抑制精子活动，降低代谢和运动的能量消耗达到延长精子保存时间的目的。输精时，温度回升至35～38 ℃，精子又逐渐恢复正常代谢机能并保持受精能力。但精子对冷刺激敏感，特别是从体温急剧降至10 ℃以下时精子会发生不可逆的冷休克现象。因此，在稀释液中添加卵黄、奶类等抗冷物质，并采取缓慢降温的方法可提高精子的抗冷休克能力。

2. 低温保存稀释液

(1) 牛用低温保存稀释液（表4-5）　公牛精液耐稀释潜力很大，在保证每毫升稀释精液含有500万个有效精子时，稀释倍数可达百倍以上，而对受胎率也没有大的影响。精液稀释后在0～5 ℃下有效保存期可达7天。

表4-5　牛精液低温保存稀释液

成　　分	柠檬酸钠-卵黄液	葡-柠-卵黄液	葡-氨基乙酸-卵黄液	牛奶-卵黄液	葡-柠-奶粉-卵黄液
基础液					
二水柠檬酸钠/g	2.9	1.4	—	—	1
牛奶/mL	—	—	—	100	—
奶粉/mL	—	—	—	—	3
葡萄糖/g	—	3	5	—	2
氨基乙酸/g	—	—	4	—	—
氨苯磺胺/g	—	—	—	0.3	—
蒸馏水/mL	100	100	100	—	100
稀释液					
基础液/(%)	75	80	70	80	80
卵黄/(%)	25	20	30	20	20
青霉素/(IU/mL)	1000	1000	1000	1000	1000
链霉素/(μg/mL)	1000	1000	1000	1000	1000

Note

（2）猪用低温保存稀释液（表 4-6） 公猪的浓缩精液或离心后的精液，可在 5～10 ℃下保存 3 天，而在 0～5 ℃下保存时间短于在 5～10 ℃下保存时间，故生产中很少采用低温保存。

表 4-6　猪精液低温保存稀释液

成　　分	葡-柠-卵黄液	葡萄糖-卵黄液	葡-柠-牛奶液	牛奶液	蜜糖-牛奶-卵黄液
基础液					
二水柠檬酸钠/g	0.5	—	0.39	—	—
葡萄糖/g	5	5	0.5	—	—
牛奶/mL	—	—	75	100	72
蜜糖/mL	—	—	—	—	8
氨苯磺胺/g	—	—	0.1	—	—
蒸馏水/mL	100	100	25	—	20
稀释液					
基础液/(%)	97	80	100	100	80
卵黄/(%)	3	20	—	—	20
青霉素/(IU/mL)	1000	1000	1000	1000	1000
链霉素/(μg/mL)	1000	1000	1000	1000	1000

（3）马、绵羊低温保存稀释液（表 4-7） 马、绵羊由于精液本身的特性以及季节配种的影响，低温保存效果不如其他动物，在生产中应用也不普遍。

表 4-7　马、绵羊精液低温保存稀释液

成　　分	马用稀释液种类			绵羊用稀释液种类		
	奶粉-葡-卵黄液	葡-酒-卵黄液	马奶-卵黄液	葡-柠-卵黄液	柠-氨基乙酸液	奶粉-卵黄液
基础液						
二水柠檬酸钠/g	—	—	—	2.8	2.7	—
葡萄糖/g	7	5.76	7	0.8	—	—
氨基乙酸/g	—	—		—	0.36	—
酒石酸钠/g	—	0.67	—	—	—	—
马奶/mL	—	—	93	—	—	—
奶粉/mL	10	—	—	—	—	10
蒸馏水/mL	100	100	—	100	100	100
稀释液						
基础液/(%)	92	95	95	80	100	90
卵黄/(%)	8	5	5	20	—	10
青霉素/(IU/mL)	1000	1000	1000	1000	1000	1000
链霉素/(μg/mL)	1000	1000	1000	1000	1000	1000

（4）其他动物低温保存稀释液　见表 4-8。

Note

表 4-8 其他动物精液低温保存稀释液

成　　分	水牛用稀释液		驴用稀释液		山羊用稀释液		兔用稀释液	
	葡-氨-卵黄液	葡-奶-卵黄液	葡萄糖液	葡萄糖-卵黄液	葡-卵黄液	奶粉液	葡-卵黄液	奶粉-卵黄液
基础液								
葡萄糖/g	5	2	7	7	0.8	—	5	—
奶粉/g	—	3	—	—	—	10	—	10
氨基乙酸/g	4	—	—	—	—	—	—	—
二水柠檬酸钠/g	—	1	—	—	2.8	—	0.5	—
蒸馏水/mL	100	100	100	100	100	100	100	100
稀释液								
基础液/(%)	70	80	100	99.2	80	100	95	95
卵黄/(%)	30	20	—	0.8	20	—	5	5
青霉素/(IU/mL)	1000	1000	1000	1000	1000	1000	1000	1000
链霉素/(μg/mL)	1000	1000	1000	1000	1000	1000	1000	1000

3. 操作方法　精液稀释后，在室温下分装，通常按一个输精剂量分装至储精瓶。在低温保存时，应采取缓慢降温，从 30 ℃降至 5 ℃或 0 ℃时，以 0.2 ℃/min 左右为宜，在 1～2 h 内完成降温全过程。若在稀释液中加入卵黄，其浓度一般不超过 20%，保存期间应维持恒定，防止升温。

（三）液态精液的运输

液态精液运输要备有专用运输箱，同时要注意下列事项。

(1) 运输前精液应标明公畜品种名称、采精日期、精液剂量、稀释液种类、稀释倍数、精子活力和密度等。

(2) 精液的包装应严密，要有防水、防震衬垫。

(3) 运输途中维持温度的恒定。

(4) 运输中最好用隔热性能好的泡沫、塑料箱装放，避免震动和碰撞。

六、精液的冷冻保存

精液冷冻保存利用液氮(－196 ℃)或干冰(－79 ℃)作为冷源，将经过特殊处理后的精液冷冻，保存在超低温下以达到长期保存目的，使人工授精不受时间、地域和种畜生命的限制，是人工授精技术的一项重大革新。

（一）精液冷冻保存的意义

1. 可以充分利用优良种公畜　液态精液受保存时间的限制，其利用率最大只能达到 60%，而冷冻精液是品种精液长期保存的方法。细管型冷冻精液的利用率可以达到 100%。因此，冷冻精液的使用极大地提高了优良种公畜的利用率。

2. 加快品种的改良速度　由于冷冻精液充分利用了生产性能高的优良种公畜，从而可加速品种育成和改良的步伐。同时，冷冻精液的保存有利于建立巨大的具有优良性状的基因库，更好地保存品种资源，为开展世界范围的优良基因交流提供廉价的运输方式。

3. 便于雌性动物的输精　由于雌性动物的发情受自身生理状况及其他因素的影响，不同品种发情的时间个体差异较大，因此要有精液随时可用，而冷冻精液可达到这一目的。

（二）精液冷冻保存的原理

在超低温环境（−196～−79 ℃）中保存精液，必须使精液快速越过冰晶化温度区域（−60～0 ℃），而形成玻璃态，因为冰晶的形成是造成精子死亡的主要物理因素。降温速度越慢，水分子就越有可能按有序的方式排列，形成冰晶态，其中尤以−25～−15 ℃缓慢升温或降温对精子的危害最大。而玻璃态则是在−250～−25 ℃超低温区域内形成，若从冰晶化区域内开始就比较快或更快速度地降温，就能迅速越过冰晶化阶段而进入玻璃化阶段，使水分子无法按有序几何图形排列，而只能形成玻璃态和均匀细小的结晶态。但玻璃态是可逆的、不稳定的，当缓慢升温再经过冰晶化温度区时，玻璃态先变为结晶态再变为液态。因此，精液冷冻过程中无论是升温还是降温都必须采取快速越过冰晶区，使冰晶来不及形成便直接进入玻璃化状态或液态。精子在玻璃化冻结状态下，不会出现原生质脱水，膜结构也不会受到破坏，冻结后仍可恢复活力。

目前，在冷冻精液制作和使用中，无论升温还是降温，都是采取快速越过对精子有危害的冰晶化温区的方法。尽管如此，在冷冻中仍有30%～50%的活精子死亡。为了增强精子的抗冻能力，多采用在稀释液中添加抗冻物质，如甘油、二甲基亚砜，对防止冰晶化有重要作用。但甘油和二甲基亚砜对精子有毒害作用，浓度过高又会影响精子的活力和受精能力。不同动物的精子对甘油浓度反应不同，牛精液冷冻稀释液中，5%～7%的甘油浓度对精子活力及受胎率影响不大，而猪和绵羊的精子，当甘油浓度增大时，冷冻后的精子活力虽高，但受胎率极低，因此通常限制在1%～3%。

（三）精液冷冻保存稀释液

1. 牛精液冷冻保存稀释液 稀释液主要有乳糖-卵黄-甘油液、蔗糖-卵黄-甘油液、葡萄糖-卵黄-甘油液和葡萄糖-柠檬酸钠-卵黄-甘油液4种，成分配比见表4-9。

表4-9 牛精液冷冻保存稀释液

成分	乳糖-卵黄-甘油液	蔗糖-卵黄-甘油液	葡萄糖-卵黄-甘油液	葡萄糖-柠檬酸钠-卵黄-甘油液		解冻液
				第一液	第二液	
基础液						
蔗糖/g	—	12	—	—	—	—
葡萄糖/g	—	—	7.5	3.0	—	—
乳糖/g	11	—	—	—	—	—
二水柠檬酸钠/g	—	—	—	1.4	—	2.9
蒸馏水/mL	100	100	100	100	—	100
稀释液						
基础液/(%)	75	75	75	80	86*	—
卵黄/(%)	20	20	20	20	—	—
甘油/(%)	5	5	5	—	14	—
青霉素/(IU/mL)	1000	1000	1000	1000	0	—
链霉素/(μg/mL)	1000	1000	1000	1000	0	—

注：*取第一液86 mL，加入甘油14 mL，摇匀即为第二液。

2. 猪精液冷冻保存稀释液 一般以葡萄糖、蔗糖、脱脂乳、甘油为主要成分，甘油浓度以1%～3%为宜，成分配比见表4-10。

表 4-10　猪精液冷冻保存稀释液

成　分	稀释液种类					解冻液	
	葡-卵黄-甘油液	BF_5 液	脱脂乳-卵黄-甘油液			BTS	葡-柠-乙液
			第一液	第二液	第三液		
基础液							
葡萄糖/g	8	3.2	—	—	—	3.7	5
蔗糖/g	—	—	—	11	11	—	—
脱脂乳/g	—	—	100	—	—	—	—
二水柠檬酸钠/g	—	—	—	—	—	0.6	0.3
乙二胺四乙酸钠/g	—	—	—	—	—	0.125	0.1
碳酸氢钠/g	—	—	—	—	—	0.125	—
氯化钾/g	—	—	—	—	—	0.075	—
Tris/g	—	0.2	—	—	—	—	—
TES/g	—	1.2	—	—	—	—	—
Orvus ES 糊/mL	—	0.5	—	—	—	—	8
蒸馏水/mL	100	100	—	100	100	100	100
稀释液							
基础液/(%)	77	79	100	80	78	—	—
卵黄/(%)	20	20	—	20	20	—	—
甘油/(%)	3	1	—	—	2	—	—
青霉素/(IU/mL)	1000	1000	1000	1000	1000	—	—
链霉素/(μg/mL)	1000	1000	1000	1000	1000	—	—

3. 马、绵羊精液冷冻保存稀释液　一般以糖类(葡萄糖、乳糖、蔗糖、果糖、棉籽糖)、乳类、卵黄、甘油为主要成分,成分配比见表 4-11。

表 4-11　马、绵羊精液冷冻保存稀释液

成　分	葡萄糖-柠檬酸钠-卵黄液	柠檬酸钠-氨基乙酸液(绵羊)	奶粉-卵黄液	奶粉-葡萄糖-卵黄液	葡萄糖-酒石酸钠-卵黄液(马)
基础液					
二水柠檬酸钠/g	2.8	2.7	—	—	—
葡萄糖/g	0.8	—	—	7	5.76
氨基乙酸/g	—	0.36	—	—	—
酒石酸钠/g	—	—	—	—	0.67
奶粉/g	—	—	10	10	—
蒸馏水/mL	100	100	100	100	100
稀释液					
基础液/(%)	80	100	90	92	95
卵黄/(%)	20	—	10	8	5
青霉素/(IU/mL)	1000	1000	1000	1000	1000
链霉素/(μg/mL)	1000	1000	1000	1000	1000

4. 其他动物冷冻保存稀释液 见表 4-12。

表 4-12 其他动物冷冻保存稀释液

成分	水牛用冷冻稀释液		解冻液	驴用冷冻稀释液	山羊用冷冻稀释液		
	脱脂鲜奶-果糖-甘油液	葡萄糖-卵黄-甘油液		蔗糖-卵黄-甘油液	果糖-乳糖-卵黄-甘油液		葡-Tris-卵黄-甘油液
					第一液	第二液	
基础液							
果糖/g	1.4	—	—	—	1.5	—	—
葡萄糖/g		10	5	—	—	—	1.0
蔗糖/g	—	—	—	10	—	—	—
乳糖/g	—	—	—	10.5	—	—	—
脱脂鲜奶/mL	82	—	—	—	—	—	—
二水柠檬酸钠/g	—	—	0.5	—	—	—	—
一水柠檬酸钠/g	—	—	—	—	—	—	1.34
Tris/g	—	—	—	—	—	—	2.42
蒸馏水/mL	—	100	100	100	100	—	100
稀释液							
基础液/(%)	82	75	—	90	80	93 *	82
卵黄/(%)	10	20	—	5	20	—	10
甘油/(%)	8	5	—	5	—	7	8
青霉素/(IU/mL)	1000	1000	—	1000	1000	—	1000
链霉素/(μg/mL)	1000	1000	—	1000	1000	—	1000

注:* 取第一液 93 mL,加入甘油 7 mL,摇匀即为第二液。

(四) 冷冻技术

1. 精液稀释方法 根据冻精的种类、分装剂型、稀释液的配方和稀释倍数的不同,稀释方法也不尽相同,一般采用一次稀释法或二次稀释法。

(1) 一次稀释法 常用于制作颗粒冷冻精液,是将含有甘油抗冻剂的稀释液按一定比例一次加入精液内,适用于低倍稀释。

(2) 二次稀释法 先将采出的精液在等温条件下,立即用不含甘油的Ⅰ稀释液做第一次稀释,稀释后的精液,经 30~40 min 缓慢降温至 4~5 ℃后,再加入等温含甘油的Ⅱ稀释液,加入的量通常为第一次稀释后的精液量。Ⅱ稀释液的加入可以是一次性加入,也可以分三四次慢慢滴入。每次间隔时间为 10 min。为避免甘油与精子接触时间太长而造成的伤害,常采用二次稀释法。

2. 降温平衡 精液经含有甘油的稀释液稀释后,为了使精子有一段适应低温的过程,同时使甘油充分渗透进精子体内,达到抗冻保护作用,需进行降温平衡一定的时间。一般牛、马、鸡精液稀释后用多层纱布或毛巾将容器包裹,可直接放入 5 ℃冰箱内平衡 2~4 h。公猪精液一般经 1 h 由 30 ℃降至 15 ℃,维持 4 h,再经 1 h 降至 5 ℃,然后在 5 ℃环境中平衡 2 h。

3. 精液的分装和冻结

(1) 冷冻精液的分装 主要用于冷冻精液分装的剂型有颗粒型、细管型和袋装型三种。

①颗粒型:将平衡后的精液在经液氮冷却的聚乙氟板上或金属板上滴冻成 0.1~0.2 mL 颗粒。

这种方法的优点是操作简便、容积小、成本低、便于大量储存。缺点是颗粒裸露易受污染、不便标记、大多需解冻液解冻，故有条件的单位多不用这种方法。

②细管型：先将平衡后的精液通过吸引装置分装到塑料细管中，再用聚乙烯醇粉、钢珠或超声波静电压封口，置于液氮蒸气中冷却，然后浸入液氮中保存。细管的长度约 13 cm，容量有 0.25 mL 和 0.5 mL 两种。细管型冷冻精液，适于快速冷冻，管径小，每次制冻数量多，精液受温均匀，冷冻效果好；同时精液不再接触空气，即可直接输入母畜子宫内，因而不易污染，剂量标准化，便于标记，容积小，易储存，适于机械化生产。使用时解冻方便，但成本较颗粒型高。

目前，猪的细管冻精开始投入使用，容量为 1 mL，解冻后加入稀释液扩容，再按常规输精。

③袋装型：猪、马的精液由于输精量大可用塑料袋分装，但冷冻效果不理想。

(2) 冻结　根据剂型和冷源的不同，可将冻结分为两种。

①干冰埋植法：

a. 颗粒冻精：将干冰置于木盒上，铺平压实后，用模板在干冰上压孔，然后将降温平衡至 5 ℃的精液定量滴入干冰压孔内，用干冰封埋 2～4 min 后，收集冻精放入液氮或干冰内储存。

b. 细管冻精：将分装的细管型精液铺于压实的干冰面上，迅速覆盖干冰，2～4 min 后，将细管移入液氮或干冰内储存。

②液氮熏蒸法：

a. 颗粒冻精：在装有液氮的广口瓶或铝制饭盒上，置一铜纱网（或铝饭盒盖），距离氮面 1～3 cm 处预冷数分钟，使其温度维持在－100～－80 ℃。也可用聚四氟乙烯板代替铜纱网，先将它在液氮中浸泡数分钟后，悬于液氮面上，然后将经平衡的精液用吸管吸取，定量、均匀、整齐地滴于其上，停留 2～4 min。待精液颜色变为橙黄色时，将颗粒精液收集于储精袋内，移入液氮储存。滴冻时动作要迅速，尽可能防止精液温度回升。

b. 细管冻精：将细管放在与液氮面有一定距离的铜纱网上，停留 5 min 左右，等精液冻结后，移入液氮中储存。细管冷冻可自动化操作，使用控制液氮喷量的自动记温速冻器调节，在－60～5 ℃，每分钟下降 4 ℃，从－60 ℃起快速降温到－196 ℃。

4. 冷冻精液的储存　冷冻精液是以液氮或干冰作为冷源，储存于液氮罐或干冰保温瓶内。

(1) 液氮　液氮具有很强的挥发性，当温度升至 18 ℃时，其体积可膨胀 680 倍。此外，液氮又是不活泼的液体，渗透性差，无杀菌能力。

(2) 储存器　包括液氮储运器和冻精储存器，前者为储存和运输液氮用，后者为专门保存冻精用。为保证储存器内的冷冻精液品质，不致使精子活力下降，在储存及取用过程中必须注意以下几点。

①要定期检查液氮的消耗情况，当液氮减少 2/3 时，需及时补充。如用干冰保温瓶储存，应每日或隔日补添干冰，储精瓶掩埋于干冰内，不得外露，要深埋于干冰 5 cm 以下。

②从液氮罐中取出冷冻精液时，提筒不得提出液氮罐口外，可将提筒置于罐颈下部，用长柄镊子夹取细管（或精液袋）。从干冰保温瓶中取冻精时，动作要快，储精瓶不得超出冰面。

③将冻精转移至另一容器时，动作要迅速，储精瓶在空气中暴露的时间不得超过 3 s。

视频：猪的冻精解冻

5. 冷冻精液的解冻　冻精的解冻可用 35～40 ℃温水解冻、0～5 ℃冰水解冻和 50～70 ℃高温解冻三种方法，但以 35～40 ℃温水解冻方便，效果也较好。

由于剂型不同，解冻方法也有差别，细管型冷冻精液，可直接将其投入 35～40 ℃温水中，待精液融化一半时，立即取出备用。颗粒型冷冻精液，解冻前要配制解冻液。牛用解冻液常用 2.9%的柠檬酸钠。解冻时取一灭菌试管，加入 1 mL 解冻液，放入 35～40 ℃温水中预热后，投入精液颗粒，摇动至融化待用。

解冻后的精液要及时进行镜检，输精时精子活力不得低于 0.3。如精液需短时间保存，可以用冰水解冻，解冻后保持恒温。

技能训练

精液稀释液的配制

【目的要求】 通过实训，掌握稀释液配制的基本程序和操作方法。通过稀释和分装公猪精液，基本掌握精液稀释和保存的方法。

【材料用具】 250 mL 三角瓶、250 mL 烧杯、100 mL 量筒、感量为 0.1 g 的天平、玻璃漏斗、电炉、石棉网、玻璃棒、胶头滴管、pH 试纸、滤纸、新鲜鸡蛋、甘油、蒸馏水、葡萄糖、二水柠檬酸钠、青霉素、双氢链霉素等。

【内容步骤】

一、根据配方配制稀释液（以公牛精液的冷冻稀释液配方为例）

（一）公牛精液的冷冻稀释液配方

公牛精液的冷冻稀释液配方见表 4-13。

表 4-13 公牛精液的冷冻稀释液配方表

成分		葡萄糖-柠檬酸钠-卵黄-甘油液	
		第一液	第二液
基础液	葡萄糖/g	3.0	—
	二水柠檬酸钠/g	1.4	—
	蒸馏水/mL	100	—
稀释液	基础液/(%)	80	86(取第一液)
	卵黄/(%)	20	—
	甘油/(%)	—	14
	青霉素/(IU/mL)	1000	1000
	链霉素/(μg/mL)	1000	1000

（二）稀释液的配制

1. 用具的洗涤 精液稀释的成败，与所用仪器的清洁程度有很大关系。所有使用过的烧杯、玻璃棒及温度计，都要及时用双蒸水洗涤，控干水分，放入 120 ℃的恒温干燥箱中干燥 1 h，放凉备用。

2. 称量药品 利用电子天平按照配方中的需要量称量药品，并放入烧杯中。

3. 量取蒸馏水 用量筒量取蒸馏水 100 mL，加入烧杯中，用磁力搅拌器或玻璃棒搅拌使其充分溶解。

4. 过滤 取铁架台，放好玻璃漏斗，再取定性滤纸，两次对折后放入玻璃漏斗上，并用蒸馏水浸湿，最后将配制的溶液用玻璃棒引流，过滤到三角烧瓶中。

5. 消毒 把装有稀释液的三角烧瓶封口，放在 100 ℃的水浴锅中，消毒 30 min。

6. 取卵黄 取两枚新鲜鸡蛋，首先用清水洗净，自然干燥，然后用 75%的酒精棉球消毒外壳，自然干燥后，将鸡蛋磕开，将蛋清与蛋黄分离。把蛋黄小心地倒在滤纸上使蛋黄滚动，其表面多余的蛋清被滤纸吸附。先用针头小心地将卵黄膜挑一个小口，再用去掉针头的 10 mL 的一次性注射器从小口慢慢吸取卵黄，尽量避免将气泡吸入，同时应避免吸入卵黄膜。吸取 10 mL 后，再用同样的方法吸取另一个鸡蛋的卵黄。也可将卵黄移至纸巾的边缘，用针头挑一个小口，将卵黄液缓缓倒入量筒中，注意避免将卵黄膜倒入量筒中。

7. 冷却 将消毒后的稀释液冷却到 35～40 ℃。

8. 配制第一液 取 80 mL 的基础液，分别加入卵黄 20 mL、青霉素 1000 IU/mL、链霉素 1000

Note

μg/mL，摇匀，即为第一液。

9. 配制第二液 用量筒量取第一液 86 mL，倒入另一个三角烧瓶中，用注射器吸取 14 mL 消毒甘油，注入三角瓶中摇匀，制成第二液。

二、采用稀释粉配制稀释液（以猪的 BTS 稀释液为例）

1. 用具的洗涤 将所需使用的烧杯、玻璃棒等，用双蒸水洗涤，控干水分，放入 120 ℃的恒温干燥箱中干燥 1 h，放凉备用。

2. 稀释液配制 市面上稀释粉以 50 g 包装的居多，有的内部是一小包，有的内部是两小包，根据稀释粉规格的不同进行稀释，将 25 g 产品溶解于 500 mL 预热双蒸水或去离子水中，搅拌时间约为 30 min，直至完全溶解。

3. 静置备用 将稀释液放于 37 ℃的水浴锅中静止 1 h（图 4-22），让其 pH 值达到最稳定状态。

扫码看彩图
图 4-22

1.玻璃用品消毒

2.将装有食品袋的烧杯放在电子天平上置零

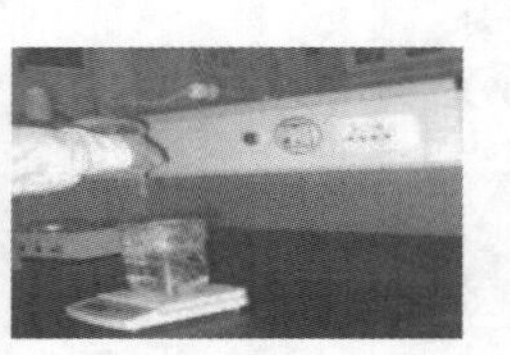

3.注入定量的双蒸水（如1000 g）

4.加入稀释粉

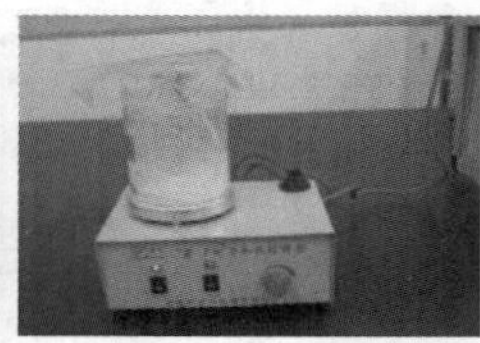

5.将磁珠放入烧杯中，在磁力搅拌器上搅拌

6.稀释粉彻底溶解后放入水浴锅中预温

图 4-22 BTS 稀释液的配制过程

三、作业

实训报告：写出稀释液配制的操作过程。

 **展示与评价**

精液稀释液的配制评价单

技能名称	精液稀释液的配制				
专业班级		姓名		学号	
完成场所		完成时间		组别	
完成条件	填写内容：场所、动物、设备、仪器、工具、药品等				
操作过程描述					

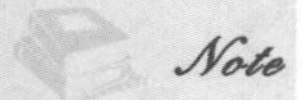

续表

<table>
<tr><td>操作照片</td><td colspan="4">操作过程或项目成果照片粘贴处</td></tr>
<tr><td rowspan="4">任务评价</td><td>小组评语</td><td>小组评价</td><td>评价日期</td><td>组长签名</td></tr>
<tr><td></td><td></td><td></td><td></td></tr>
<tr><td>指导教师评语</td><td>指导教师评价</td><td>评价日期</td><td>指导教师签名</td></tr>
<tr><td></td><td></td><td></td><td></td></tr>
<tr><td rowspan="2">考核标准</td><td>优秀标准</td><td>合格标准</td><td colspan="2">不合格标准</td></tr>
<tr><td>1. 操作规范,安全有序
2. 步骤正确,按时完成
3. 全员参与,分工合理
4. 结果准确,分析有理
5. 保护环境,爱护设施</td><td>1. 基本规范
2. 基本正确
3. 部分参与
4. 分析不全
5. 混乱无序</td><td colspan="2">1. 存在安全隐患
2. 无计划,无步骤
3. 个别人或少数人参与
4. 不能完成,没有结果
5. 环境脏乱,桌面未收</td></tr>
</table>

技能训练

公猪精液的稀释、分装与保存

视频:精液的稀释、分装与保存

【目的要求】 通过实训,基本掌握公猪精液稀释、分装和保存的方法。

【材料用具】 250 mL三角瓶、250 mL烧杯、100 mL量筒、感量为0.1 g的天平、玻璃漏斗、电炉、石棉网、玻璃棒、胶头滴管、pH试纸、滤纸、新鲜鸡蛋、甘油、蒸馏水、葡萄糖、二水柠檬酸钠、青霉素、链霉素等。

【内容步骤】

1. 实验准备 必须配置空调,精液稀释过程必须在恒温环境中进行,温度22～25 ℃。质检后的精液和稀释液都要在37 ℃恒温下预热。处理时,严禁太阳光直射精液。稀释液应在采精前准备好,并预热1～3 h及以上。精液采集后要尽快稀释,未经质检或活力在0.7以下的精液不用于稀释。

2. 计算 精液稀释倍数计算方法(1 g精液约等于1 mL)如下:

总精子数=原精液体积×原精液精子密度

稀释后精液分装份数=总精子数÷每份精液所需精子数(取整数)

原精液稀释后的体积=可分装的份数×每份精液的体积

举例:猪人工授精的正常剂量一般为(30亿～40亿)个/头份,体积为80 mL。现有一头公猪,所采的精液密度为2亿/mL,采精量为150 mL。

此公猪精液可稀释分装的份数=150×2/40=7.5头份(取整数7)

原精液稀释后的体积=7×80=560 mL

稀释液添加量=560－150=410 mL。

3. 调温 调节稀释液的温度与精液一致(温差1 ℃以内)。注意:必须以精液的温度为标准来

Note

调节稀释液的温度，不可逆操作。

4. 稀释 先将精液移至1000 mL大塑料杯中，再将稀释液沿着杯壁缓缓加入精液中，一边加入，一边轻轻摇动烧杯或者用洁净的玻璃棒搅拌。禁止将稀释液从高处倒入，形成冲击力。稀释液的最终加入量应使精液和稀释液的总体积达到所计算的稀释后体积(或重量)。

5. 分装 稀释好的精液，检查其活力，活力无明显下降便可以进行分装。AI按每瓶80 mL进行分装，PCAI按每瓶40 mL进行分装。如果精液需要运输，在用瓶子分装时，应排掉瓶子里的空气，将精液装满，以减少运输中对精子的应激。稀释后的精液也可以采用大包装集中储存，但要在包装上贴好标签，注明公猪的品种、耳号以及采精的日期和时间。

6. 保存 稀释好的精液应保存在有报警装置的电子恒温箱中，温度保持在16～18 ℃。每隔12 h轻轻翻动一次，防止精子沉淀而引起死亡。保存时间以3天以内为宜，否则质量下降，不能用于人工授精。

操作过程图解如图4-23所示。

扫码看彩图

图 4-23

1.等温：将精液和稀释液放在同一个水浴锅内至等温

2.稀释：将稀释液缓慢加入装有原精液的容器中

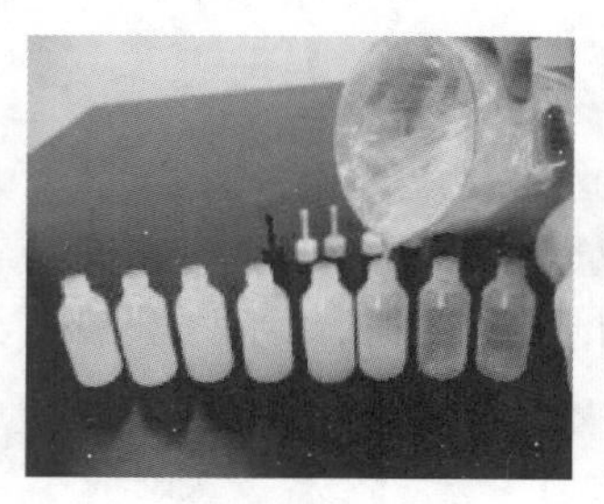

3.精液分装

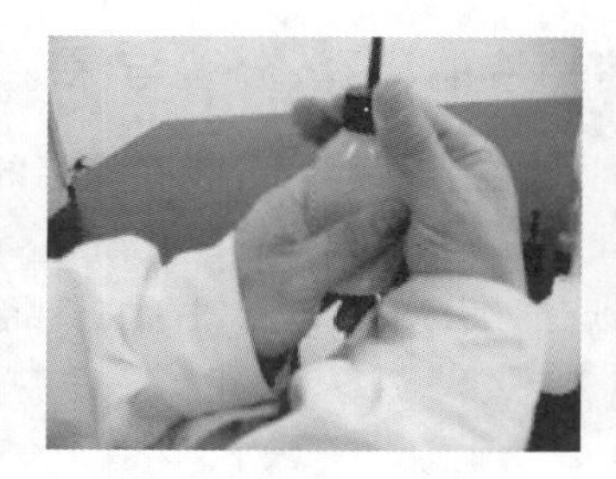

4.排出瓶中的空气后将盖拧紧

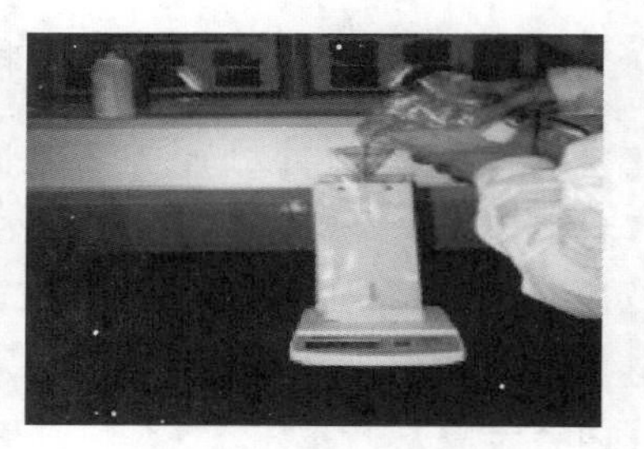

5.袋装精液的分装

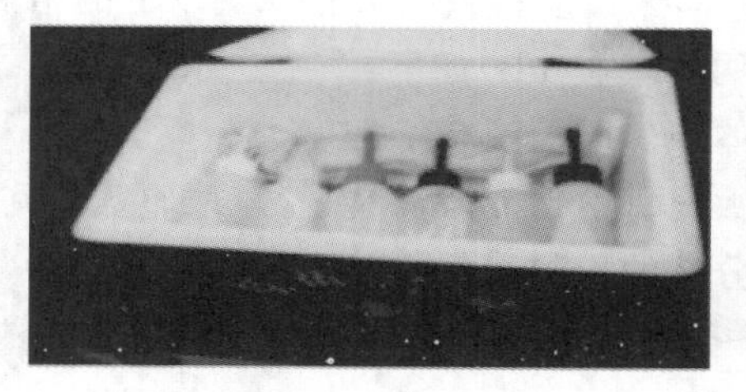

6.分装后临时在泡沫箱中缓慢降温

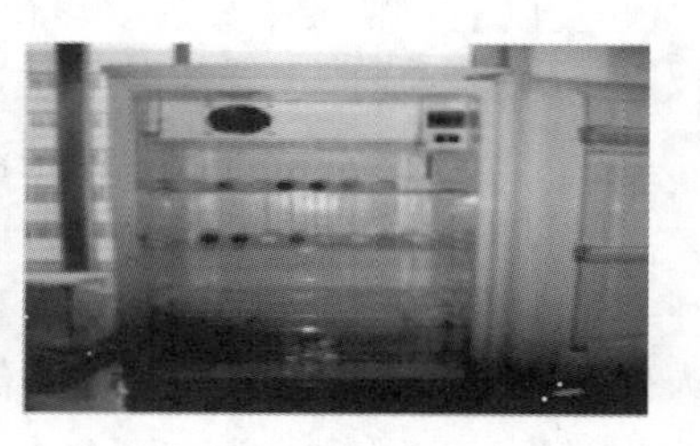

7.降温至20℃以下后将精液袋（瓶）平放在专用冰箱内

图 4-23 公猪精液的稀释、分装与保存过程

作业：根据本次实训所采公猪精液的结果，计算精液的稀释倍数与稀释后的体积。

展示与评价

公猪精液的稀释、分装与保存评价单

<table>
<tr><td>技能名称</td><td colspan="6">公猪精液的稀释、分装与保存</td></tr>
<tr><td>专业班级</td><td></td><td>姓名</td><td></td><td>学号</td><td colspan="2"></td></tr>
<tr><td>完成场所</td><td></td><td>完成时间</td><td></td><td>组别</td><td colspan="2"></td></tr>
<tr><td>完成条件</td><td colspan="6">填写内容：场所、动物、设备、仪器、工具、药品等</td></tr>
<tr><td>操作过程描述</td><td colspan="6"></td></tr>
<tr><td>操作照片</td><td colspan="6">操作过程或项目成果照片粘贴处</td></tr>
<tr><td rowspan="4">任务评价</td><td>小组评语</td><td>小组评价</td><td>评价日期</td><td colspan="3">组长签名</td></tr>
<tr><td></td><td></td><td></td><td colspan="3"></td></tr>
<tr><td>指导教师评语</td><td>指导教师评价</td><td>评价日期</td><td colspan="3">指导教师签名</td></tr>
<tr><td></td><td></td><td></td><td colspan="3"></td></tr>
<tr><td rowspan="2">考核标准</td><td colspan="2">优秀标准</td><td colspan="2">合格标准</td><td colspan="2">不合格标准</td></tr>
<tr><td colspan="2">1. 操作规范，安全有序
2. 步骤正确，按时完成
3. 全员参与，分工合理
4. 结果准确，分析有理
5. 保护环境，爱护设施</td><td colspan="2">1. 基本规范
2. 基本正确
3. 部分参与
4. 分析不全
5. 混乱无序</td><td colspan="2">1. 存在安全隐患
2. 无计划，无步骤
3. 个别人或少数人参与
4. 不能完成，没有结果
5. 环境脏乱，桌面未收</td></tr>
</table>

任务五 输精技术

扫码学课件
任务 4-5

任务分析

输精技术任务单

<table>
<tr><td>任务名称</td><td>输精技术任务单</td><td>参考学时</td><td>2 学时</td></tr>
<tr><td>学习目标</td><td colspan="3">1. 输精的适宜时间。
2. 输精的技术要领。</td></tr>
</table>

Note

续表

<table>
<tr><td>完成任务</td><td colspan="3">利用实训室或实训基地，按照操作规程完成任务。
1. 输精的准备。
2. 输精的基本要求。
3. 各种动物的输精技术。</td></tr>
<tr><td>学习要求
（育人目标）</td><td colspan="3">1. 具有“三勤四有五不怕”的专业精神。
2. 具有遵守规范、严格程序、安全操作的专业意识。</td></tr>
<tr><td rowspan="2">任务资讯</td><td colspan="2">资讯问题</td><td>参考资料</td></tr>
<tr><td colspan="2">输精技术要点有哪些？</td><td>1. 线上学习平台中的PPT、图片、视频及动画。
2. 倪兴军. 动物繁育[M]. 武汉：华中科技大学出版社，2018。</td></tr>
<tr><td rowspan="3">考核标准</td><td>知识考核</td><td>能力考核</td><td>素质考核</td></tr>
<tr><td>1. 准确完成线上学习平台的知识测试。
2. 任务完成报告的规范。</td><td>1. 后备母猪初次配种，平均发情周期21天，勤于观测、记录，预测下一次发情日期。
2. 一看二观察三摸四静立发射。
3. 一般上午人工授精，隔天配2次；青年猪推迟点配；3年以上母猪早点配。</td><td>1. 积极动手实践，观察细致认真。
2. 操作规范、严谨。</td></tr>
<tr><td colspan="3">结合课堂做好考核记录，按项目进行评价，考核等级分为优秀、良好、合格和不合格四种。其中优秀为85～100分，良好为75～84分，合格为60～74分，不合格为60分以下。</td></tr>
</table>

任务知识

输精是人工授精技术获得较高受胎率的最后一个关键技术环节。输精前应做好各方面的准备工作，掌握好输精技术，以确保及时、准确地把精液输送到母畜生殖道的适当部位。

一、输精前的准备

（一）器械的准备

输精器械和与精液接触的器皿，在输精前均应严格消毒，临用前再用稀释液冲洗2～3次。一次性输精管只能一畜一支，需要重复使用时，一定要做好消毒处理后方能使用。

（二）精液的准备

常温保存的精液输精前检查精液品质，精子活力不低于0.6，低温保存的精液需升温到35 ℃，镜检活力在0.5以上，冷冻精液解冻后活力不低于0.3。

（三）输精人员的准备

输精人员应穿好工作服，手臂挽起并用75%酒精消毒，戴上长臂手套蘸少量水或石蜡油或肥皂水。

（四）母畜的准备

将接受输精的母畜保定在输精栏内或六柱保定架内，母猪一般无须保定，只在圈内就地站立输

精。输精前应将母畜外阴部用肥皂水清洗后，用清水洗净，擦干。

二、输精的基本要求

（一）输精量和输入有效精子数

输精量和输入有效精子数应根据动物种类与精液保存的方法来确定。一般对体型大、经产产后配种和子宫松弛的母畜输精量要大些，而体型小、初次配种和当年空怀的母畜可适当减少输精量。液态保存精液的输精量比冷冻精液多一些。

（二）输精的时间、次数和输精间隔时间

一般来说，各种动物都适宜在排卵前 4～6 h 进行输精。在生产中，常用发情鉴定来判定输精的时间。奶牛在发情后 10～20 h 输精；水牛则在发情后第二天输精；母马自发情后 2～3 天，隔日输精一次，直至排卵为止。马可根据直肠检查方法触摸卵巢上卵泡发育程度，酌情输精。母猪可在发情高潮过后的稳定时期，接受“压背”试验，或从发情开始后第二天输精（图 4-24）。母羊可根据试情程度来决定输精时间。若每天试情一次，于发情当天和隔 12 h 各输精一次；若每天试情两次，则可在发现发情开始后半天输精一次，间隔半天再输精一次。兔、骆驼等诱发排卵动物，应在诱发排卵处理后 2～6 h 输精。

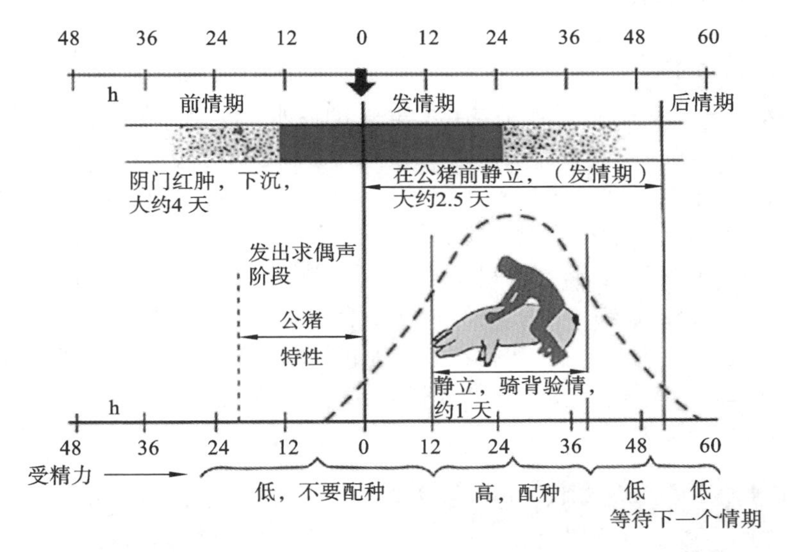

图 4-24 母猪适宜的输精时间

牛、羊、猪等在生产上常用外部观察法鉴定发情，但不易确定排卵时间。往往采用一个情期内两次输精，两次输精间隔 8～10 h（猪间隔 12～18 h）。马、驴采用直肠触摸能准确判断排卵时间，输精一次即可。

（三）输精部位

输精部位与受胎率有关。牛采用子宫颈深部输精比子宫颈浅部输精受胎率高，猪、马、驴以子宫内输精为好，羊、兔采用子宫颈浅部输精即可。不同动物种类输精要求见表 4-14。

表 4-14 各种动物输精要求

动物种类	精液状态	输精量/mL	有效精子数（亿）	适宜输精时间	输精次数	输精间隔时间/h	输精部位
牛（水牛）	液态 冷冻	1～2 0.2～1.0	0.3～0.5 0.1～0.2	发情开始后 9～24 h	1 或 2	8～10	子宫颈深部或子宫内
绵羊（山羊）	液态 冷冻	0.05～0.1 0.1～0.2	0.5 0.3～0.5	发情开始后 10～36 h	1 或 2	8～10	子宫颈内

续表

动物种类	精液状态	输精量/mL	有效精子数(亿)	适宜输精时间	输精次数	输精间隔时间/h	输精部位
猪	液态 冷冻	30～40 20～30	20～50 10～20	发情开始后 19～30 h 或压背盛期过后 8～12 h	1 或 2	12～18	子宫内
马(驴)	液态 冷冻	15～30 15～40	2.5～5.0 1.5～3.0	接近排卵时，卵泡发育第 4、5 期或发情第二天开始隔日 1 次到发情结束	1 或 3	24～48	子宫内
兔	液态 冷冻	0.2～0.5 0.2～0.5	0.15～0.2 0.15～0.3	诱发排卵后 2～6 h	1 或 2	8～10	子宫颈内
鸡	液态 冷冻	0.05～0.1	0.65～0.9	在子宫内无蛋存在时输精	1 或 2	5～7 天	输卵管内

三、各种动物的输精技术

视频：母牛的输精技术

（一）母牛的输精技术

1. 开膣器输精　清洗外阴，开膣器消毒，用 50 ℃的温水热一下，外缘涂抹少量润滑剂。手持闭合的开膣器，顺阴门裂方向斜向上方伸入阴道内 5～10 cm，左右捻转继续插入阴道内，旋转 90°后打开开膣器，借助光源（如手电、额镜、额灯），找到子宫颈口，然后将输精管插入子宫颈 2～3 cm（1～2 个皱褶），徐徐输入精液后退出输精管及开膣器。

此法易使母牛的阴道黏膜受损，且输精部位浅，受胎率低，目前已很少使用。

2. 直肠把握子宫颈深部输精　左手戴上长臂手套，抹上少量润滑剂，手呈锥形伸入直肠内，掏净宿粪，把握住子宫颈后端（拇指在上，四指在下）。右手持输精器，先斜上方伸入阴道内 5～10 cm，后平直插入子宫颈口，两手配合，将输精器插入子宫颈 3～5 个皱褶处或子宫体内，再将精液缓慢注入，慢慢抽出输精器，见图 4-25。

扫码看彩图 图 4-25(a)

扫码看彩图 图 4-25(b)

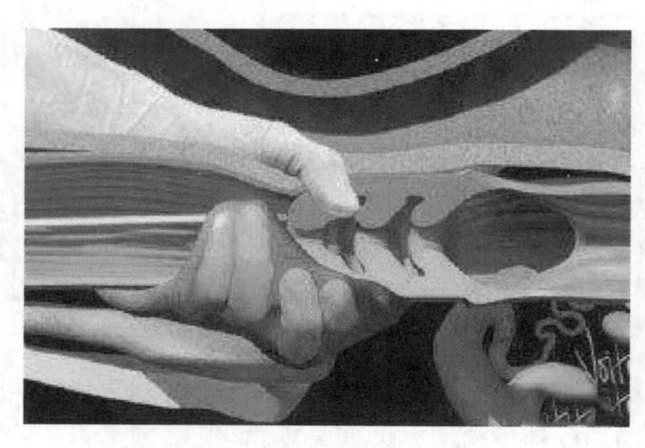

(a) 牛直肠把握子宫颈的方法

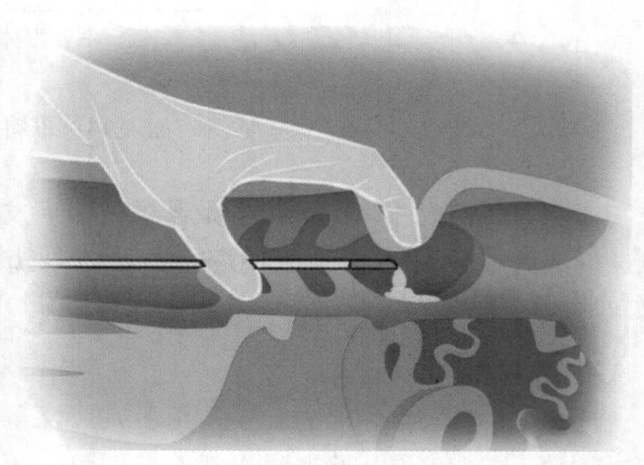

(b) 最合适的输精部位

图 4-25　直肠把握子宫颈深部输精

视频：母猪的输精技术

须注意的是，输精器插入子宫颈管时，要轻插慢出，以免损伤子宫颈、子宫体黏膜。此法对母牛无不良刺激，同时可检查卵巢状态，防止给孕牛误配而引起流产。由于输入部位深，精液不易倒流，受胎率高。

（二）母猪的输精技术

母猪阴道与子宫颈结合处无明显界限，输精管较容易插入。操作时，先将输精管涂以少许润滑

Note

剂或稀释液增加润滑度，用一只手的拇指与食指将阴唇分开，另一只手将输精管插入阴道，开始插入时稍斜向上方，以后呈水平方向前进，边旋转输精管边插入，当遇到阻力不能前进时，将输精管稍向后拉，然后接上精液瓶，让精液缓慢地自动吸入。输精完毕向左旋转出输精管，并用手捏母猪的腰部，防止精液倒流(图 4-26)。

扫码看彩图
图 4-26

图 4-26 母猪的输精

（三）绵羊和山羊的输精技术

视频：母羊的输精技术

绵羊和山羊均采用开膣器或者腹腔镜输精法，其操作与牛相似。由于羊的体型小，为操作方便，需在输精架后挖一凹坑。也可采用转盘或输精台输精，可提高效率。对于体型小的母羊，由助手抓住羊后肢，用两腿夹住母羊头颈，输精人员用一次性注射器套上输精针抽取精液，借助开膣器或者腹腔镜将精液输入子宫颈内(图 4-27)。

扫码看彩图
图 4-27

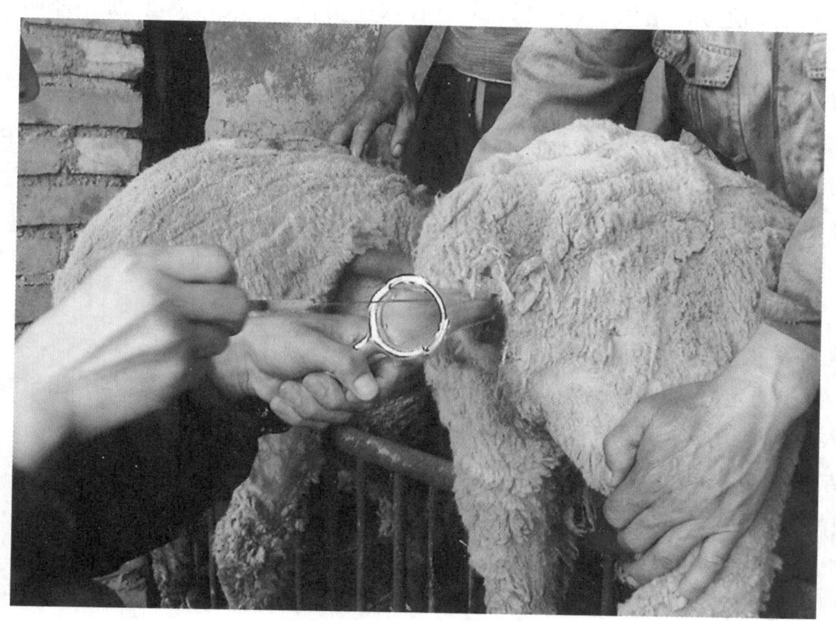

图 4-27 羊的输精

（四）母马(驴)的输精技术

常用胶管导入法输精。左手握住吸有精液的注射器与胶管的接合部，右手握住导管，管的尖端捏于手掌内慢慢伸入母马阴道内，当手指触到子宫颈口后，以食指和中指扩大子宫颈口，将输精胶管前端导入子宫颈内，提起注射器，缓慢注入精液；精液输入后，缓慢抽出输精管，用手指轻轻按捏子宫

颈口，以刺激子宫颈口收缩，防止精液倒流。

（五）母犬的输精技术

犬主将母犬保定（或者器械保定），用医用棉签或手纸将母犬外阴部擦净，即可进行输精操作。先把腹腔镜外缘均匀涂上润滑剂，一边轻轻按摩母犬外阴，一边缓慢插入阴道，然后用一次性注射器套上输精针抽取精液，将母犬垂直提起臀部朝上，借助腹腔镜把精液缓慢注入子宫颈内。输精后保持母犬后躯抬高片刻，以防止精液倒流。

（六）母鸡的输精技术

输精时由助手抓住母鸡双翅基部提起，使母鸡头部朝向前上方，泄殖腔朝上，右手在母鸡腹部柔软部位向头背部方向稍施压力，泄殖腔即可翻开露出输卵管开口，此时，输精人员将输精管插入鸡输卵管即可输精。

母猪输精技术

【目的要求】 通过实训，掌握母猪输精的基本程序和操作方法。

【材料用具】 一次性输精管、精液、润滑剂、0.1%高锰酸钾溶液、消毒纱布、消毒桶等。

【内容步骤】

一、母猪输精技术流程与要领

（1）待配的母猪先查耳号，以便确定配种公猪的品种和耳号。

（2）待配母猪应先赶入特定配种栏并有公猪站在母猪前面和侧面进行刺激。

（3）用0.1%的高锰酸钾溶液（或0.1%的新洁尔灭溶液）擦洗母猪尾巴及外阴周围，再用75%酒精棉球消毒阴户外部及内侧，然后用生理盐水冲洗外阴及输精管和手。

（4）用生理盐水冲洗输精管内、外壁，然后斜向上以45°角逆时针转动插入母猪阴户，插入10～15 cm后改为水平方向插入，直至感到有阻力时，改为逆时针旋转插入，直至子宫颈锁定输精管螺旋头。

（5）认真确定每头母猪应该使用的精液袋，将长嘴剪开，接上输精管，然后用手掌托住输精管尾部和精液袋，高度在母猪阴户以上稍高10 cm左右的部位，输精员面向猪尾巴坐上猪后背部。

（6）配种过程中配种员一定要用双脚刺激母猪的两侧和乳房。

（7）让精液自动被吸入，不应挤压和反复抽取，输精时间以5 min左右为宜。等精液吸收完全后，将输精管折叠并固定，防止倒流，继续刺激宫缩5～10 min，然后向后下方抽出输精管。若输精过程中有精液流入很慢或不流，可采用将输精管稍退或稍挤输精瓶（或袋）等措施。

（8）输精结束后，用力压母猪的腰背，再让母猪在配种栏停留5～10 min后方可轻轻地赶回定位栏，以免精液倒流，等待下次配种。

（9）为保证授精质量，每头母猪应配种2～3次。

（10）母猪卡跟着猪走，配种结束后，登记好配种资料，妊娠期按114天算，计算好预产期并写到母猪卡上。

二、母猪的输精过程图解

母猪的输精过程图解具体见图4-28。

三、作业

实训报告：写出母猪人工输精操作的心得体会与注意事项。

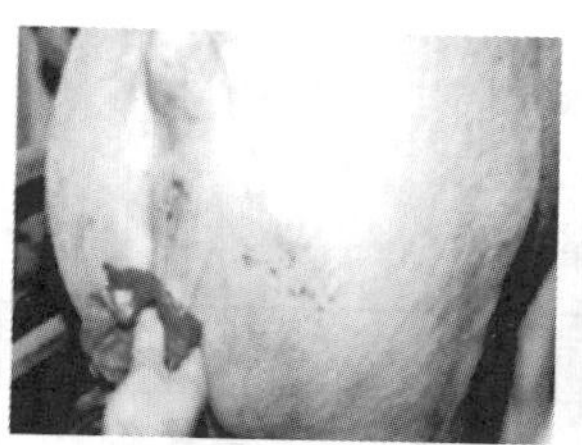
1.用拧干消毒水的温布擦拭外阴

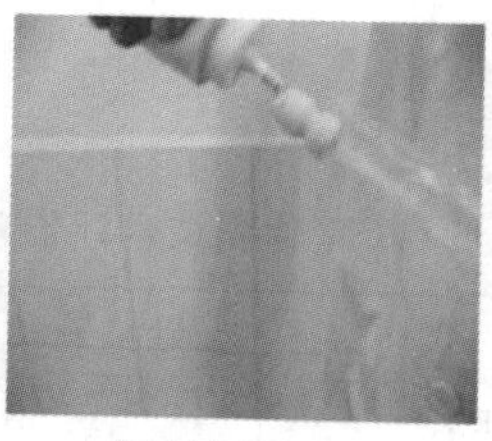
2.在输精管的泡沫头上涂少量润滑剂

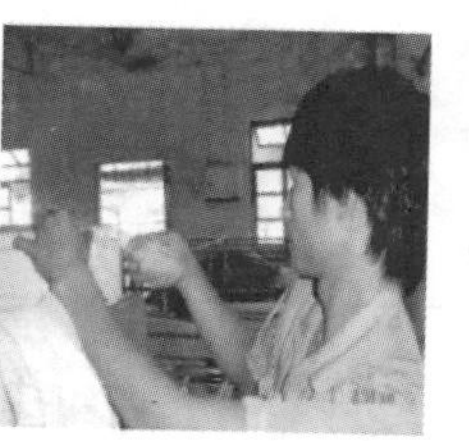
3.从储存箱中取出精液，确认标签正确

扫码看彩图
图 4-28(a)

扫码看彩图
图 4-28(b)

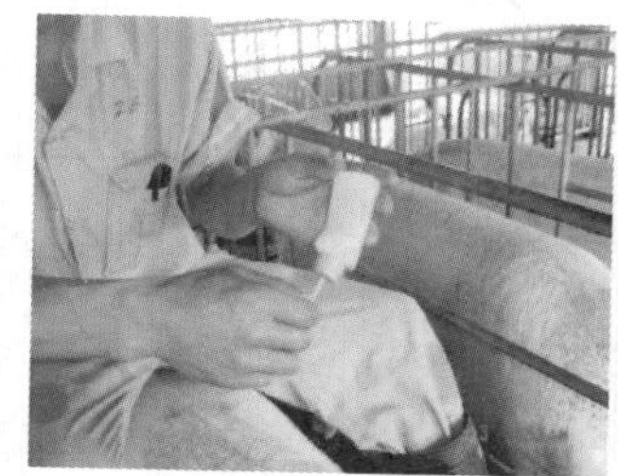
4.斜向上插入输精管

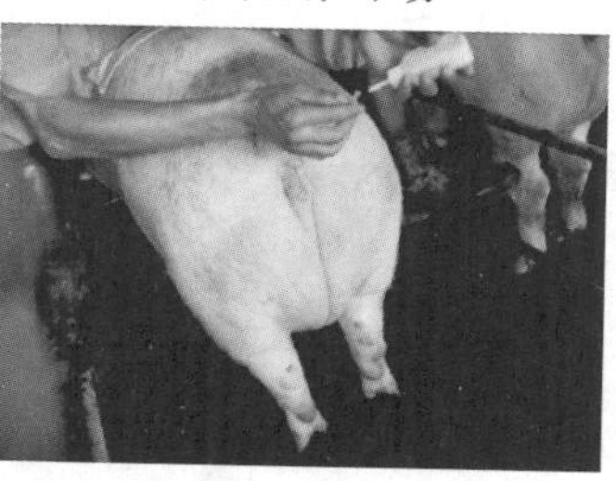
5.轻轻回拉不动

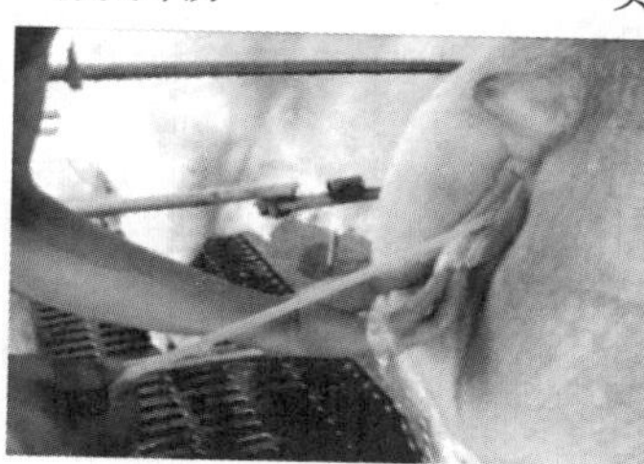
6.小心轻柔混匀精液（上下颠倒几次）

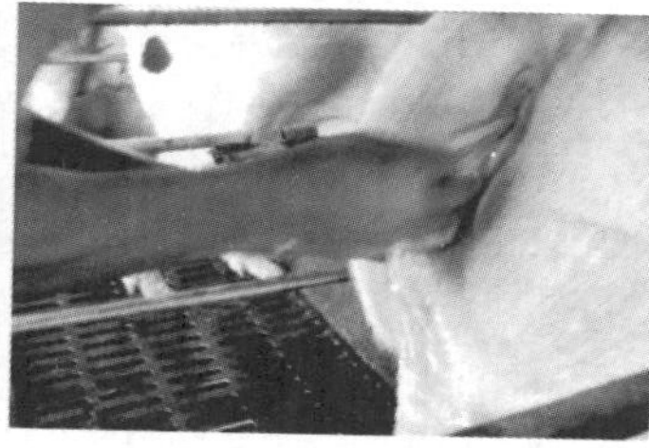
7.将精液瓶接上输精管，开始输精

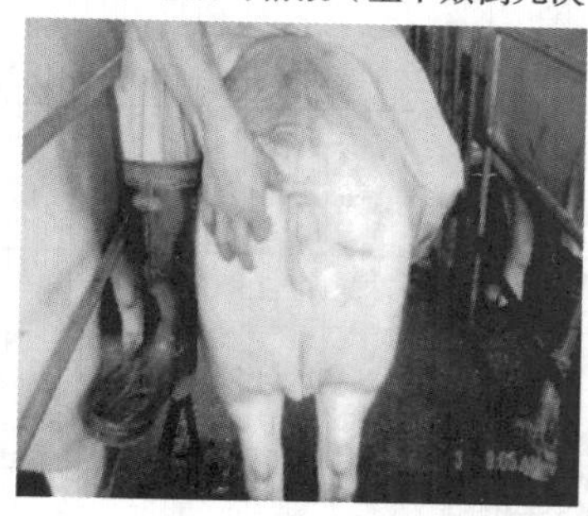
8.输完精后继续对母猪按摩1 min以上，并用沙袋进行压背5 min以上，防止母猪过早睡下造成精液倒流

9.做好输精后10 d内后躯0.1%高锰酸钾溶液消毒工作

图 4-28　母猪的输精操作过程

展示与评价

母猪输精技术评价单

技能名称	母猪输精技术					
专业班级		姓名		学号		
完成场所		完成时间		组别		
完成条件	填写内容:场所、动物、设备、仪器、工具、药品等					
操作过程描述						
操作照片	操作过程或项目成果照片粘贴处					
任务评价	小组评语	小组评价	评价日期	组长签名		
	指导教师评语	指导教师评价	评价日期	指导教师签名		
考核标准	优秀标准	合格标准	不合格标准			
	1. 操作规范,安全有序 2. 步骤正确,按时完成 3. 全员参与,分工合理 4. 结果准确,分析有理 5. 保护环境,爱护设施	1. 基本规范 2. 基本正确 3. 部分参与 4. 分析不全 5. 混乱无序	1. 存在安全隐患 2. 无计划,无步骤 3. 个别人或少数人参与 4. 不能完成,没有结果 5. 环境脏乱,桌面未收			

巩固训练

扫码看答案

一、单项选择题

1. (　　)是引起猪射精反射的首要条件。

A. 温度　　B. 阻力　　C. 压力　　D. 光照

2. 采集公牛精液应用最广泛的方法是(　　)。

A. 假阴道法　　B. 手握法　　C. 筒握法　　D. 按摩法

3. 当温度急剧降到(　　)以下时,精子就会出现冷休克现象。

Note

A. 20 ℃　　B. 10 ℃　　C. 0 ℃　　D. −5 ℃

4. 冷冻精液解冻后精子活力不应低于(　　),方可用于输精。

A. 0.9　　B. 0.8　　C. 0.6　　D. 0.3

5. 公猪的采精频率宜为(　　)。

A. 每月 2 次　　B. 每周 2 次　　C. 每天 2 次　　D. 隔日 1 次

6. 精液常温保存的温度以(　　)℃为宜。

A. 28～30　　B. 15～25　　C. 5～15　　D. 0～5

7. 精液稀释液中加入卵黄或奶粉的主要目的是(　　)。

A. 提供营养　　B. 抗冻防冻　　C. 防冷休克　　D. 维持正常的渗透压

8. 目前,牛的冷冻精液多采用(　　)方法分装。

A. 精液袋　　B. 颗粒　　C. 细管　　D. 安瓿

9. 人工授精最早试验成功的动物是(　　)。

A. 犬　　B. 兔　　C. 大鼠　　D. 羊

10. 优良品质的猪精液,其精子畸形率不应超过(　　)%。

A. 18　　B. 15　　C. 12　　D. 10

二、判断题

1. 假阴道是一筒状结构,主要由外壳、内胎、集精杯及附件组成。(　　)

2. 精子活力是指呈直线前进运动的精子数占总精子数的百分比。(　　)

3. 冷冻保存精液时,形成玻璃态的冰区范围是 0～60 ℃。(　　)

4. 实践中,通常以交配欲下降为采精过频的依据。(　　)

5. 精子受精前需要在母畜生殖道完成获能。(　　)

6. 为确保母畜的输精效果,精液一般应输入子宫体内。(　　)

7. 低温保存精液时需加入卵黄或奶粉等营养物质来抵抗冷休克。(　　)

8. 人工采精只能使用假台畜来进行操作。(　　)

9. 稀释液应做到现配现用。(　　)

三、简答题

1. 简述人工授精的优越性。

2. 简述公猪人工采精的操作及注意事项。

3. 简述精液保存的方法及其原理。

4. 简述山羊人工输精的操作方法。

Note

项目五　受精、妊娠与分娩

学习目标

▲知识目标

1. 了解精、卵的运行过程与机理。
2. 了解精子获能的过程与机理，卵子受精前的准备。
3. 掌握受精过程及其系列反应。
4. 理解和掌握母畜早期妊娠诊断的方法与原理。
5. 掌握正常分娩期间母仔护理的要点。
6. 了解难产的原因及助产的原则。
7. 了解假死仔畜的救护要点。

▲技能目标

1. 能够正确描述配子在雌性生殖道内运行的三道“关卡”。
2. 能够正确描述受精过程及三次阻滞反应。
3. 能够通过观察或借助仪器正确进行早期妊娠诊断。
4. 能够独立进行产前准备工作，能够熟练按照工作流程做好产后母仔的护理工作。
5. 能够分析难产的类型，可以进行基本的难产救助。

▲思政目标

1. 具有“三勤四有五不怕”的专业精神。
2. 具有遵守规范、严格程序、安全操作的专业意识。
3. 具有“学一行，爱一行，钻一行”的钉子精神。
4. 具有胆大心细、敢于动手的工作态度。
5. 注重理论与生产实际相结合，重视问题，解决问题。
6. 具有珍爱生命、无私奉献的医者精神。

扫码学课件
任务 5-1

任务一　受　　精

任务分析

受精技术任务单

任务名称	受精技术	参考学时	2 学时
学习目标	1. 了解精、卵的运行过程与机理。 2. 了解精子获能的过程与机理，卵子受精前的准备。 3. 掌握受精过程及其系列反应。		

续表

<table>
<tr><td>完成任务</td><td colspan="3">1. 能够正确描述配子在雌性生殖道内运行的三道“关卡”。
2. 能够正确描述受精过程及三次阻滞反应。</td></tr>
<tr><td>学习要求
（育人目标）</td><td colspan="3">1. 具有“三勤四有五不怕”的专业精神。
2. 具有遵守规范、严格程序、安全操作的专业意识。
3. 具有“学一行，爱一行，钻一行”的钉子精神。
4. 具有胆大心细、敢于动手的工作态度。
5. 注重理论与生产实际相结合，重视问题，解决问题。
6. 树立良好的职业道德意识、艰苦奋斗的作风和爱岗敬业的精神。</td></tr>
<tr><td rowspan="2">任务资讯</td><td colspan="2">资讯问题</td><td>参考资料</td></tr>
<tr><td colspan="2">1. 射精的部位在哪里？精子、卵子在生殖道内如何运行？
2. 精子和卵子受精前的准备、受精过程如何？</td><td>1. 线上学习平台中的 PPT、图片、视频及动画。
2. 王锋. 动物繁殖学[M]. 北京：中国农业大学出版社，2012。
3. 杨利国. 动物繁殖学[M]. 3 版. 北京：中国农业出版社，2019。</td></tr>
<tr><td rowspan="3">考核标准</td><td>知识考核</td><td>能力考核</td><td>素质考核</td></tr>
<tr><td>1. 查阅相关知识内容和有关文献，完成资讯问题。
2. 准确完成线上学习平台的知识测试。
3. 任务完成报告的规范。</td><td>1. 记住动物配子维持受精能力的时间、配子运行及受精过程。
2. 能够将配子运行、受精过程的知识应用到动物配种和繁殖实践中。</td><td>1. 遵守学习纪律，服从学习安排。
2. 积极动手实践，观察细致认真。
3. 操作规范、严谨。</td></tr>
<tr><td colspan="3">结合课堂做好考核记录，按项目进行评价，考核等级分为优秀、良好、合格和不合格四种。其中优秀为 85～100 分，良好为 75～84 分，合格为 60～74 分，不合格为 60 分以下。</td></tr>
</table>

任务知识

受精是指精子和卵子结合，产生合子的过程。受精前精子、卵子都要发生一系列变化，并经过复杂的过程才能结合完成受精，即精卵相遇、识别与结合、精卵质膜融合、多精子入卵阻滞、雄原核与雌原核发育和融合。

一、配子的运行

配子的运行是指精子由射精部位到达受精部位，卵子由卵巢排出后到达受精部位的过程。

（一）精子在雌性生殖道内的运行

1. 动物的射精部位 哺乳动物的受精部位通常都在输卵管的壶腹部。无论是自然交配还是人工授精，精子都必须运行到输卵管的壶腹部才能完成受精过程。但不同的动物，精子的储存部位、精子到达受精部位的时间和到达受精部位的精子数都存在一些差异（表 5-1）。

表 5-1 各种动物的射精部位及在输卵管中出现精子的最早时间

物　种	射精部位	射精到输卵管出现精子的时间/min	到达受精部位的精子数/个
猪	子宫颈、子宫	15～30	1000
牛	阴道	2～13	很少
绵羊	阴道	6	600～700

续表

物　　种	射 精 部 位	射精到输卵管出现精子的时间/min	到达受精部位的精子数/个
兔	阴道	数分钟	250～500
犬	子宫	数分钟	50～100
猫	阴道、子宫颈	—	40～120
人	阴道	5～30	很少
小鼠	子宫	15	<100
大鼠	子宫	15～30	50～100
仓鼠	子宫	2～60	很少
豚鼠	子宫	15	25～50

在自然交配时，动物种类不同，精液射入雌性动物生殖道的位置不同，一般可分为阴道型射精和子宫型射精两种。牛、羊、兔和灵长类等属于阴道射精型。马和猪将精液直接射入雌性动物的子宫颈或子宫体内，属于子宫射精型。母马和母猪在发情时，子宫颈管变得松软、开张，而且子宫颈没有阴道部，精液可以直接射入子宫。

2. 精子在雌性生殖道中的运行　处于发情阶段的子宫颈黏膜上皮细胞具有旺盛的分泌作用，并由子宫颈黏膜形成许多腺窝。射精后，通常一部分精子能通过子宫颈，另一部分则随黏液的流动进入腺窝。

(1) 精子在子宫颈内的运行　子宫颈是精子进入子宫的第一道生理屏障，阻止过多精子进入子宫。死精子和活力差的精子往往不能进入子宫，即使正常的精子也有相当一部分滞留在阴道内。例如绵羊一次射精可射出近25亿～50亿个精子，但通过子宫颈进入子宫的不足100万个。子宫颈黏膜上的皱褶、隐窝和黏液共同形成了一个精子屏障和筛选体系(图5-1)。

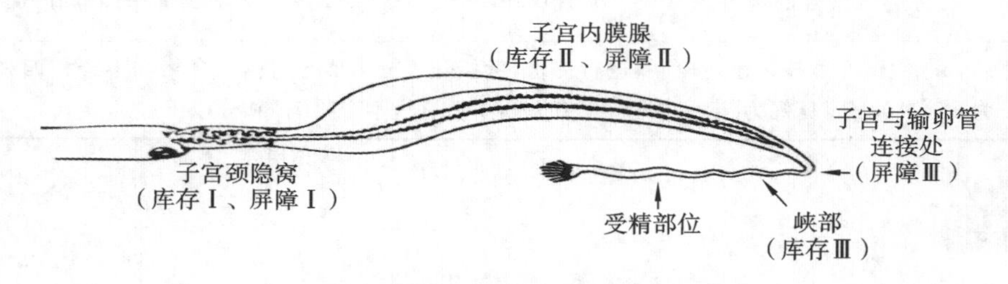

图5-1　精子运行中的屏障及精子库

(2) 精子在子宫内的运行　精子进入子宫后，一部分进入子宫内膜腺储存，这是精子运行的第二道屏障。精子的到来促使子宫内膜腺白细胞反应加强，一些死精子和活力差的精子被吞噬，或被上皮纤毛的颤动而推向阴道，精子再一次得到筛选。另一部分精子被迅速输送到子宫输卵管连接处，即宫管连接处，成为阻碍精子运输的第三道屏障(图5-1)，可以控制进入输卵管的精子数。

(3) 精子在输卵管内的运行　在子宫肌的收缩、子宫液的流动以及精子自身运动等综合作用下精子进入输卵管，又在输卵管收缩、管壁上皮纤毛摆动引起液体流动的作用下，精子继续前行。牛、羊在交配后15 min内就有精子到达输卵管壶腹部。据测算，牛精子在体外最大运行速率是126 cm/h，牛生殖道长约65 cm，精子正常到达壶腹部至少需要30 min，因此输卵管的外力可以加快精子输送。实验表明，快速输送的精子往往不参与受精，输送相对较慢的精子才具有受精能力。在绵羊体内，有受精能力的精子在配种后6～8 h内进入输卵管，并在壶峡连接处峡部一侧保留18 h，直到排卵时才进入壶腹部。其他动物的精子在输卵管内的运行也存在类似规律。因此，壶峡连接处峡部一侧可以看作第三个精子储存库(图5-1)，交配后虽有数亿精子进入雌性生殖道，但4～12 h后到达峡部的精子只有1000～10000个，而进入壶腹部的精子数则更少，仅10～100个。

在壶峡连接部，精子因峡部括约肌的有力收缩被暂时阻挡，形成精子到达受精部位的第三道屏

障栏，限制更多精子进入输卵管壶腹部。精子经过三道屏障的筛选，在一定程度上可防止卵子发生多精受精。牛、羊通过宫管结合部的精子往往停留在输卵管峡部，直到排卵时才开始游向壶腹部与卵子相遇而受精。受精前精子在峡部储存可能是哺乳动物的一般规律，在排卵时，只有获能精子从储存位点释放，通过精子的趋化性引导向卵子运行。

3. 精子在雌性生殖道内的运行机制 精子的运行，除了其本身的活动之外，还有因交配所引起的一系列物理、生理和生物化学作用。母马在交配时由于公马阴茎的抽动，使子宫内产生负压，子宫颈具有吸入精液进入子宫的作用。由于交配刺激，通过神经传导引起催产素的释放，使生殖道的平滑肌收缩频率增加，从而促进精子的运行。精子可伴随子宫内液体的流动在雌性动物生殖道内运行。精液中的前列腺素被雌性生殖道吸收后，也可促进子宫和输卵管肌肉的收缩。另外，雌性生殖道黏液的 pH 值变化会影响精子的活力，过酸或偏碱均可使精子失去活力，微碱性能增强精子的活力。

4. 精子在雌性生殖道存活的时间和维持受精能力的时间 精子的存活时间、维持受精能力的时间与精液品质、雌性动物的发情情况及生殖道健康情况有关。精子在雌性动物生殖道内存活时间为 1～2 天，各种动物有所不同，牛 15～56 h，猪 50 h，羊 48 h，而马最长可达 6 天。精子维持受精能力的时间比存活时间要短，牛 28 h，猪 24 h，绵羊 30～36 h，马 5～6 天，犬 2 天。阴道黏膜的酸性分泌物对精子存活不利，牛、羊精子在阴道内仅能存活 1～6 h。精子在输卵管内被高度稀释，输卵管内精子糖酵解所需酶的浓度低于精液，对精子存活不利，故子宫和输卵管内精子存活时间相对较短。然而，子宫颈和宫管结合部精子存活时间长达 30～48 h。精子在雌性生殖道内存活时间和维持受精能力时间的长短，不仅与精子本身的生存能力有关，也与雌性生殖道的生理状况有关。这对于确定配种时间、配种间隔，具有重要的参考意义。

（二）卵子在生殖道内的运行

1. 卵子的接纳 排卵时，输卵管伞开放、充血，借助输卵管系膜肌肉的收缩作用紧贴于卵巢表面，通过卵巢固有韧带收缩引起的围绕自身纵轴的旋转运动，使伞的表面紧贴卵巢囊的开口部（图5-2）。

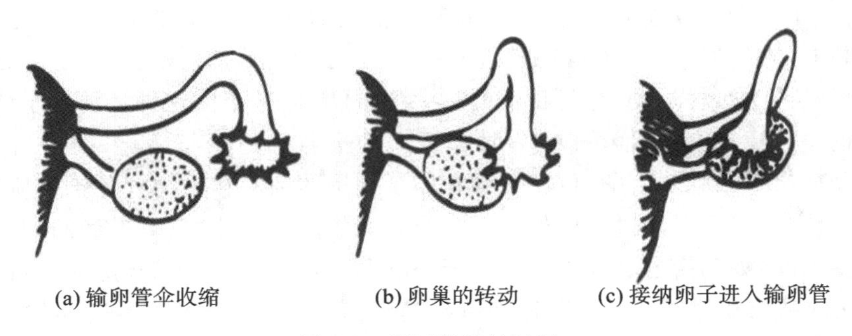

(a) 输卵管伞收缩　(b) 卵巢的转动　(c) 接纳卵子进入输卵管

图 5-2 卵子的接纳过程

排出的卵子通常包裹在放射冠和卵丘细胞内，附着于排卵点上。输卵管伞黏膜纤毛摆动，将卵子扫入输卵管喇叭口，卵子在液流作用下进入输卵管，称为卵子的接纳。

视频：卵子在输卵管内的运行

2. 卵子在输卵管内的运行 卵子本身不能自行运动，在输卵管内的运行在很大程度上依赖于输卵管的收缩和液体的流动及纤毛的摆动。在壶腹部，因内表面的纤毛朝向峡部方向颤动，对卵子外面的卵丘层起推动作用，加上输卵管肌层、平滑肌、环状肌和纵纹肌分段收缩，卵子朝卵巢反方向运送，很快进入壶腹的下端，与已运行到此处的精子相遇完成受精。在运行的过程中，某些动物卵子周围的放射冠会逐渐脱落或退化，使卵母细胞裸露。牛和绵羊的放射冠一般在排卵后几小时退去。多数动物的受精卵在壶峡连接部停留时间可达 2 天左右。以后随着输卵管逆蠕动的减弱和正向蠕动的加强以及肌肉的松弛，受精卵运行至宫管结合部并短暂滞留。当其括约肌松弛时，受精卵随液流迅速进入子宫。在卵子运行过程中，雌激素分泌量增多或经外源雌激素处理，都可延长卵子在壶峡连接部的停留时间，而孕激素的作用则相反。其次，输卵管纤毛运动和管腔液体流动对卵子运行

起着重要作用。在发情期,当壶峡连接部封闭时,由于输卵管逆蠕动、纤毛摆动和液体的流向朝向腹腔,卵子难以下行;而在发情后期,纤毛摆动方向与液体流动方向相反,在两种力的共同作用下,胚胎或卵子下行。

3. 卵子维持受精能力的时间 排出的卵子在输卵管内保持受精能力的时间比精子要短(表 5-2),卵子在输卵管内保持受精能力的时间多数在 1 天之内,不同动物有所差异,只有犬的可长达4.5天。卵子在壶腹部才具有正常的受精能力,若未受精则随之老化,丧失受精能力,最后破裂崩解。

表 5-2 卵子在输卵管内保持受精能力的时间

物种	时间/h	物种	时间/h
牛	18～20	豚鼠	20
猪	8～12	大鼠	12
绵羊	12～16	小鼠	6～15
马	4～20	猴	23
兔	6～8	人	6～24
犬	108		

二、受精前的准备

受精前,哺乳动物的精子和卵子都要经历一个进一步生理成熟的阶段,才能顺利完成受精过程,并为受精卵的发育奠定基础。

(一) 精子在受精前的准备

1. 精子获能 刚射出的精子不能穿入卵子与其结合,必须在子宫或输卵管内经历一段时间,形态和生理机能上发生某些变化以进一步成熟,才能获得受精能力的现象,称为精子获能。

2. 精子获能过程中的变化 附睾精子包被有精子表面分子(蛋白质和糖类),射出后精子的表面分子渐渐变成精清蛋白,经雌性生殖道孵育后精子表面分子及精清蛋白均脱落,暴露出的分子可与卵母细胞的透明带结合。获能后的精子耗氧量增加,运动的速率和方式发生改变,尾部摆动的幅度和频率明显增加。在输卵管,精子运动模式从线性运动(以相对直线游动模式)变为一种强有力的、尾部呈“鞭打样”的不对称运动,称为精子的超活化(HA)。精子的这种运动便于精卵接触。一般认为,精子获能的主要意义在于使精子做好顶体反应的准备和精子超活化,促使精子穿越透明带。精子获能后,能释放出一系列水解酶,可将包围在卵子周围的细胞和生物大分子物质(蛋白质和黏多糖)溶解出一条通路,便于精子通过。体外研究精子获能作用发现,除以上提到的物质对精子获能有影响外,还有许多物质,如钙离子、受精素、葡萄糖醛酸酶、血清和类固醇等对获能都有影响。

3. 精子获能的部位和时间 子宫和输卵管对精子获能起协同作用,不同动物精子获能的部位有所差异。子宫型射精的动物,精子获能开始于子宫,最后完成于输卵管;对于阴道型射精的动物,流入阴道的子宫液可使精子获能,精子获能起始于阴道,但获能最有效的部位仍然是子宫和输卵管(图 5-3)。

各种动物精子获能所需时间有明显差别(表 5-3),其中牛 3～4 h,猪 3～6 h,绵羊 1.5 h,兔 5～6 h,犬 7 h。

4. 精子获能的特性 精子获能无严格的器官特异性,也无种属特异性。获能反应既可在同种动物雌性生殖道内,也可在异种动物雌性生殖道内完成。精子获能是一个可逆过程。精清中存在一种抗受精物质,称去能因子,相对分子质量为 30 万,易溶于水,具有极强的热稳定性,65 ℃加热和冷冻均不能使去能因子失活。极少量就可以使精子去能,它可抑制精子获能、稳定顶体,与精子结合后抑制顶体水解酶释放,因此,又称顶体稳定因子。获能精子若重新放入精清或附睾液中,与去能因子相结合,又会失去受精能力,这一过程称为去能。若去能的精子,再放回到母畜的生殖道内,又可获能,称为再获能。

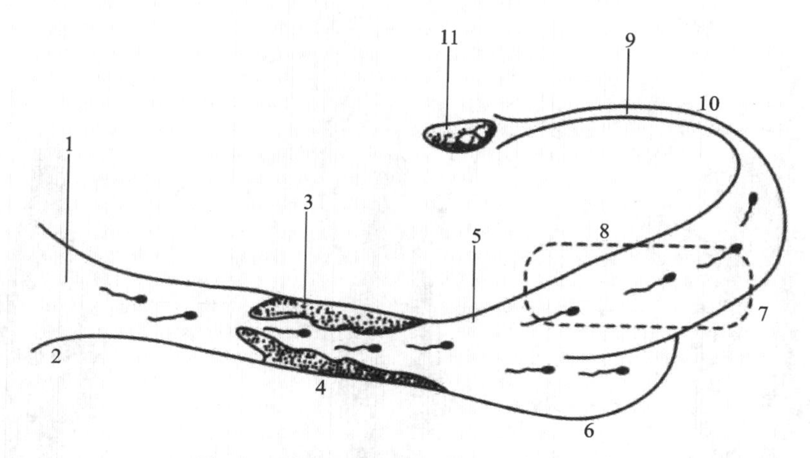

图 5-3 精子通过雌性生殖道的获能过程

1. 阴道 2. 射出精子，含高水平胆固醇、氨基多糖等 3. 子宫颈 4. 子宫黏液，去除精清和不活动精子 5. 子宫 6. 雌激素水平较高时，子宫分泌物有助于去除精子表面各种成分 7. 获能，去除精子表面胆固醇、氨基多糖及其他成分 8. 去能，若精子回到精清再培育 9. 输卵管 10. 在 Ca^{2+} 存在时，低水平的胆固醇和氨基多糖类提供顶体反应所需环境 11. 卵巢

表 5-3 不同动物精子获能时间

动物种类	获能时间/h	动物种类	获能时间/h
牛	3～4	仓鼠	2～4
猪	3～6	大鼠	2～3
绵羊	1.5	小鼠	1～2
兔	5～6	雪貂	3.5～11.5
犬	7	猴	5～6
豚鼠	4～6	人	7

精子顶体酶能溶解卵子外周的保护层，是使精子和卵子相接触并融合的主要酶类。但是，附睾或射出精液中的去能因子和顶体酶结合后，可抑制顶体酶活性和精子的受精能力。雌性生殖道中的α-淀粉酶和β-淀粉酶被认为是获能因子，胰蛋白酶、β-葡萄糖苷酶和唾液淀粉酶等也能使去能因子失活，尤其β-淀粉酶能水解由糖蛋白构成的去能因子，使顶体酶类游离并恢复其活性，溶解卵子外围保护层，使精子得以穿越。因此，获能的实质是使精子去掉去能因子或使去能因子失活的过程。去能因子并非某种特殊物质，而是一系列对精子获能有抑制作用的物质。

5. 顶体反应 包裹精子头部的质膜、顶体外膜融合和破裂，释放内含物的过程，称为顶体反应。获能后的精子，在受精部位与卵子相遇，会出现顶体帽膨大，精子质膜和顶体外膜相融合。融合后的膜形成许多泡状物，随后这些泡状物与精子头部分离，造成顶体膜局部破裂，顶体内酶类释放出来，以溶解卵丘、放射冠和透明带(图 5-4)。顶体反应通过释放顶体酶系，主要是透明质酸酶和顶体素，为精子穿越卵子周围各层膜与卵质膜发生融合，进入卵内打通道路奠定了基础。

（二）卵子在受精前的准备

哺乳动物的卵子多数是在输卵管壶腹部完成受精。小鼠、大鼠、田鼠等动物的卵子是从排卵后23 h才开始被精子穿入，因而有人推测卵子在受精前也有类似于精子在受精前的生理准备。

通常，当皮质颗粒数量达到最大时，卵子的受精能力最强。透明带表面露出许多糖残基时，具有识别同源精子并与其发生特异结合的能力。卵子质膜在受精前较不稳定，这些与受精有关的变化，可能在输卵管内进一步形成。卵子在输卵管期间，透明带和卵质膜表面发生一些变化，如出现透明带精子受体以及卵质膜亚显微结构的变化等。

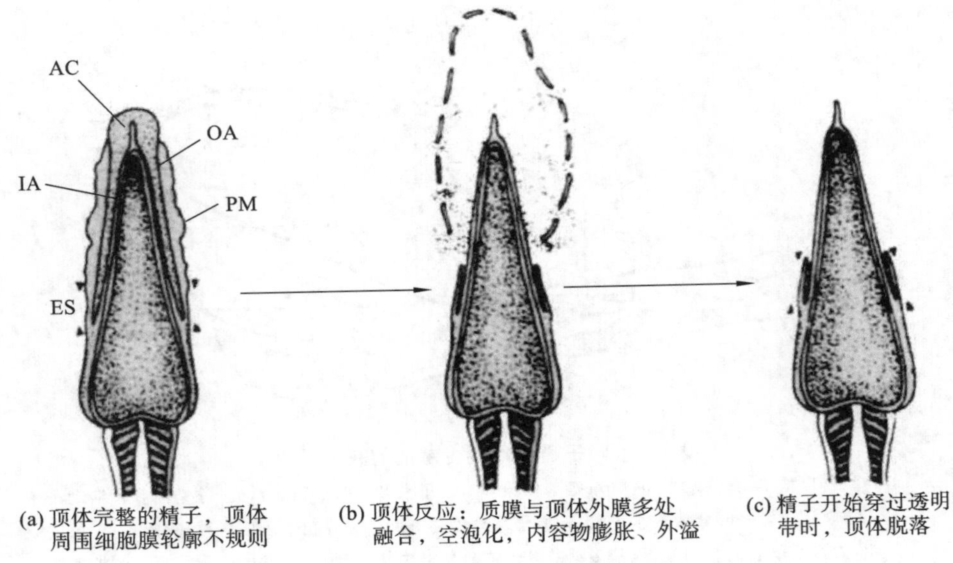

(a) 顶体完整的精子，顶体周围细胞膜轮廓不规则

(b) 顶体反应：质膜与顶体外膜多处融合，空泡化，内容物膨胀、外溢

(c) 精子开始穿过透明带时，顶体脱落

图 5-4　精子的顶体反应过程

AC. 顶体　OA. 顶体外膜　IA. 顶体内膜　PM. 质膜　ES. 赤道段

视频：受精过程

三、受精过程

哺乳动物的受精主要包括以下几个步骤：精子穿越放射冠（卵丘细胞），精子穿越透明带，精子进入卵质膜，雌、雄原核形成，配子配合等（图 5-5）。

(a) 精卵相遇，精子穿越放射冠

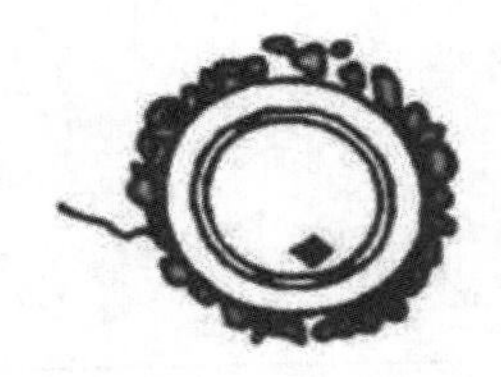

(b) 精子发生顶体反应，并按触透明带

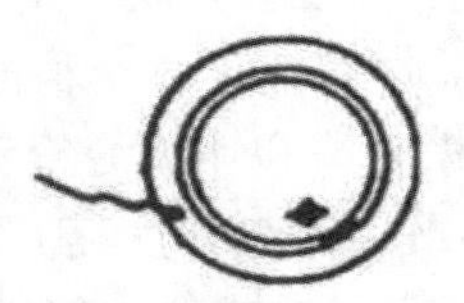

(c) 精子释放顶体酶，水解透明带，进入卵周隙

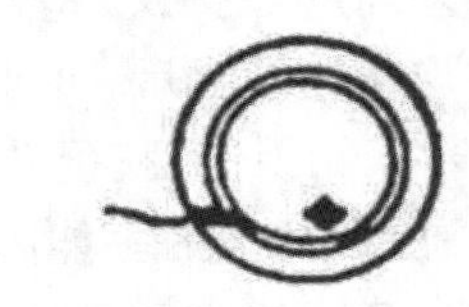

(d) 精子释放顶体酶，水解透明带，进入卵周隙

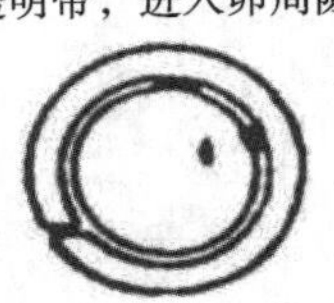

(e) 精子头膨胀，同时卵子完成第二次成熟分裂

(f) 雄、雌原核形成，释放第二极体

(g) 原核融合，向中央移动，核膜消失

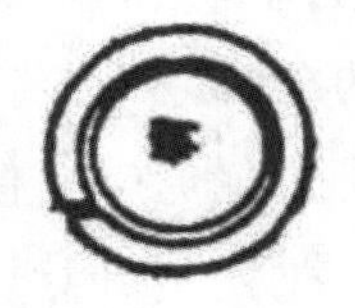

(h) 第一次卵裂开始

图 5-5　受精过程

Note

（一）精子穿越放射冠

卵子从卵巢排出后，进入壶腹部，在透明带外面往往还包围着一堆颗粒细胞，即卵丘细胞，而靠近透明带的卵丘细胞呈放射状排列，故称放射冠。放射冠以胶样基质粘连，基质主要由透明质酸多聚体组成。精子顶体反应释放的透明质酸酶使基质溶解，使精子得以穿越放射冠接触透明带。

（二）精子穿越透明带

穿越放射冠的精子，与透明带接触并附着其上，随后与透明带上精子受体相结合。精子受体为有明显种间特异性的糖蛋白，又称透明带蛋白（ZP），已发现三种，即 ZP1、ZP2 和 ZP3。精子和透明带的初级结合通过透明带 ZP3 和至少三种精子质膜上的蛋白质完成，而精子和透明带的次级结合由透明带 ZP2 和精子顶体内膜的顶体酶原/顶体酶介导，个别动物除外。顶体反应后的精子释放顶体酶将透明带溶出一条通道而穿越透明带，与卵质膜接触。精子顶体含有多种酶，如透明质酸酶、脂酶、磷酸酶和磷脂酶 A_2 等，它们相互协调配合，对精子穿越透明带具有重要作用。

多种动物的精子穿越透明带时，头部斜向或垂直方向穿入。通常精子附着于透明带 5～15 min 即可穿过透明带，并留下一条狭长的孔道。

（三）精子进入卵质膜

精子进入透明带到达卵周隙，此时精子仍能活动，不过活动时间很短。一旦接触卵质膜即卵黄膜，活动即停止。卵质膜表面有大量的微绒毛，当精子与卵质膜接触时，即被微绒毛抱合，精子实际躺在卵子表面，通过微绒毛收缩被拉入卵内。

当精子触及卵质膜的瞬间会激活卵子，使之从休眠状态苏醒，产生一系列反应。

1. 透明带反应 卵母细胞膜发生收缩，由卵母细胞释放某种物质到卵的表面和卵周隙，以阻止后来的精子再进入透明带，这一变化称为透明带反应。迅速而有效的透明带反应是防止多个精子进入透明带进而引起多精子入卵的屏障之一。兔卵子无透明带反应，受精后可在透明带内发现许多精子，其多余的精子称为补充精子，但其他动物透明带内极少见到补充精子。

2. 皮质反应 当精子与卵黄膜接触时，在接触点膜电荷发生改变并向周围扩大，整个膜持续去极化数分钟，在卵黄膜下的皮质颗粒向卵子表面移动，在 Ca^{2+} 的作用下，皮质颗粒与卵黄膜融合，以胞吐方式将其内容物排入卵黄周隙。皮质反应从精子入卵处开始，迅速向卵黄膜四周和透明带扩散。实验表明，仓鼠精子与卵子接触后几分钟就完成皮质反应，这是一种防止卵黄膜再被其他精子穿透的防御性反应。

3. 卵黄膜反应 当精子进入卵黄膜后，卵黄膜立即发生变化，表现出卵黄紧缩和卵黄膜增厚，并排出部分液体进入卵周隙，这种变化称为卵黄膜反应。这一反应具有阻止多精子入卵的作用，因此，又称为卵黄膜封闭作用或多精入卵阻滞，这可看作受精过程中防止多精受精的第二道屏障。一些物种既有透明带反应又有卵黄膜反应，而另一些物种只有其中之一。

（四）雌、雄原核形成

精子进入卵子后，头部开始膨大，核膜开始破裂、解聚，形成球状核，核内出现多个核仁，随后重新形成核膜，核仁增大融合，最后形成一个比原细胞核大的雄原核。同时，卵细胞完成第二次减数分裂，排出第二极体。卵细胞核染色体分散并向中央移动，在移行过程中，逐渐形成核膜，原核由最初不规则到最后变为球状，出现核仁。雄原核形成与生发泡破裂（GVBD）有关。精子核去致密（解聚）因子或该因子上游调节物可能储存在生发泡内，GVBD 后，这些成分释放到细胞质中，精子核才能解聚进而发育成雄原核；如果抑制 GVBD，进入的精子核就不能发育成雄原核。雌原核的形成类似于雄原核。两性原核同时发育，体积不断增大，几小时可达到原来的 20 倍（大鼠）。

（五）配子配合

雄、雌原核形成后，逐渐相向移动，彼此靠近。在卵子中央，原核接触部位相互交错。松散的染色质高度卷曲成致密染色体。随后两核膜破裂，核膜、核仁消失，染色体混合、重新组合，形成二倍体

核。之后，染色体排列在赤道板上，出现纺锤体，准备进行第一次有丝分裂，受精过程最后阶段的“配子配合”至此结束。

（六）受精后基因表达的变化

在受精卵发育的早期阶段，新的蛋白质合成由母源 mRNA 或由合子基因组新转录的 mRNA 指导。在雄、雌原核彼此靠近的过程中，DNA 同时进行复制。卵子在受精前积累了大量早期胚胎发育所需的 mRNA，但受精后，出现新合成的蛋白质，并且合成量明显增加，母源 mRNA 很快失去作用。在小鼠中，从 2 细胞期胚胎开始，就由合子基因组指导蛋白质的合成。如果将外源基因注入小鼠雄原核，发现其在原核中可以转录并加工。

四、异常受精

受精过程中，由于人为和环境因素的影响，如延迟配种，生理、物理和化学刺激等，有时会出现非正常受精现象，其中以多精受精、单核发育和双雌核受精较为多见，所有这些现象通常被视为异常受精。

（一）多精受精

多精受精由两个或两个以上精子同时与卵子接近并一起进入卵内造成，这与卵子阻止多精子入卵的机能不完善有关。鸟类多精受精比较普遍，哺乳动物仅占 1%～2%，唯独猪例外，可达 30%～40%。一些动物的卵子允许补充精子进入并形成雄原核，但只允许其中一个与雌原核发生融合，这种现象称生理性多精受精。一般来说，动物多精受精是异常受精。家畜中，猪最容易发生多精受精，猪延迟配种或输精会导致 15%的多精受精率。绵羊发情 36～48 h 后输精会造成较高的多精受精率。畜牧生产中，母畜配种和输精延迟都可能导致多精受精。多精受精发生时，常常是一个或几个精子按正常方式形成原核，多余精子形成的原核体积一般都缩小。若两个精子同时参与受精，会出现三个原核，形成三倍体。对于哺乳动物，这些胚胎最多可发育到妊娠中期，最终死亡。

（二）雄核发育或雌核发育

精子入卵激活卵子后，雌、雄原核只有一个得到发育，另一个不发育，但发生类似受精的现象。若雌核激活，称为雌核发育；雄核激活，称为雄核发育。发育的结果是胚胎的细胞核仅含有单亲的染色体，通常在胚胎发育的早期死亡。在鱼类生殖过程中，有时会出现激活的卵子和未排出的第二极体发育成正常二倍体的现象，但在哺乳动物中少有，且不能正常发育。

（三）双雌核受精

卵子成熟分裂中，由于极体未排出，造成卵内有两个卵核，发育为两个雌原核，出现双雌核受精现象，在猪和金田鼠的受精过程中比较多见。延迟交配、输精或在受精前卵子老化等都可能引起双雌核发育、受精。母猪发情 36 h 后再配种或输精，双雌核率可达 20%以上。

扫码学课件
任务 5-2

任务二　妊　　娠

任务分析

妊娠任务单

任务名称	妊娠	参考学时	2 学时
学习目标	1. 掌握早期胚胎的发育阶段及早期胚胎的发育过程，胎膜和胎盘的作用，母畜的生理变化。 2. 了解雌性动物的妊娠识别与附植过程。		

续表

<table>
<tr><td>完成任务</td><td colspan="6">1. 通过观察或借助仪器正确认识早期胚胎的发育过程及特点。
2. 能够通过观察或借助仪器正确进行早期妊娠诊断。</td></tr>
<tr><td>学习要求
（育人目标）</td><td colspan="6">1. 具有“三勤四有五不怕”的专业精神。
2. 具有遵守规范、严格程序、安全操作的专业意识。
3. 具有“学一行，爱一行，钻一行”的钉子精神。
4. 具有胆大心细、敢于动手的工作态度。
5. 注重理论与生产实际相结合，重视问题，解决问题。
6. 树立良好的职业道德意识、艰苦奋斗的作风和爱岗敬业的精神。</td></tr>
<tr><td rowspan="2">任务资讯</td><td colspan="3">资讯问题</td><td colspan="3">参考资料</td></tr>
<tr><td colspan="3">1. 早期胚胎的发育过程及特点是什么？
2. 影响胚泡附植的因素有哪些？
3. 胎盘的类型和作用有哪些？
4. 雌性动物的妊娠是如何识别与建立的？
5. 妊娠母体的变化有哪些？</td><td colspan="3">1. 线上学习平台中的 PPT、图片、视频及动画。
2. 王锋. 动物繁殖学[M]. 北京：中国农业大学出版社，2012。
3. 杨利国. 动物繁殖学[M]. 3 版. 北京：中国农业出版社，2019。
4. 周虚. 动物繁殖学[M]. 北京：科学出版社，2015。
5. 朱士恩. 家畜繁殖学[M]. 6 版. 北京：中国农业出版社，2015。</td></tr>
<tr><td rowspan="3">考核标准</td><td colspan="2">知识考核</td><td colspan="2">能力考核</td><td colspan="2">素质考核</td></tr>
<tr><td colspan="2">1. 查阅相关知识内容和有关文献，完成资讯问题。
2. 准确完成线上学习平台的知识测试。
3. 任务单的学习和完成情况。</td><td colspan="2">1. 能够正确识别动物胚胎的正常形态及发育阶段。
2. 记住影响胚胎发育、附植及妊娠的影响因素，并能够应用到家畜繁殖管理中。</td><td colspan="2">1. 遵守学习纪律，服从学习安排。
2. 积极动手实践，观察细致认真。
3. 操作规范、严谨。</td></tr>
<tr><td colspan="6">结合课堂做好考核记录，按项目进行评价，考核等级分为优秀、良好、合格和不合格四种。其中优秀为 85～100 分，良好为 75～84 分，合格为 60～74 分，不合格为 60 分以下。</td></tr>
</table>

任务知识

胚胎发育在合子形成后不久开始，染色体数目恢复了双倍体，所以又可以不断分裂即卵裂。同时，胚胎向子宫移动，并在特定阶段进入子宫，随后定位和附植。

一、早期胚胎的发育

早期胚胎是指哺乳动物从受精卵开始到尚未与子宫建立组织联系而处于游离阶段的胚胎。不同种类的动物，胚胎卵裂的速度不一样，其发育及进入子宫的时间有明显的种间差异（表 5-4）。

视频：早期胚胎的发育

表 5-4 各种动物的胚胎发育及进入子宫的时间

动物种类	胚胎发育时间/h					进入子宫	
	2 细胞	4 细胞	8 细胞	16 细胞	桑葚胚	时间/天	发生阶段
小鼠	24～38	38～50	50～60	60～70	68～80	3	桑葚胚期
大鼠	37～61	57～85	64～87	84～92	96～120	4	桑葚胚期
豚鼠	30～35	30～75	80	—	100～115	3.5	8 细胞期

续表

动物种类	胚胎发育时间/h					进入子宫	
	2细胞	4细胞	8细胞	16细胞	桑葚胚	时间/天	发生阶段
兔	24～26	26～32	32～40	40～48	50～68	3	囊胚期
猫	40～50	76～90	—	90～96	<150	4～8	囊胚期
犬	96	—	144	196	204～216	8.5～9.0	桑葚胚期
山羊	24～48	48～60	72	72～96	96～120	4	10～16细胞期
绵羊	36～38	42	48	67～72	96	3～4	16细胞期
猪	21～51	51～66	66～72	90～110	110～114	2.0～2.5	4～6细胞期
马	24	30～36	50～60	72	98～106	6	囊胚期
牛	27～42	44～65	46～90	96～120	120～144	4～5	8～16细胞期

注:马、牛、犬为排卵后时间,其他动物为交配后时间。

(一)卵裂

早期胚胎发育过程中,胚胎细胞(卵裂球)的数量不断增加,但总体积并不增加,且有减小趋势,称为卵裂。卵裂产生的子细胞称为卵裂球。其中第一次卵裂与卵子的对称面并无关系,但是卵子在未受精前已具有极性,即动物极和植物极,因而卵裂往往从动物极通向植物极,穿过雌、雄原核所在区域。第二次卵裂同第一次卵裂面呈垂直方向,是从动物极开始延伸到植物极。第三次卵裂呈水平方向,在动、植物极之间,因此与前两个卵裂面都呈直角,由于哺乳动物除原兽类动物外均为少黄卵,所以都为全裂。卵裂都是有丝分裂,所以每个后代细胞的染色体数目也都是双倍体,在卵裂过程中,要合成大量的DNA。早期卵裂在透明带内,卵裂产生的胚胎细胞数清晰可见,当胚胎由16细胞变成32细胞,形成像桑葚样的致密细胞团时,称桑葚胚。此后,随着细胞数目增加,已难以数清细胞个数,发育至囊胚。

由于最初几次卵裂大部分发生在输卵管内,因而输卵管的内环境对胚胎生活力有一定影响,尤其是热应激。例如,绵羊在发情后3天置于32 ℃的环境下,受胎力下降,主要是胚胎发育异常所引起。胚胎一旦离开输卵管,对环境的敏感性即下降。牛和猪也有同样的情形。

(二)囊胚

桑葚胚形成后,细胞开始分化,出现细胞定位现象。胚胎一端细胞较大,密集成团称为内细胞团,以后发育成胚体本身;另一端细胞较小,沿透明带内壁排列扩展,称为滋养层,以后主要发育成胎膜。这一发育阶段的胚胎称为囊胚。卵裂球分泌的液体在细胞间隙积聚,最后在胚胎的中央形成一充满液体的腔,即囊胚腔。在卵裂球分化和囊胚形成之后,滋养层细胞高度变薄,变成单层鳞片状上皮层(即滋养胚层)并不断从子宫内环境吸收有机物、无机物和水进入囊胚腔。有研究认为,在胚胎间聚积的液体层是由于Na^+/K^+泵的作用所引起。按照这种理论,Na^+/K^+泵输送离子通过桑葚胚外层细胞间的连接进入中间,然后引起水进入桑葚胚内,从而导致囊胚腔的形成(图5-6)。

随着胚胎发育,囊胚腔一旦形成便不断扩大,囊胚体积增加从而成为扩张囊胚。扩张囊胚进一步发育,内部压力增加,在排卵后6～12天从透明带开口裂缝被挤出,这个过程称为囊胚孵化(图5-7)。脱离透明带的囊胚称为孵化囊胚或胚泡。

孵化囊胚一旦脱离透明带,即迅速扩展增大。这一阶段的特点如下:①滋养层细胞外表面有密集微绒毛,选择吸收营养物质,供胚胎发育需要,以后主要发育成为绒毛膜,内细胞团进一步分化为内胚层、中胚层和外胚层,最终形成胎儿。②胚胎基因组转录和表达活性增加,发育明显加快。③营养物质主要来源于子宫乳。④胚胎孵化过程中或孵化后产生妊娠信号,与母体子宫建立初步联系。

(三)原肠胚

囊胚进一步发育,出现两种变化:①内细胞团顶部滋养层退化,内细胞团裸露,成为胚盘;②胚盘

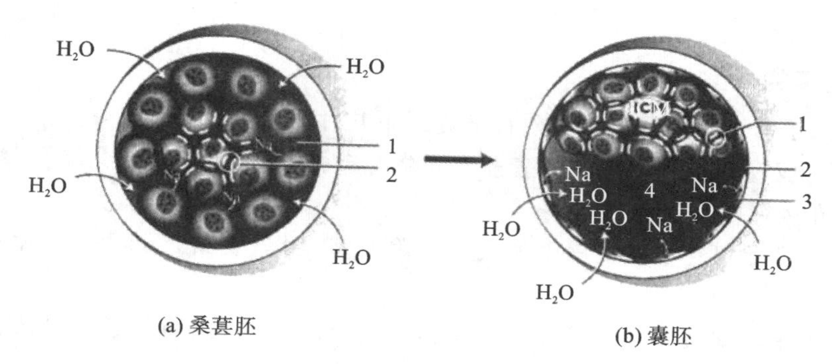

图 5-6　桑葚胚向囊胚转变

1. 缝隙连接　2. 紧密连接　3. 滋养层细胞

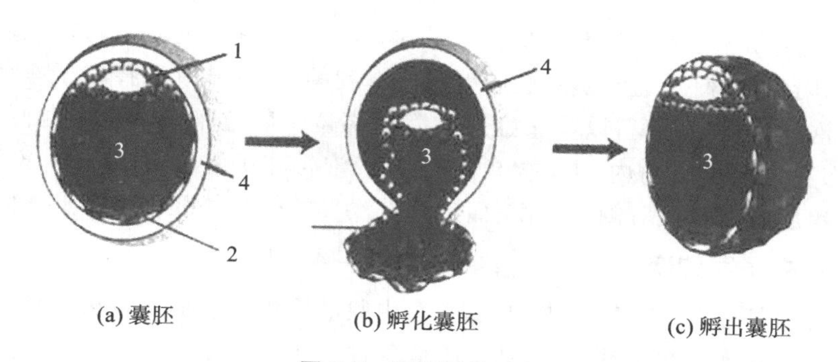

图 5-7　囊胚孵化过程

1. 内细胞团(ICM)　2. 滋养层　3. 囊胚腔　4. 透明带

下方衍生出内胚层,沿滋养层内壁延伸、扩展,衬附在滋养层内壁上,这时的胚胎称为原肠胚。在内胚层发生中,除绵羊是由内细胞团分离出来外,其他动物均由滋养层发育而来。

原肠胚进一步发育,在滋养层(又称外胚层)和内胚层之间出现中胚层,后者进一步分化为体壁中胚层和脏壁中胚层,两个中胚层之间的腔隙,构成以后的体腔。三个胚层的建立和形成为胎膜与胚体各类器官的分化奠定了基础。

(四) 胚胎的迁移

胚胎在脱出透明带之前,一直处于游离状态。不同的物种,胚胎在子宫内迁移的现象均有发生。多胎动物,如猪胚胎可在排卵一侧的子宫角游向子宫体,也可以游向另一侧子宫角。将一头黑猪的卵子移入受体的左侧子宫角,白猪的卵子移入受体右侧子宫角,当受体母猪妊娠 90 天屠宰时发现,黑猪和白猪胎儿在两侧子宫角中均有分布。单胎动物,胚胎内迁移很少,牛排一个卵子,胚胎总是在与黄体同侧的子宫角内。若一侧卵巢排两个卵子,其中一侧卵子通过子宫体的只有 10%。绵羊胚胎子宫内迁移现象较多见,胚胎位于黄体对侧子宫角的占 8%,而一侧卵巢排两个卵子发生内迁移的占 90%。马排卵侧和胚胎附着侧无关,但明显的趋势是胚胎附着在前一胚胎附着对侧。通过直肠内超声波扫描证实,15 天前马的胚胎可在整个子宫内迅速移动,11～14 天移动变化最大。马胚胎在迁移过程中在每个位置停留 5～20 min,然后迁移到下一个位置,在妊娠 14 天后剖检子宫发现,胚胎迁移到子宫体正中背侧内膜表面。进一步观察表明,胚胎的这种迁移速率与子宫肌的活性有关。据观察,胚胎能从左侧子宫角的尾部迁移到顶端,再返回子宫体并迁移到右侧子宫角顶端,然后返回右侧子宫角的尾部。接近 16 天时,孕体通常停止迁移,并在左侧或右侧子宫角占据一定位置。

二、胚泡的附植

胚泡在子宫内发育的初期阶段处于游离状态,并不和子宫内膜发生联系,称胚泡游离。由于胚泡内液体不断增多,体积变大,胚泡在子宫内活动逐步受限,与子宫壁相贴附,随后才和子宫内膜发生组织及生理联系,位置固定下来,这一过程称为附植,又称附着、植入或着床。胚泡在游离阶段,单胎动物胚泡可因子宫壁收缩由一侧子宫角迁移到另一侧子宫角。多胎动物的胚泡也可向对侧子宫

Note

角迁移，称为胚泡内迁。

（一）胚泡附植的类型

按照囊胚穿入子宫黏膜的程度可将附植分为以下几种类型。

1. 中央附植 又称表面附植。在附着前囊胚略有扩张，而滋养层组织大部分暴露在子宫腔内，如兔、犬、雪貂和许多有袋类动物。

2. 偏心附植 胚胎可在子宫上皮内形成一个附着室，胎盘表面与子宫基质相对，如小鼠、大鼠和仓鼠。

3. 部分间质附植和间质附植 囊胚穿透子宫上皮，侵入子宫内膜与子宫基质接触，如豚鼠、黑猩猩和人。

（二）附植部位

胚胎一旦在子宫中定位，便结束游离状态，开始同母体建立紧密的联系，这个过程称为着床或附植。胚泡在子宫内附植的部位，通常是对胚胎发育最有利的位置，基本选择在子宫血管稠密、营养供应充足的部位；胚泡间有适当距离，以防止拥挤。附植部位一般位于子宫系膜对侧。多胎动物通过子宫内迁均匀分布在两侧子宫角内；牛、羊单胎时，其胚泡常在子宫角下 1/3 处，双胎时则分别位于两侧子宫角内；马单胎时常迁至对侧子宫角，而产后首次发情受孕的胚胎多在上一胎的空角基部。

（三）附植过程中子宫的变化

附植期间，子宫内膜充血、增厚，上皮增生，子宫内膜的腺体和表面上皮分泌能力增强，子宫肌的收缩和紧张度减弱，为胚泡附植提供了有利的环境条件。子宫乳成为胚泡附植过程中的主要营养来源。

（四）附植时间

胚泡附植是个渐进的过程，确切的附植时间差异较大。据估计兔和小鼠开始附植时间为配种后 4～6 天，绵羊为 15～30 天。有滞育期的动物胚胎附植时间可长达几个月甚至 1 年，如欧洲獾。游离期之后，胚泡与子宫内膜即开始疏松附植。紧密附植的时间发生在此后较长一段时间内，且有明显的种间差异（表 5-5），最终以胎盘建立结束。

表 5-5　胚泡附植的进程（以排卵后时间计算）

畜　种	妊娠识别/天	疏松附植/天	紧密附植/天
猪	10～12	12～13	25～26
牛	16～17	28～32	40～45
绵羊	12～13	14～16	28～35
马	14～16	35～40	95～105

（五）附植过程

附植是一个渐进的过程，不同动物胚胎附植开始的时间不同，附植的过程也不尽一致。

1. 猪 猪的囊胚开始与子宫内膜发生接触大约在第 7 天透明带消失时。此时滋养层细胞迅速增殖，妊娠第 11～13 天，囊胚发生变化。在第 10 天时的囊胚长 4～5 mm，呈椭圆形，至第 13 天时伸长到 1 m 以上，呈线管状，但直径明显变小。在线管状胚胎的中部有一短小的膨大区，即胚盘。胚盘区子宫内膜表面可见明显的“绿色荧光”。上皮细胞顶端表面变扁平，上皮下毛细血管渗透性增加。在妊娠第 15 天，在邻近孕体的子宫上皮内富含 17β-类固醇脱氢酶，而在其他部位和未妊娠的子宫内则没有。

随着囊胚的伸长，由于囊胚液的积聚和滋养层的扩散不相一致，因而滋养层形成皱襞，与此同时，子宫壁的皱襞加深，两层皱襞互相紧密贴近，一旦囊胚完成扩张，囊胚的移动便受到严格限制。冲洗妊娠第 16 天的子宫发现，孕体的远侧部漂浮游离，而中部四周区域牢固地黏着。此时（或略早

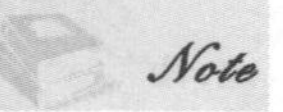

些)子宫上皮和囊胚表面的微绒毛开始出现交叉,第 18 天时微绒毛间的连接完全形成,并在子宫内膜表面形成特殊的结构——乳头晕,为孕体的发育摄取营养。

2. 绵羊 囊胚的早期发育同猪差不多。囊胚约在第 11 天开始伸长,但速率较慢,第 21 天时只有约 20 cm 长。绵羊的滋养层细胞和子宫上皮在第 14 天靠近,第 15 天时有部分黏着。绵羊囊胚的附着过程同猪不一样,子宫内具有"永久性的"附着器官——子宫阜。近第 15 天时子宫阜毛细管渗透性增加,第 16～18 天,子宫微绒毛和滋养层细胞的突起穿透性增加,从而引起有效的附着。附着时滋养层首先同子宫上皮在子宫阜上发生紧密接触,接着滋养层细胞侵入子宫上皮,并破坏上皮。以后,凡发生接触的子宫阜上皮都被侵入和破坏。这种破坏过程使绒毛膜和母体组织之间的联系比猪更为紧密。到第 4～5 周时完成附着过程。

3. 牛 胚胎附植过程和绵羊基本相同,但在开始时与子宫接触的时间比绵羊晚。透明带大约在第 8 天脱落,而此时正值囊胚早期,第 11 天后囊胚开始伸长,其速率达 1 cm/h。第 13 天时丝状孕体伸入排卵对侧子宫角,原肠胚形成。也有报道指出,在第 7 天时孕体占据整个子宫角,第 20 天时达双侧子宫角顶端,此时黄体同侧的子宫上皮和滋养层部分黏着,并在子宫阜处紧密结合。第 4 周母体子宫上皮和滋养层表面的微绒毛出现交叉,继而形成牢固的附着。

4. 猫 猫的囊胚约在配种后第 6 天进入子宫,第 12 天时伸长呈椭圆形,大小约为 1.5 mm×2 mm。此时胚胎在非胚极部分出现分离覆盖,母体和胚胎的上皮排列成直线,第 13 天囊胚定向,胚极朝向子宫内膜,并在子宫上皮和胚胎之间形成连接复合物。第 14 天子宫上皮出现糜烂,附着位点显著水肿。

5. 犬 犬在胚胎附植期间,由于排卵的时间和排出的初级卵母细胞成熟分裂的时间不同而难以确定。一般认为,犬的胚胎是在排卵后第 6 天进入子宫,大约在第 9 天定位,第 11～12 天囊胚覆盖物消失,局部子宫内膜基质水肿,第 13 天后新分化的滋养层合胞体代替子宫上皮,并浸入子宫内膜腺,犬的附植时间与猫的相近。

(六) 影响胚泡附植的因素

1. 母体激素 母体激素特别是卵巢类固醇激素对胚泡附植具有重要作用,存在种间差异。小鼠和大鼠需在雌激素和孕酮协同作用下,才能引起子宫内膜发生相应变化,具备分泌功能。雌激素可抑制上皮细胞的吞噬作用,为胚泡存活和附植创造条件。而豚鼠则可在只有孕酮条件下发生。对于其他动物,母体雌激素和孕酮水平及其比值变化对胚泡附植十分重要。

2. 胚泡激素 胚泡一旦形成,可分泌激素促进和维持黄体功能。其中孕酮对于整个子宫是一种抗炎剂,抑制子宫对胚泡的炎性反应,但是同时对于即将附植的部位又可改变其毛细血管通透性,表现出炎性反应特点,为胚泡滋养层与子宫内膜的进一步接触,乃至胎盘形成奠定基础。胚泡雌激素则对附植部位的孕酮起着一定的拮抗作用,更有利于胚泡和子宫内膜相互作用。

3. 子宫对胚泡的容受性 胚泡并非完全来自母体,因此在理论上,子宫对胚泡应有一定的免疫排斥反应。但是在雌激素和孕酮的协同作用下,子宫内膜容许胚泡附植。子宫对胚泡的这种容受性,使子宫分泌特异蛋白,在附植过程中起着关键作用。同时,胚泡对子宫内环境存在依附性,只有子宫内环境变化与胚泡发育同步,胚泡才可能顺利实现附植。胚泡和子宫内膜之间任何一方不协调,都可能造成附植中断。

4. 胚激肽 肽激素是在胚泡附植前后,子宫组织分泌产生的一种特异球蛋白。对兔的研究发现,肽激素的出现和消失与附植胚泡的生长发育有关,对胚泡发育具有刺激作用,所以又称胚激肽,它的合成和分泌受雌激素和孕酮调节。妊娠母猪子宫液也有类似物质,除促进胚泡发育外,还对附植时子宫与滋养层细胞蛋白溶解酶的分泌有调控作用,可与孕酮结合,保护胚泡。

三、双胎和多胎

单胎动物中的双胎大多来自两个不同受精卵,又称双合子孪生。其双胎率受品种、年龄和环境影响较大。但是,少数双胎也可来自同一个合子,即由一个受精卵产生两个完全一致的后代,又称为

单合子孪生或同卵双胎，只在少数物种如人和牛中出现，这种形式的双胎约占双胎总数的10%。同卵双胎在自然情况下是附植后内细胞团分化为两个原条所产生的。同卵双胎也可在实验室中通过显微操作分离卵裂球或分割囊胚的方法获得。

在自然情况下，奶牛双胎率为3.5%，而肉牛低于1%。在双胎中，若两子宫角各有一个胚泡，其生活力不会受到影响，在这种情况下，排卵率则成为双胎的主要限制因素。牛怀双胎时，由于相邻孕体的尿膜绒毛膜血管形成吻合支，导致共同的血液循环，使约91%的异性双胎母犊不育。异性双胎雌性不育在绵羊、山羊和猪中少见。

绵羊多胎品种如芬兰羊和Booroola美利奴羊可窝产2羔以上，我国湖羊、寒羊等绵羊以及长江三角洲白山羊、济宁青山羊等都是多胎品种。这些多胎品种一般有较高的排卵率或存在多胎基因，也可能与卵泡刺激素(FSH)分泌水平有密切关系。

马排双卵的现象并不少见，但异卵双胎只占1%～3%。这是由于双胎妊娠过程中，出现一个或两个胚胎在发育早期死亡，否则易发生流产、木乃伊胎或初生死亡。双胎在子宫内死亡通常是由于胎盘或子宫不能适应双胎需要造成的，实际上双胎的胎盘总面积与单胎差不多。

外源促性腺激素处理，可增加排卵数，提高双胎率，但由于卵巢的反应差异较大，其双胎效果不稳定。一般来说，同侧卵巢排两个卵的双胎可能性要小于两侧卵巢各排一个卵。牛、山羊胚胎移植效果表明，采用双侧子宫角分别移入一个胚胎的做法，可获得60%～70%的双胎率。卵巢类固醇激素，特别是雄酮或雌酮免疫，可明显提高绵羊排卵率，而对牛效果稍差。采用抑制素免疫可使绵羊排卵数增加3～4倍，猪可提高35%。

四、胎膜和胎盘

（一）胎膜

孕体是早期发生阶段的胚胎或附植后胎儿和胎儿附属膜的总称。胎膜是包裹在胎儿周围的几层膜的总称。胎膜的构成主要有卵黄囊、羊膜、尿膜、绒毛膜和脐带。其作用是与母体子宫黏膜交换养分、气体及代谢产物，对胎儿的发育极为重要。由于在胎儿出生后即被摒弃，所以胎膜是一个临时性器官。胎囊是指由胎膜形成的包围胎儿的囊腔，一般是指卵黄囊、羊膜囊和尿囊(图5-8)。

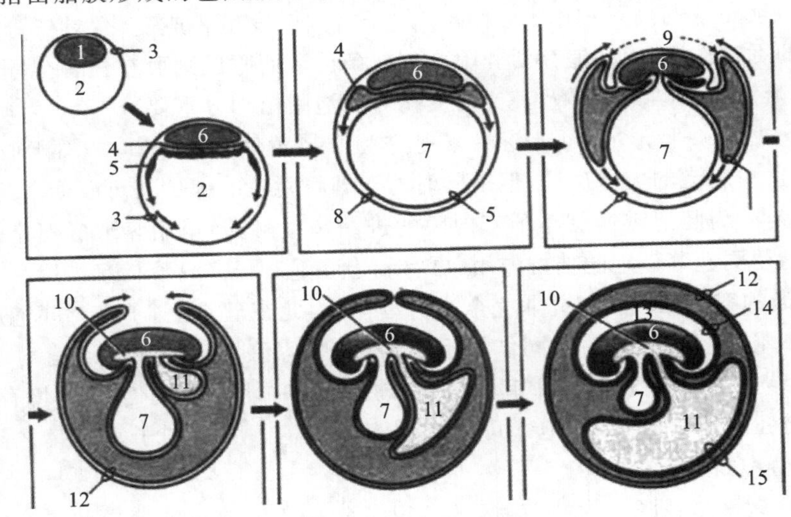

图5-8　胎膜的形成

1. 囊胚内细胞团　2. 囊胚腔　3. 滋养层细胞　4. 中胚层　5. 原始的内胚层　6. 胚胎　7. 卵黄囊　8. 滋养外胚层　9. 羊膜皱　10. 原肠　11. 尿囊　12. 绒毛膜　13. 羊膜腔　14. 羊膜　15. 尿膜绒毛膜

1. 卵黄囊　当原肠胚发育为胚内和胚外两部分时，其胚外部分即形成卵黄囊。卵黄囊外层和内层，分别由胚外脏壁中胚层和胚外内胚层形成。猪、牛、羊的卵黄囊较长，可达胚泡两端。卵黄囊上有稠密的血管网，胚胎发育早期借助卵黄囊吸收子宫乳养分和排出废物。随着胎盘形成，卵黄囊的作用逐步减弱并萎缩，最后埋藏在脐带内，成为无机能的残留组织，称为脐囊，这在马中较为明显。

2. 羊膜　羊膜是包裹在胎儿外的最内一层膜，由腹侧胚外外胚层和无血管的中胚层构成，呈半透明状。发育完全的羊膜形成羊膜囊，内含羊水。

3. 尿膜　尿膜由胚胎后肠向外生长而成，其功能相当于胚体外的临时膀胱。尿膜在扩展中与绒毛膜内层贴近并共同分化出血管，通过脐带将胎儿和胎盘血液循环连接起来。最后尿膜与绒毛膜融合形成尿膜绒毛膜，成为胎儿胎盘。尿囊内有尿水，是胎儿膀胱的尿液通过脐尿管排入尿囊内形成的。

4. 绒毛膜　绒毛膜是胎膜的最外层，表面有绒毛。绒毛膜由胚外外胚层和胚外体壁中胚层构成，是胎儿胎盘的最外层。

5. 脐带　脐带是胎儿和胎盘之间联系的带状组织，其外层由羊膜包被，马脐带还可由尿膜包被。脐带内有脐尿管、脐动脉、脐静脉、肉冻状组织和卵黄囊遗迹等结构。脐带长度种间差异较大：猪平均为 20～25 cm，牛 30～40 cm，羊 7～12 cm，由于子宫和阴道总长度较长，分娩时，多数动物脐带自行断开；马的脐带长 70～100 cm，分娩时脐带一般不能自行断开。多胎动物的胎儿一般都各具有一套完整的胎膜。单胎动物怀双胎时，来自两个不同合子发育的双胎，各自拥有一套独立的胎膜。对于单合子孪生的胎儿情况则相对复杂一些。若由单一内细胞团分化为两个原条产生的双胎，其绒毛膜共用一套，有时羊膜也是共用的；若由单个囊胚内细胞团在附植前分成两套，则各自的绒毛膜和羊膜独立。

（二）胎液

胎液(fetal fluid)包括来自羊膜囊的羊水和尿囊的尿水。成分比较复杂，主要包括胎儿肾脏的排泄物、羊膜及羊膜上皮的分泌物、胎儿唾液腺分泌物以及颊黏膜、肺和气管的分泌物。

1. 羊水　羊水最初可能由羊膜细胞分泌，之后则大部分来源于母体血液。羊水对胎儿起保护作用，可防止胎儿受周围组织的压迫，避免胎儿的皮肤与羊膜发生粘连，并可使绒毛膜与子宫内膜发生密切接触，因而有助于附植。分娩时还有助于子宫颈的扩张及产道的润滑。

2. 尿水　尿水来源于胎儿的尿液和尿囊上皮分泌物。尿水也有扩张尿囊，使绒毛膜与子宫内膜紧密接触的功能，并可在分娩前储存发育胎儿的排泄物，有帮助维持胎儿血浆渗透压的作用。

（三）胎盘

胎盘是指由胎儿尿膜绒毛膜(猪还包括羊膜绒毛膜)和妊娠子宫黏膜共同构成的复合体，前者是胎儿胎盘，后者是母体胎盘。胎儿胎盘和母体胎盘都有各自的血管系统，哺乳动物胚胎通过胎盘从母体器官吸取营养。

1. 胎盘的类型　绒毛是胎盘转运营养物质的主要器官，所以常根据绒毛膜表面绒毛的分布将胎盘分为弥散型、子叶型、带状和盘状 4 种类型(表 5-6 和图 5-9)。

表 5-6　胎盘的分类、组织结构及对分娩的影响

物　种	胎盘分类		
	绒毛膜绒毛类型	母体-胎儿屏障	分娩时母体组织变化
猪	弥散型	上皮绒毛膜型	无蜕膜
马	弥散型和微子叶型	上皮绒毛膜型	无蜕膜
绵羊、山羊、牛、水牛	子叶型	结缔组织绒毛膜型	少量蜕膜
猫、犬	带状	内皮绒毛膜型	中量蜕膜(半蜕膜)
人、猴	盘状	血绒毛膜型	大量蜕膜(蜕膜)

(1) 弥散型胎盘　其绒毛基本上均匀分布在绒毛膜表面。例如猪、马和骆驼属此类型。绒毛的表面有一层上皮细胞，每一绒毛内都有动脉和静脉毛细血管分布。与胎儿胎盘相对应的母体子宫黏膜上皮向深部凹陷成腺窝。绒毛与腺窝上皮接触，故又称上皮绒毛膜型胎盘。

猪弥散型胎盘有一个绒毛状表面，紧密排列的微绒毛覆盖整个绒毛膜表面。马胎盘有许多特殊

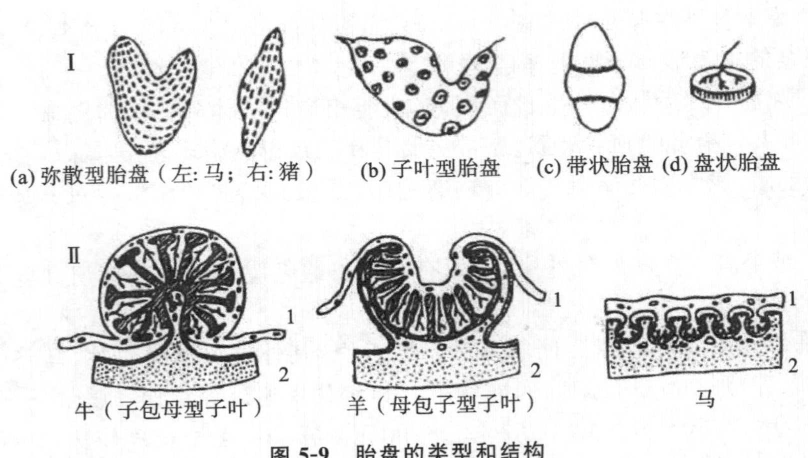

图 5-9　胎盘的类型和结构

Ⅰ. 胎盘外观　Ⅱ. 胎盘结构

1. 尿膜绒毛膜(胎儿胎盘)　2. 子宫胎盘(母体胎盘)

绒毛膜绒毛“微区域”，称微子叶，是胎儿-母体接触面微小分散区域，称子宫内膜杯。胎盘表面有 5～10 个子宫内膜杯覆盖其上，子宫内膜杯在孕体附植时产生绒毛膜促性腺激素，到妊娠第 60 天，子宫内膜杯在子宫腔内开始蜕皮，逐渐失去功能。

弥散型胎盘由六层组织结构构成胎盘屏障，即母体子宫上皮、子宫内膜结缔组织和血管内皮，胎儿绒毛上皮、结缔组织和血管内皮。此类胎盘构造简单，胎儿和母体胎盘结合不甚牢固，易发生流产；分娩时出血较少，胎衣易脱落。

(2) 子叶型胎盘　以反刍动物牛、羊为代表，绒毛集中在绒毛膜表面的某些部位，形成许多绒毛丛，呈盆状或杯状凸起，即胎儿子叶。胎儿子叶与母体子宫内膜的特殊突出物——子宫阜(母体子叶)融合在一起形成胎盘的功能单位。

子叶型胎盘在组织结构上，一般在妊娠前 4 个月左右与上皮绒毛膜型胎盘相同。之后母体子叶上皮变性，萎缩消失，母体胎盘的结缔组织直接与胎儿绒毛接触变为结缔组织绒毛膜型胎盘，也称上皮绒毛与结缔组织绒毛膜混合型胎盘。

这种类型的胎盘，母仔联系紧密，分娩时新生儿不易发生窒息。绵羊的子宫阜的数量为 90～100 个，平均分布在妊娠和未妊娠的子宫角内，牛为 70～120 个，环绕着胎儿发育。胎儿胎盘和母体胎盘(子宫阜)共同组成子叶。羊为中间凹陷的母体子叶，分娩时胎衣容易分离；牛的母体子叶呈突出的饼状，产后胎衣脱离时常较困难，易出现胎衣不下。在分娩过程中由于牛、羊胎盘的组织结构特点，时常出现胎儿胎盘脱落带下少量子宫黏膜结缔组织，并有出血现象。

(3) 盘状胎盘　呈圆形或椭圆形。胎儿胎盘的绒毛在发育过程中逐渐集中于一个圆形区域内，绒毛膜以 1 个或 2 个很明显的圆盘为特征。圆盘绒毛膜绒毛与子宫内膜相贴，提供营养和代谢废物交换的区域，例如人及灵长类动物属这一类型。绒毛直接侵入子宫黏膜，穿过血管内皮浸入血液中，又称血绒毛膜型胎盘。分娩会造成子宫黏膜脱落、出血，也称蜕膜胎盘。

(4) 带状胎盘　以肉食类动物(如犬、猫等)的胎盘为代表，绒毛膜上的绒毛聚集在绒毛囊中央，形成环带状，故称带状胎盘，又称环状胎盘。组织结构特点：在胎儿胎盘和母体胎盘附着部位的子宫黏膜上皮被破坏，绒毛直接与子宫血管内皮相接触，也称内皮绒毛膜型胎盘。

不同类型的胎盘，母体和胎儿接触的紧密程度是不同的。例如，弥散型和子叶型胎盘，胎儿胎盘绒毛膜上的绒毛伸入子宫内膜，如同手指插入手套中，虽有接触但很简单，分娩时，绒毛膜从子宫内膜中拔出，并不伤及子宫内膜，也就没有脱落损失现象，因而并不引起子宫内膜的破坏或出血。这种类型的胎盘又称为接触胎盘或非蜕膜胎盘。另一些，如带状胎盘和盘状胎盘，胎盘的绒毛膜与母体接触比较紧密，绒毛在子宫内膜中如生根状，绒毛插入子宫内膜，或悬浮于血窦内。分娩时，胎儿胎盘从子宫剥离，子宫内膜被侵入部分(蜕膜)也剥脱下来，随之出血，这种胎盘又称为蜕膜胎盘。胎盘

Note

的分类、组织结构及对分娩的影响见表5-6。

2. 胎盘循环和物质交换 母体胎盘的血液通过子宫动脉和子宫静脉进行循环，而胎儿胎盘的血液循环是通过脐动脉和脐静脉来完成的。胎儿和母体间的物质交换靠胎盘完成。在胎盘中，胎儿和母体的血液循环并不直接相通，而是靠绒毛膜和子宫黏膜的紧密接触来完成营养物质交换，其方式主要有简单扩散、主动运输、吞噬作用（吞食）和吸液作用（吞水）等（表5-7）。

表5-7 胎盘转运物质的种类及方式

组别	物质	生理作用	交换机制
1	电解质、水和呼吸的气体	维持体内生化环境的稳定或保护胎儿免于突然死亡	迅速扩散
2	氨基酸、糖和大多数水溶性维生素	为胎儿发育提供营养	主动运输
3	各种激素	促进胎儿生长和维持妊娠	缓慢扩散
4	药物和麻醉剂，血浆蛋白、抗体和整个细胞	少量的母源抗体可使胎儿获得被动免疫力，若母体用药绝大多数对胎儿有毒性作用	迅速扩散，吸液作用或通过胎膜孔漏出

胎盘的气体交换与出生后动物的呼吸机制不同。动物出生后肺是气体与血液系统间完成交换的重要器官，而胎盘则是母体血液与胎儿血液的气体交换器官。由于胎儿血红蛋白对氧的亲和力高，脐动脉的未氧合血运送到胎盘，在胎盘完成与氧的结合，然后脐静脉把氧合血运递给胎儿。由于胎儿血液对 CO_2 亲和力低，有利于其从胎儿传递到母体，实现 CO_2 排出。

对反刍动物的研究表明，胎儿血糖水平高于母体，且以果糖为主，而母体则以葡萄糖为主，说明胎盘有将来自母体的葡萄糖转化为果糖的功能。

蛋白质不能经胎盘直接运输，只有在分解为氨基酸后才能通过胎盘，被胎儿吸收并合成新的蛋白质。虽然母体血脂含量通常高于胎儿，却不能直接通过胎盘，只有分解为脂肪酸和甘油后才能被胎儿吸收。

水分和电解质可自由通过胎膜，尤其是铁、铜、钙、磷等矿物质容易通过胎盘。水溶性维生素可通过胎盘被胎儿利用，而脂溶性维生素，如维生素A、维生素D、维生素E等常被胎盘阻隔。

一般来说，胎盘可被所有激素渗透，特别是雌激素和孕激素容易通过胎盘，而多肽类激素通过较慢。对于绵羊和山羊，肾上腺皮质醇不能经胎盘进入胎儿。

3. 胎盘屏障 胎儿为满足自身生长发育的需要，既要同母体进行物质交换，又要保持自身内环境同母体内环境的差异，胎盘的特殊结构是实现这种矛盾统一的生理屏障，称为胎盘屏障。在此屏障作用下，尽管可以使多种物质经各种转运方式进入和通过胎盘，但具有严格的选择性。有些物质不经改变就可经胎盘在母体血液和胎儿血液之间进行交换，有些则必须在胎盘分解成比较简单的物质才能进入胎儿血液。胎盘内有高活性的酶系统，有很强的物质分解和合成的能力，还有些物质特别是有害物质，通常不能通过胎盘，从而可保护胎儿的生长发育环境。

胎盘对抗体的运输也具有明显的屏障作用。作为母体的豚鼠和兔血清中的抗体能够通过胎盘进入胎儿，使其获得被动免疫能力；而小鼠、大鼠、猫和犬等动物，只有少量抗体由胎盘进入胎儿，大部分抗体是出生后从初乳中获得的；猪、山羊、绵羊、牛和马等动物的抗体不能通过胎盘进入胎儿，因此，幼仔只能从初乳中获得。

4. 胎盘的分泌功能 胎盘和黄体一样，是一个临时性的内分泌器官，几乎可以产生卵巢和垂体所分泌的所有性腺激素和促性腺激素。这些激素合成后释放到胎儿和母体循环中，其中一些进入羊水被母体或胎儿重吸收，在维持妊娠和胚胎发育及分娩启动中起调节作用。

胎盘产生的孕酮对维持妊娠具有重要作用。猪、牛、绵羊、犬、猫和豚鼠等动物妊娠前半期，主要靠黄体分泌的孕酮维持妊娠，若切除卵巢可导致流产；妊娠后半期黄体虽然存在，但维持妊娠所需的孕酮主要由胎盘分泌，这时若切除卵巢，妊娠仍可继续维持。即使胎盘接管妊娠黄体的作用，黄体在整个妊娠过程中仍产生孕酮。马属动物在妊娠开始2个月主要是妊娠黄体分泌孕酮，妊娠2～5个月由副黄体产生并分泌孕酮，与妊娠黄体共同维持妊娠，5个月以后卵巢上黄体相继退化，主要靠胎盘产生的孕酮维持妊娠，若在这段时间切除卵巢对妊娠没有影响。

胎盘也能分泌雌激素，特别是妊娠后期，雌激素出现峰值往往是临近分娩的信号。

某些胎盘激素能促进雌性动物乳房功能完善和胎儿发育。例如，胎盘催乳素促胎儿生长效果及催乳效果在不同物种间存在差异，其中对牛和羊的催乳活性超过促生长活性。

5. 胎盘的免疫功能 胎儿胎盘可部分看作母体的同种移植物，即同种异体移植组织。胎盘乃至胎儿不受母体排斥是胎盘特定的免疫功能所致。

胎盘免疫的确切机制虽然尚待进一步明确，但以下观点在一定程度上可以解释胎盘的免疫作用：①胎盘滋养层的组织抗原性很弱，不足以引起母体的排斥反应；②滋养层细胞外覆盖的带有负电荷的唾液黏蛋白对母体淋巴细胞的免疫排斥具有抑制作用，使滋养层得到保护；③孕酮可抑制母体胎盘对来自父本的组织相容性抗原的免疫排斥；④妊娠所引起的雌性动物内分泌系统变化，可有效抑制母体对胎儿的免疫排斥，例如hCG可防御母体对滋养层的攻击，妊娠后期还有催乳素的协同作用。

6. 胚胎的营养来源 胚胎获取营养的途径与胚胎的发育阶段有关。

(1) 桑葚胚期 胚胎的营养物质以卵黄的形式储存在细胞质中，主要靠自身的卵黄质维持营养需要。

(2) 囊胚期 所有动物的代谢速率增加。牛囊胚在第10天时具有环化脱氢酶，能进入较有效的能量代谢需氧途径，所以可通过体外测定牛囊胚的葡萄糖消耗量，判断移植前胚胎的质量。透明带消失后，囊胚生长迅速，耗氧量大大增加，呼吸率突然上升，对营养物质的需要量也大大增加，此时的营养主要来源于子宫腔内的腺体分泌的“子宫乳”。子宫乳中含有糖原和蛋白质，还有细胞碎屑、淋巴细胞和一些红细胞，很适合胚胎的营养，其中蛋白质的含量马为18%，牛为10%～11%。

(3) 附植期 在附植和附植期间，胚胎营养的摄取有三种途径：一是吸收和吞食子宫乳，二是滋养层摄取子宫上皮的细胞碎屑，三是通过正在形成的胎盘传递营养物质。由于附植是一个渐进的过程，因此摄取营养的途径是由前两种向后一种转换的过程。不同畜种摄取营养的途径也有差别，牛、羊以前两种为主，马以第一种为主，猪以第一和第三种为主。

(4) 完成附植和胎盘形成后 完成附植和胎盘形成后由胎盘进行养分的吸收。马和猪是上皮绒毛膜型胎盘，绒毛不侵入子宫上皮层，因此子宫腺的分泌物是主要的营养来源。反刍动物，绒毛已侵入子宫上皮层，而且有继续深入的趋势，不仅吸收子宫腺的分泌物，而且还消化子宫上皮及被破坏的血液成分，还可直接从母体血液循环吸收营养。

五、妊娠

妊娠是自卵子受精开始到胎儿发育成熟，与其附属物共同排出前，母体所发生的复杂生理过程，为哺乳动物所特有的一种生理现象。

（一）妊娠的识别与建立

妊娠早期，胚胎产生某种化学因子或激素作为妊娠信号传递给母体，母体遂做出相应的生理反应，以识别和确认胚胎的存在，并由此建立起母体和孕体之间的密切联系，这一过程称为妊娠识别。在孕体和母体之间产生信息传递和反应后，双方的相互联系和作用以激素形式或以其他生理因素为媒介而固定下来，从而确定妊娠的开始，称为妊娠建立。

妊娠识别与建立是密切关联的。先由孕体产生信号，后由母体做出相应反应，继而开始相互联系、相互作用，并将联系固定下来。孕体产生某种抗溶黄体物质，阻止或抵消$PGF_{2\alpha}$的溶黄体作用，使黄体变为妊娠黄体，维持母体妊娠。不同动物妊娠信号的物质形式有着一定的差异。人和猕猴是

Note

囊胚合胞体滋养层所产生的人绒毛膜促性腺激素；牛、羊胚胎产生滋养层糖蛋白；猪囊胚滋养外胚层合成雌酮和雌二醇，以及在子宫内合成硫酸雌酮。这些物质都具有抗溶黄体、促进妊娠建立和维持的作用。

母体妊娠识别后，即进入妊娠的生理状态。母体妊娠识别的时间随动物品种差异而有所不同，牛在配种后第16～17天，猪为配种后第10～12天，绵羊为第12～13天，马为第14～16天。

（二）妊娠期

妊娠期是从受精开始（以最后一次配种日开始计算）到分娩为止的一段时间，是新生命在母体内生活的时期。不同动物有不同的妊娠期（表5-8），同种动物的妊娠期受年龄、胎儿数、胎儿性别和环境等因素影响会有所波动。一般早熟品种妊娠期较短；初产个体、单胎动物怀双胎、怀雌性胎儿以及胎儿个体较大等情况，妊娠期相对缩短；多胎动物怀胎数增多，妊娠期缩短；家猪妊娠期比野猪短；马怀骡妊娠期延长；小型犬妊娠期比大型犬短。

表5-8 各种动物的妊娠期

种类	平均/天	范围/天	种类	平均/天	范围/天
牛	282	276～290	水牛	307	295～315
猪	114	102～140	牦牛	255	226～289
羊	150	146～161	驴	360	350～370
马	340	320～350	骆驼	389	370～390
犬	62	59～65	貉	61	54～65
猫	58	55～60	梅花鹿	235	229～241
家兔	30	28～33	马鹿	250	241～265
水貂	47	37～91	水獭	56	51～71

（三）影响妊娠和胚胎发育的因素

妊娠期间，体内外多种因素可作用于母体或胚胎（胎儿），影响妊娠过程或胚胎发育。如果这些因素作用过于强烈，就可能导致妊娠或胚胎发育异常，降低动物的繁殖力。妊娠期的长短受遗传、年龄、品种、胎儿数目和性别以及自然环境因素影响。

1. 遗传 不同动物种类、同种动物不同品种以及同一品种的不同个体，即遗传类型间，妊娠期有差异。胎儿的遗传型决定妊娠期的长短。

（1）品种杂交遗传因素对妊娠期的影响究竟有多大，可从品种间的杂交得知。例如，印度的辛地红牛妊娠期比娟姗牛长，而且性成熟较晚，两者的杂种妊娠期因辛地红公牛的影响而延长。含娟姗牛3/4和1/2血统的杂种牛比纯种娟姗牛的妊娠期分别长2～4天和5～8天，若杂一代母牛再和辛地红公牛交配，妊娠期又比杂一代娟姗公牛的长约5天。因辛地红牛妊娠期达291天，每增加25%的辛地红牛血统，杂交牛的妊娠期延长约3天。

（2）远缘杂交还可从马和驴的杂种中观察到。母马和公马交配后的妊娠期是340天，而母马和公驴杂交时则为355天，驴的妊娠期比马长约1个月，骡在母马子宫内的生活期应比马驹稍长。

2. 年龄 老龄母畜妊娠期长，而年轻母畜短，8岁的母绵羊比正常羊的妊娠期延长2天。早龄受胎的青年母牛，妊娠期稍短于受胎较晚的青年母牛。

3. 胎儿数目和性别 胎儿数目和胎儿性别对妊娠期的长短有影响。除猪以外，多胎动物妊娠期与每窝仔数之间的相互关系非常明显。通常，胎儿数目较少或子宫负担较小的多胎动物妊娠期较长。反之，胎儿数目多则妊娠期较短。单胎动物怀多胎时妊娠期较短，一般怀双犊的要比怀单犊的短3～6天。怀雄性驹、犊的妊娠期比怀雌性驹、犊的长1～2天，这可能是由于性别不同，内分泌机能有别，影响分娩发动时间，从而影响妊娠期的长短。

4. 自然环境 季节与光照对母畜的生活和胚胎的生长发育影响很大，因而与妊娠期有关。根

据3个乳牛品种分析的结果，春季（3—5月）产犊的平均妊娠期为279.02天，比秋季（9—11月）产犊的长2.07天，而冬、夏两季介于两者之间。荷兰研究报道，分娩季节能影响荷斯坦奶牛的妊娠期，一般以夏季最短[(278.4±5.33)天]，冬季最长[(280.0±4.86)天]。有证据表明，高温可能使啮齿动物的妊娠期延长。冬季配种妊娠的母马，妊娠期延长。

（四）妊娠的维持

妊娠的维持是母体和胎盘所产生相关激素间的协调和平衡的过程，其中孕酮是维持妊娠的重要激素。在排卵前后，雌激素和孕酮含量的变化，是子宫内膜增生、胚泡附植的主要动因。而在整个妊娠期，孕酮对妊娠的维持体现了多方面的作用：抑制雌激素和催产素对子宫肌的收缩作用，使胎儿发育处于平静而稳定的环境；促进子宫颈栓的形成，防止妊娠期间异物和病原微生物侵入子宫、危及胎儿；抑制垂体FSH的分泌和释放，抑制卵巢上卵泡发育和雌性动物发情；妊娠后期孕酮水平下降有利于分娩的启动。

雌激素和孕酮的协同作用可改变子宫基质，增强子宫弹性，促进子宫肌纤维和胶原纤维增长，以满足胎儿、胎膜和胎水增长对空间扩张的需求，还可刺激和维持子宫内膜血管的发育，为子宫和胎儿发育提供营养来源。

（五）妊娠母体的变化

1. 妊娠母体全身及行为的变化 妊娠后，随着胎儿生长，母体新陈代谢加强，食欲增加，消化能力提高，营养状况改善，体重增加，被毛光润。妊娠后期，胎儿生长发育迅速，需要从母体获取大量营养，因此往往需消耗前期储存的营养，以供应胎儿。如果饲养水平不高，妊娠中、后期母体体重减轻明显，甚至造成胎儿死亡。青年母畜本身在妊娠期仍能进行正常的生长，配种过早的母畜尽管在妊娠早期能进行正常生长，但到妊娠中、后期，由于胎儿会从母体获取大量营养，母体的生长及发育受到影响。胎儿生长发育到最快的阶段，也是钙、磷等矿物质需要量最多的阶段，若不能从饲料中得到及时补充，易造成母体缺钙，出现后肢跛行、牙齿磨损快、产后瘫痪等症状。

妊娠末期，胎儿生长发育迅速，尽管妊娠母体食欲保持旺盛或更好，但如果饲养管理跟不上，母体不能消化足够的营养物质以供给迅速发育的胎儿需要，会导致消耗妊娠前半期储存的营养物质。由于妊娠前半期所蓄积的营养物质大量被消耗，母体在分娩前常常会消瘦。

妊娠母体一般变得温驯、安静、嗜睡，行动表现出小心谨慎，易出汗。

妊娠后期的母体腹围扩大，两侧腹部不对称。由于腹内压增高，孕体由腹式呼吸变为胸式呼吸，呼吸次数也随之增加，粪、尿的排出次数增多。妊娠后期母体的乳房发育显著，临产前可挤出少许乳汁。由于子宫体积增大，孕畜腹主动脉和腹腔、盆腔中静脉因受子宫压迫，血液循环不畅，使躯干后部和后肢出现淤血。此外，还会出现血凝固能力增强、红细胞沉降速度加快等现象。

2. 妊娠母畜生殖器官的变化

（1）卵巢变化 动物配种后，如果没有妊娠，卵巢上的黄体退化，如果妊娠则黄体会继续存在，进而发育成妊娠黄体，从而中断发情周期。在整个妊娠期，孕酮对于维持妊娠和胚胎发育至关重要。牛在妊娠早期，若黄体分泌的孕酮量少，达不到维持妊娠的需要量或在妊娠最末1个月以前摘除黄体，就会在3～8天内发生流产。妊娠期的黄体细胞实际上是不断变化的，其机能足以影响妊娠的发展。在妊娠16～33天时，母牛黄体细胞经历未成熟、成熟和开始退化三个过程。在成熟黄体期不仅细胞数量增多而且细胞体积增大，而未成熟的黄体细胞数相应减少。母牛在妊娠18～28天内，这两种类型的黄体细胞约占全部黄体细胞的83%。绵羊在妊娠前期的卵巢变化与牛相似，但仅在妊娠的前1/3期内需有黄体存在，到妊娠第115天时黄体体积缩小。猪妊娠期的黄体数目往往比胎儿数目多，孕后也有再发情的。牛在妊娠期，黄体不凸出在卵巢表面，但保持较大的体积直至分娩前。

一般来说，黄体能够维持妊娠期的全过程直至分娩或分娩后的若干天，但是马和驴除外，马和驴的副黄体可来自黄体化的卵泡或排卵后形成的黄体。黄体在妊娠5个月时开始萎缩消退。在妊娠7个月时仅剩下黄体的遗迹，妊娠的最后2周，卵巢开始活动，所以分娩后很快就会发情。

此外，母畜妊娠后，卵巢的位置随胎儿体积和子宫重量的增大而向腹腔前下方沉移，子宫阔韧带由于负重而紧张拉长。马妊娠 3 个月后，卵巢位置不仅向腹腔前下方移动，而且两侧卵巢都逐渐向正中矢状面靠拢。

(2) 子宫变化　无论是单胎动物还是多胎动物，母体妊娠后，子宫均会随着胎儿的发育而发生显著的变化，发生增生、生长、扩展，其具体时间随畜种的不同而异。此外，子宫体积、黏膜、血液供应和子宫颈等随着妊娠的进程也发生明显的变化。附植前，在孕酮作用下，子宫内膜增生，血管增加，子宫腺增长、卷曲，白细胞浸润；附植后，子宫肌层肥大，结缔组织基质增生，纤维和胶原含量增加。子宫扩展期间自身生长减慢，胎儿迅速生长，子宫肌层变薄，纤维拉长。由于孕激素的作用，子宫活动被抑制，对外界刺激的反应性降低，对 OXT、雌激素的敏感性降低，在这一阶段处于生理安静状态。

①体积与位置：妊娠后子宫的发育不仅表现在黏膜增生，子宫肌肉组织也在生长，特别是孕侧子宫角和子宫体的体积增大。在单胎妊娠时，子宫增大首先从孕角和子宫体开始。在马，因为胚泡为圆形，而且多位于一侧子宫角和子宫体交界处，所以扩大首先并且主要发生在交界处。在整个妊娠期，孕角的增长比空角大很多，二者从妊娠初期开始出现不对称。牛、羊、马孕角的增大主要是大弯向前扩张，小弯则伸张不大。马的子宫体也扩大(胎儿主要在子宫体内)。妊娠末期，牛、羊子宫占据腹腔的右半部，并超过中线达到左侧，瘤胃被挤向前。马的子宫位于腹腔中部，但有时也偏向左侧或右侧。猪的子宫角最长可达 1.5～3 m，曲折地位于腹底，并向前抵达横膈。妊娠后期，子宫肌纤维逐渐肥大增生，结缔组织基质亦增加。基质的变化为妊娠子宫相应变化的进展和产后子宫的复原奠定了基础，由于胎儿生长及胎水增多使子宫发生扩张，子宫壁随着妊娠逐渐变薄，尤以妊娠后期较为显著。羊至妊娠末期子宫壁可以薄至 1 mm，因而在进行手术助产时应注意防止破裂。

②黏膜：受精后，子宫黏膜在雌激素和孕酮的先后作用下，血液供应增多，上皮增生，黏膜增厚，并形成大量皱囊，使面积增大。子宫腺扩张、伸长，细胞中的糖原增多，且分泌量增多，有利于囊胚的附植，并供给胚胎发育所需要的营养物质。之后，黏膜形成母体胎盘。牛、羊属于子叶型胎盘，母体胎盘是由子宫黏膜上的子宫阜构成，子叶在妊娠中后期明显增大，孕角中的子叶要比空角大。马在妊娠的前 5 个月内，子宫黏膜上形成子宫内膜杯，能够产生 PMSG，对维持妊娠可能起平衡作用。

③子宫颈：妊娠后子宫颈收缩很紧而且变粗，子宫颈的黏膜层增厚。同时，由于子宫颈内膜腺管的增加，黏膜上皮的单细胞腺分泌一种黏稠的黏液，填充于子宫颈内，称为子宫颈栓。与此同时，子宫颈括约肌的收缩使子宫颈管处于完全封闭状态，这样可以防止外物进入子宫内，起到保护胎儿的作用。子宫颈栓在妊娠初期透明、呈淡白色，妊娠中后期变淡黄色，更黏稠，且分泌量逐渐增多，并流入阴道内，使阴道黏膜变得黏涩。子宫颈分泌物较多，新分泌的黏液代替旧黏液，子宫颈栓常常更新。因此，牛在妊娠后常可见被排出的旧黏液黏附于阴门外下角。马的子宫颈栓较少，子宫颈封闭较松，手指可以伸入。马的子宫颈栓受到破坏后，可在 3 天左右发生流产。此外，妊娠后子宫颈的位置也往往稍偏向一侧，质地较硬，牛子宫颈往往稍变扁，马的子宫颈细圆而硬。

在妊娠的中后期，子宫由于重量增大而下沉至腹腔，子宫颈因受子宫牵连由骨盆腔移至耻骨前缘的前下方，直到妊娠后期。在临产前数周，由于子宫扩张和胎位上移才又回到骨盆腔内。

④子宫阔韧带：妊娠后，子宫阔韧带中的平滑肌纤维及结缔组织增生，子宫阔韧带变厚。此外，由于子宫重量的逐渐增加，子宫下沉，子宫阔韧带伸长并且绷得很紧。

⑤血液供应：妊娠子宫的血液供应量随胎儿发育所需要的营养增多而逐渐增加。母羊在妊娠 80 天，每分钟通过子宫的血液量为 200 mL/min，当至妊娠 150 天时，血液流量可增加至 1000 mL/min 以上，而未孕母羊子宫血液流量只有 25 mL/min。因此，分布于子宫的血管分支逐渐增多，主要血管增粗，尤其是子宫中动脉和后动脉的变化特别明显。牛、马妊娠末期的子宫中动脉可变到如食指或拇指般粗细。在动脉变粗的同时由于黏膜层增生、加厚，动脉内膜的皱襞亦变厚且与肌层联系变疏松，因此，在血液流过时原清晰有力的脉搏，继而变为间隔不明显的流水样颤动，称之为妊娠脉搏。孕角一侧出现妊娠脉搏要比空角早，因而在生产实践中，通过直肠检查大家畜的妊娠脉搏可作为妊

Note

娠诊断的重要依据。

(2) 外生殖道变化　妊娠初期，阴唇收缩，阴门裂紧闭。随妊娠期的进展，阴唇的水肿程度增加，牛的这种变化比马明显。初次妊娠牛在妊娠 5 个月时、经产母牛在妊娠 7 个月时出现这种变化。妊娠后阴道黏膜的颜色变苍白，黏膜上覆盖有从子宫颈分泌出来的浓稠黏液，因该黏膜并不滑润，插入和拔出开膣器时感到滞涩。在妊娠末期，阴唇、阴道发生水肿而变柔软。

扫码学课件
任务 5-3

任务三　妊娠诊断

任务分析

妊娠诊断任务单

<table>
<tr><td>任务名称</td><td colspan="2">妊娠诊断</td><td>参考学时</td><td>2 学时</td></tr>
<tr><td>学习目标</td><td colspan="4">1. 理解和掌握常用的妊娠诊断方法。
2. 掌握直肠检查的方法和技术要点。</td></tr>
<tr><td>完成任务</td><td colspan="4">利用实训室或实训基地，按照操作规程完成任务。
1. 学会常用的妊娠诊断方法。
2. 通过直肠检查法对母牛进行妊娠诊断。</td></tr>
<tr><td>学习要求
（育人目标）</td><td colspan="4">1. 具有“三勤四有五不怕”的专业精神。
2. 具有遵守规范、严格程序、安全操作的专业意识。
3. 具有“学一行，爱一行，钻一行”的钉子精神。
4. 具有胆大心细、敢于动手的工作态度。
5. 注重理论与生产实际相结合，重视问题，解决问题。
6. 树立良好的职业道德意识、艰苦奋斗的作风和爱岗敬业的精神。</td></tr>
<tr><td rowspan="2">任务资讯</td><td colspan="2">资讯问题</td><td colspan="2">参考资料</td></tr>
<tr><td colspan="2">1. 妊娠诊断的意义是什么？
2. 妊娠诊断的方法有哪些？
3. 超声波诊断的方法有哪些？
4. 直肠检查法进行妊娠诊断有哪些注意事项？</td><td colspan="2">1. 线上学习平台中的 PPT、图片、视频及动画。
2. 王锋. 动物繁殖学[M]. 北京：中国农业大学出版社，2012。
3. 杨利国. 动物繁殖学[M]. 3 版. 北京：中国农业出版社，2019。</td></tr>
<tr><td rowspan="3">考核标准</td><td>知识考核</td><td colspan="2">能力考核</td><td>素质考核</td></tr>
<tr><td>1. 查阅相关知识内容和有关文献，完成资讯问题。
2. 准确完成线上学习平台的知识测试。
3. 任务完成报告的规范。</td><td colspan="2">1. 能够通过观察或借助仪器正确进行早期妊娠诊断。
2. 会应用直肠检查法进行妊娠诊断，掌握其技术要点。</td><td>1. 遵守学习纪律，服从学习安排。
2. 积极动手实践，观察细致认真。
3. 操作规范、严谨。</td></tr>
<tr><td colspan="4">结合课堂做好考核记录，按项目进行评价，考核等级分为优秀、良好、合格和不合格四种。其中优秀为 85～100 分，良好为 75～84 分，合格为 60～74 分，不合格为 60 分以下。</td></tr>
</table>

Note

任务知识

妊娠诊断是指雌性动物在自然交配、人工授精或胚胎移植之后，为判断是否妊娠、妊娠时间以及胎儿和生殖器官的生理状况，应用临床和实验室的方法进行的检查。妊娠诊断的方法很多，但在生产实践中应用要考虑到操作简便、准确、经济实用。

一、妊娠诊断的意义

在母畜配种、输精或胚胎移植之后要及时进行妊娠诊断，以尽早了解是否妊娠或妊娠的进展情况，以便对妊娠母畜加强饲养管理，维持母畜健康，保证胎儿的正常发育，防止胚胎的早期死亡或流产。对空怀母畜可以进行检查，找出未孕原因，及时进行必要的处理，密切注意其下次发情，做好再次配种工作，减少空怀。妊娠诊断是动物繁殖工作中的一项重要的技术工作，对于保胎、减少空怀、缩短产仔间隔、提高繁殖效率具有重要意义。

理想的妊娠诊断方法，应该具备早期、准确、简便、快速的特点。早：在妊娠早期进行，尽早检出空怀母畜，及时采取复配措施，缩短空怀期。准：诊断要准确，如果将未孕母畜误以为已妊娠，会使空怀期延长，降低繁殖力，反之，将妊娠诊断为空怀，采取的饲养管理措施不当，甚至强行复配，会引起流产，造成损失。简：操作方法必须简便，所需的仪器、设备或试剂要少、价廉易得，适用于生产实际或野外操作。快：从诊断开始到获得结果的时间越短越好，速度越快，实用价值越高。

二、妊娠诊断的方法

视频：妊娠检查

妊娠诊断的方法有很多种，最早应用的方法是外部检查法，但此类方法准确性较差，做出诊断的时间较迟。大动物可用直肠检查法，但对操作技术要求较高、劳动强度大。随着技术的进步又相继发展了一些新的妊娠诊断方法，如免疫学诊断法、超声波诊断法、激素测定法、生物传感器和生物芯片诊断技术等，各种方法各有其优缺点，生产中应根据实际情况灵活选用。

（一）外部检查法

1. 问诊 向饲养员了解待诊动物的生理情况、繁殖情况，如年龄、已产胎数、上次分娩日期及产后情况，发情周期及发情行为，配种方式和已配种次数，最近一次配种日期及配种后是否再次发情，近期饮水、食欲、行为变化和病史等。通过这些情况的了解，可以对诊断对象的生理情况和妊娠可能性做出初步判断。

2. 视诊 视诊是以问诊为基础，通过观察身体系统、器官及行为的变化来进行妊娠判断。

母畜配种1个性周期后，应注意观察母畜是否再次发情。如果连续1～2个周期不发情，则可能已妊娠。对正常健康的母畜采用此法，准确率可达80%以上。若母畜饲养管理或利用不当、生殖器官不健康、激素分泌紊乱以及有其他疾病发生时，虽未怀孕，也可能不表现发情。此外，有的母畜虽已怀孕，却会出现发情，这种情况多见于马、驴，少数牛也时有发生。因此，该法只能作为辅助手段。

母畜妊娠后的视诊还有以下表现：回避公畜，并拒绝公畜爬跨。群牧的母畜则有离群、行动谨慎、怕拥挤、防踢蹴等行为表现。食欲增加，毛色润泽，膘情良好，体重增加，性情温顺，到一定时期（牛、马、驴4～5个月，羊3～4个月，猪2个月）后，腹围增大，腹壁向一侧突出，马、驴多向左侧突出，牛、羊多向右侧突出，而母猪腹部侧向下垂。两侧腹壁不对称，随着妊娠的延续，隔着腹壁可以触诊到胎儿。

已妊娠母畜外阴部干燥收缩紧闭，有皱纹出现，前庭黏膜苍白、干燥、无分泌物。妊娠后期，母畜乳房增大，尻部下塌较深，阴户出现充血膨大、松弛等症状。

3. 听诊 利用听诊器在母畜外腹壁距子宫最近的部位，检查有无胎儿心音，这种方法只适用于妊娠中后期，胎龄越长准确率越高。

4. 触诊 多应用于猪、羊，有时马、牛也用。触诊母猪时先使母猪侧卧，然后用一只手或双手在最后2对乳头的上腹壁，由前向后滑动，触摸有无硬块，如母猪已孕，可摸到若干个大小相似的硬块。

Note

触诊母羊时，术者面向羊尾端，用两腿夹住母羊的颈部，使母羊不能前后移动。双手紧贴下腹部，前后滑动触摸，检查子宫内有无硬块，有时可摸到黄豆大小的子叶。对母牛触诊可用手掌压迫其右腹壁，对马、驴则压迫其左腹壁，如为妊娠中后期，当用手掌压迫腹壁时可明显地感觉到有胎儿的反射性撞击。

（二）内部检查法

1. 直肠检查法 直肠检查法就是隔着直肠壁触诊动物生殖器官形态和位置变化，从而诊断妊娠的方法。可以通过直肠壁直接触摸卵巢、子宫、胚泡和子叶的形态、大小及变化，及时了解妊娠进程，判断妊娠的大体月份，所需设备简单，不受条件及时间的限制，又可判断假发情、假怀孕、生殖器官疾病和胎儿的死活。该方法经济、可靠，广泛应用于牛、马和驴等大动物的早期妊娠诊断。

直肠检查妊娠鉴定的主要依据是妊娠后生殖器官所发生的相应变化。在直肠检查中，根据妊娠的不同阶段检查的侧重点有所不同：在妊娠初期，以卵巢上黄体的状态，子宫角形状、对称性和质地变化为主；胚泡形成后，要以胚泡的存在和大小为主并判断子叶的有无和直径；胚泡下沉入腹腔时，则以卵巢位置、子宫颈紧张度和子宫动脉妊娠脉搏为主。

直肠检查进行妊娠诊断时应注意以下问题：

(1) 区分妊娠子宫和异常子宫 因子宫炎症造成的子宫积脓或积水，也会造成一侧子宫角和子宫体膨大，重量增加，子宫下沉带动卵巢位置下降，其现象类似于妊娠。需仔细触摸才能做出诊断。通常马子宫积脓或积水时，子宫角无圆、细、硬的感觉，无胚泡形体感，牛无子叶出现，一般不会出现子宫动脉的妊娠脉搏现象。

(2) 正确判断妊娠和假孕 马、驴出现假孕的比例较多，在配种后无返情表现，子宫角呈怀孕征状，阴道变化与妊娠相似，但是在配种 40 天以上的直肠检查中，整个子宫并无胚泡存在，卵巢上无卵泡发育和排卵。经多次检查，一旦确诊为假孕，可用 40 ℃生理盐水冲洗子宫几次，灌注抗生素，促其重新发情配种。

(3) 正确区分胎泡和膀胱 牛、马等动物在膀胱充满尿液时，其大小和妊娠 70～90 天的胚泡相似，直肠检查时容易混淆。区别的要领是膀胱呈梨形，正常情况下位于子宫下方，两侧无牵连物，表面不光滑，有网状感；胚泡则偏于一侧子宫角基部，表面光滑，质地均匀。

(4) 注意孕后发情 母马妊娠早期，排卵的对侧卵巢常有卵泡发育，并有轻微的发情表现。对于这种现象，在直肠检查时要根据子宫是否具有典型的妊娠变化，卵巢上若无明显的成熟卵泡即可认为假发情。在配种后 20 天，妊娠牛偶尔也会出现发情的外部表现。

(5) 注意一些特殊变化 当母牛怀双胎时，两侧的子宫角对称；马、驴的胚胎未在子宫角基部着床，而是位于子宫角上部或尖端。这些特殊情况都可能在生产中遇到，因此，直肠检查需要综合判断。

2. 阴道检查法 妊娠期间，子宫颈处阴道黏膜处于与黄体期相似的状态，分泌物黏稠度增加，黏膜苍白、干燥。阴道检查法就根据这些变化判断动物是否妊娠。该方法是大动物配合直肠检查进行的辅助诊断方法，是小动物妊娠检查的诊断方法之一。可作为妊娠判断的指标，但一般不能作为妊娠诊断的主要依据。

此法是用阴道开膣器插入母畜阴道，观察其阴道黏膜的颜色、干湿状况，黏液的浓稠度、透明度和分泌量，子宫颈的形状、位置及开口处的黏液状况等。

(1) 阴道黏膜 各种动物一般在妊娠 3 周后，阴道黏膜由未孕时的粉红色变为苍白色，表面干燥、无光泽、滞涩，阴道收缩变紧，插入开膣器时感到有阻力。

(2) 阴道黏液 怀孕初期，阴道中的黏液量变少，黏稠度增加，颜色混浊，呈灰白色或略带黄色。怀孕中期，阴道黏液量有增加趋势，以牛最为明显，有时甚至可流出阴门外（指子宫颈栓的更换期）。羊妊娠 20 天后，黏液由原来的稀薄、透明变得黏稠，可拉成丝状；若稀薄而量大，颜色呈灰白色脓样，说明未孕。马妊娠后阴道黏液变稠，由灰白色变为灰黄色，量增加，有芳香味，pH 值由中性变为弱酸性。

Note

(3) 子宫颈检查　妊娠后颈管紧闭。子宫颈位置随妊娠进展向前向下移动。子宫颈阴道部变为苍白，颈外口处堵有糊状的黏液块(子宫颈栓)，子宫颈栓以牛的较为明显，牛妊娠过程中子宫颈栓有更替现象，被更替的黏液排出时，常黏附于阴门下角，并有粪土黏着，这可作为妊娠表现之一。马在妊娠 3 周后，子宫颈即收缩紧闭，开始子宫颈栓较少，3 个月以后逐渐增多，子宫颈阴道部变得细而尖。

在通过阴道检查进行妊娠判断时应注意，某些未妊娠但有持久黄体或者已妊娠而阴道或子宫颈发生某些病理性变化时，有时会出现判断失误，且阴道检查易造成母体感染和难以确定妊娠日期，也难对早期妊娠做出准确判断。因此，应用阴道检查法进行妊娠诊断时务必谨慎，不能作为主要的方法，还必须结合其他方法，才能得出正确的结论。

(三) 超声波诊断法

超声波诊断法是利用超声波在传播过程中遇到母体子宫不同组织结构而出现不同反射特性，探知胚胎是否存在以及胎动、胎儿心音和胎儿脉搏等，进而进行妊娠诊断的方法。

超声波诊断法主要有三种，即 A 超法、多普勒法和 B 超法。

1. A 超法　A 超法(幅度调制型超声诊断法)利用超声的方向性好及母体腹壁、子宫壁、胎水和胎儿等声阻抗不同而产生反射，其反射回声信号在示波屏上以波的形式(妊娠波形)显示出来。在配种后 32～62 天犬的妊娠诊断准确率达 90%，空怀诊断准确率达 83%；对妊娠 20 天以后的母猪诊断准确率可达 93%～100%；绵羊最早在妊娠 40 天才能测出，60 天以上的准确率达 100%；牛、马妊娠 60 天以后才能做出准确判断。使用该型仪器在妊娠中后期才能确诊，目前应用较少。

2. 多普勒法　利用多普勒超声诊断仪探查妊娠动物，当发射的超声遇到搏动的母体子宫动脉、胎儿心脏和胎动时，就会产生各种特征性多普勒信号，从而进行妊娠诊断。多普勒超声诊断仪适用于诊断妊娠和判断胎儿死活。其探头依用途和结构而不同，如直肠探头、阴道探头、体外探头、多晶片探头及混合探头。但存在因操作技术和个体差异常造成诊断时间偏长、准确率不高等问题。

3. B 超法　超声断层扫描简称 B 超法，是目前临床上最常使用的超声诊断法。其原理是将超声回声信号以光点明暗显示出来，回声的强弱与光点的亮度一致。这样由点到线到面形成被扫描部位组织或脏器的二维断层图像，称为声像图(图 5-10、图 5-11)。

B 超法已经从黑白 B 超发展到二维彩超、三维彩超和四维彩超，其应用范围非常广泛，在畜牧生产中被广泛用于动物的妊娠诊断。牛、羊、猪、驴等配种后 25～30 天可达到较为理想的诊断效果。B 超诊断有时间早、速度快、准确率高等优点。B 超法对配种后 28～30 天的奶牛妊娠诊断准确率达 98.3%，对配种后 25 天的母猪妊娠诊断准确率达 99.75%。

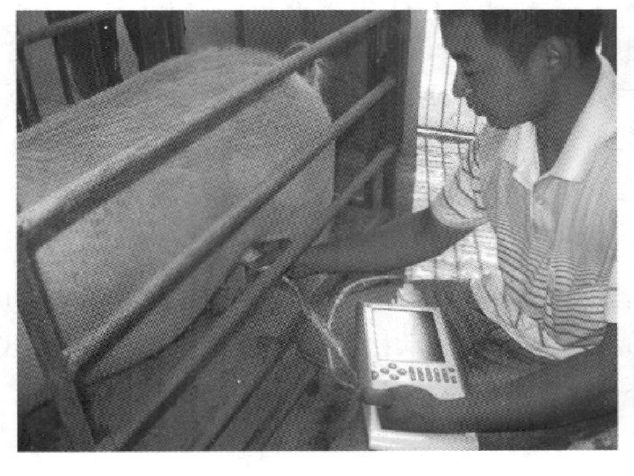

图 5-10　母猪 B 超法妊娠诊断

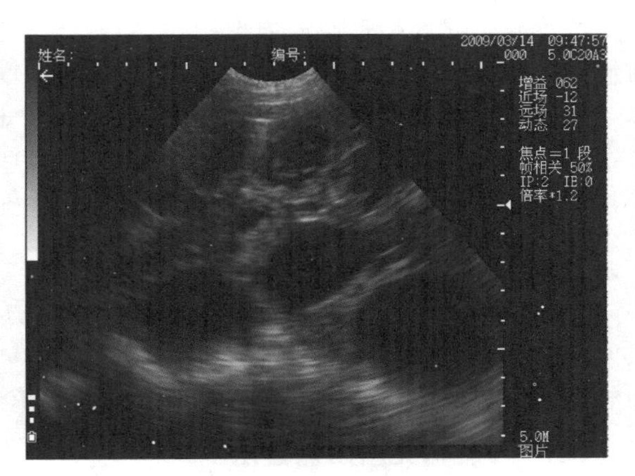

图 5-11　母猪妊娠 30 天影像图

扫码看彩图
图 5-10

扫码看彩图
图 5-11

(四) 激素测定法

1. 血清或奶中孕酮水平测定法　动物妊娠后，由于妊娠黄体的存在，会持续分泌孕酮，血清和

奶中的孕酮含量要明显高于未妊娠者。采用 RIA、EIA 和胶体金标记等测定方法，采集奶牛的血样或奶样进行孕酮水平的测定，然后与未妊娠奶牛测定值对比。这种方法适用于进行早期妊娠诊断，诊断妊娠的准确率一般在 80%～95%，而对未妊娠诊断准确率可达 100%。造成被测雌性动物孕酮水平升高的原因很多，诸如持久黄体、黄体囊肿、胚胎死亡或其他卵巢、子宫疾病等，往往造成一定比例的误诊。此外，孕酮测定的试剂盒标准误差、测定仪器和技术水平等都可能影响诊断的准确性。

除妊娠诊断外，采用孕酮测定法还可以有效地进行雌性动物的发情鉴定，持久黄体、胚胎死亡等多项监测。孕酮测定法所需仪器昂贵，技术和试剂要求精确，适合大批量测定。从采样到得到结果需要几天时间，又由于对妊娠诊断的准确率不高，推广应用仍有较多困难。

2. 尿液中绒毛膜促性腺激素测定法 灵长类动物妊娠后，其胚泡的绒毛膜滋养层能分泌类绒毛膜促性腺激素。据此，可应用乳胶凝集抑制试验或胶体金标记技术检测动物尿中的 hCG 进行妊娠诊断。

3. 外源生殖激素诊断法 根据雌性动物对某些外源生殖激素有无特定反应进行妊娠判断，如促黄体素释放激素 A 诊断法。由于妊娠母牛体内的大量孕酮可在一定程度拮抗外源生殖激素的作用，使之不出现发情征状，而未妊娠母牛则有明显发情征状，因此可在母牛配种后 21～27 天，肌内注射 LRH-A 200～500 μg，观察配种后 35 天内是否返情，一旦返情则为空怀，否则为妊娠状态。

4. 硫酸雌酮测定法 硫酸雌酮由母畜胚泡分泌的雌酮代谢物在子宫内膜中转化而来，硫酸雌酮进入血液循环，在妊娠早期达到可测水平。以母猪血浆中硫酸雌酮含量 1 ng/mL 为判断是否妊娠的标准。此外硫酸雌酮的含量与母猪的产仔数呈正相关，可初步预测产仔数的高低。因此，测定血清、尿液及粪便中的硫酸雌酮浓度可进行早期妊娠诊断。测定硫酸雌酮的浓度常用 EIA 法，其灵敏度和特异性很高。

5. 妊娠马血清促性腺激素(PMSG)测定法 妊娠马血清促性腺激素于母马妊娠的第 18 天开始在血液中出现，第 60 天迅速增加到 500～1000 IU/mL，这种浓度可以维持 40～65 天。因此，在母马配种后第 18 天即可检测到 PMSG 的存在。通过生物学方法和免疫技术测定 PMSG 进行妊娠诊断一般在配种后 40 天左右。应用 PMSG 放射免疫测定法对配种后 40～60 天的母马进行早期妊娠诊断，确诊率达 90%。

（五）免疫学诊断法

免疫学诊断法是指根据免疫化学和免疫生物学的原理所进行的妊娠诊断。免疫学妊娠诊断的主要依据：雌性动物妊娠后，由胚胎、胎盘及母体组织产生的某些化学物质、激素或酶类，其含量在妊娠的过程中发生规律性变化；其中有些物质可能具有很好的抗原性，刺激动物产生免疫反应。如果用这些具有抗原性的物质去免疫动物（如家兔或火鸡），会在体内产生很强的抗体，用其血液制备抗血清后，血清中的抗体只能和其诱导的抗原相同或相近的物质进行特异性结合。抗原和抗体的这种结合可以通过两种方法在体外被测定出来：一种是利用荧光染料和同位素标记，然后在显微镜下定位；另一种是利用有无抗体和抗原结合产生的某些物理现象，如凝集反应、沉淀反应等作为妊娠诊断的依据。研究较多的有红细胞凝集抑制试验、红细胞凝集试验和沉淀反应等方法。

（六）生物传感器测定法

生物传感器是选择器和检测器相结合的产物，能识别溶液中特异化合物，产生溶液中化学物质浓度的信号，用于抗原抗体特异反应时，瞬间以声、光、电或数字显示样品中待测激素含量。孕酮表面等离子共振免疫传感器就是依据该原理开发出的一种妊娠诊断技术，可用于现场激素测定。

（七）妊娠相关蛋白测定法

1. 妊娠特异蛋白 B 测定法 妊娠特异蛋白 B(PSPB)是某些动物妊娠期间由胎儿滋养层外胚层双核细胞产生的，从血液中可检测到。利用放射免疫测定法检测奶牛血清 PSPB 时，发现 PSPB 只能在妊娠奶牛中检测到。Sasser 对 5 头奶牛整个妊娠期间血液 PSPB 的浓度监测发现，血液 PSPB 含量随妊娠时间渐增。妊娠 20 天左右 PSPB 浓度开始升高，30 天左右大于 1 ng/mL，妊娠 3 个月、6 个

Note

月浓度分别为(9±0.6)ng/mL、(35±6)ng/mL，产犊前2天达最高[(542±144)ng/mL]。因此，测定PSPB含量可预测奶牛妊娠时间。

2. 早孕因子诊断法 动物妊娠时，垂体释放催乳素而作用于黄体，产生了一种特殊的糖蛋白，即早孕因子(EPF)，它是存在于妊娠早期母体血清、羊水中的一种免疫抑制因子，是受精、妊娠和胚胎存活的重要标志。其在受精后数天甚至数小时可检出，如小鼠交配后6 h，兔6 h，大鼠、绵羊、牛、猪4～24 h，人48 h，即可测出母体血清EPF存在。EPF可作为人类及动物早期妊娠临床诊断指标。

此外，妊娠诊断的方法还有很多，如子宫颈-阴道黏液理化性状鉴定、基因芯片检测、X射线诊断、腹腔镜检测等方法。

母畜的妊娠诊断

视频：母猪的妊娠诊断

【目的要求】 掌握妊娠诊断的基本技术，认识母畜妊娠后阴道内所发生的变化和妊娠各月份生殖器官的变化，从而确定母畜是否妊娠及妊娠所处的阶段。

【材料用具】 妊娠各阶段的母畜若干头、听诊器、保定架、绳索、鼻捻棒、尾绷带、开膣器、额灯或手电筒、脸盆、肥皂、润滑剂、酒精棉球、B超妊娠诊断仪等。

【内容步骤】

一、外部检查法

（一）视诊

母畜妊娠后期，可以看到腹围增大，肷部凹陷，乳房增大，出现胎动。

1. 牛 由于母牛左后腹腔为瘤胃所占据，所以检查者站立于妊娠母牛后侧观察时，可以发现右腹壁突出。

2. 猪 妊娠后半期，腹部显著增大下垂(在胎儿很少时，则不明显)，乳房皮肤发红、逐渐增大，乳头也随之增大。

3. 马 在母马后侧观察时，已妊娠母马的左侧腹壁较右侧腹壁膨大，左肷窝亦较充满，在妊娠末期，左下腹壁较右侧下垂。

4. 羊 妊娠表现与牛相同，在妊娠后期右腹壁下垂而突出。

（二）听诊

听取母体内胎儿的心音。

1. 牛 在妊娠6个月以后，可以在安静的场地由右肷部下方或膝襞内侧听取胎儿心音。

2. 马 在乳房与脐之间，或后腹部下方来听取胎儿心音。在妊娠8个月以后可以清楚地用听诊器听到，但有时由于受肠蠕动音的干扰而可能听不到。

二、阴道检查法

1. 保定母畜 将被检母畜保定在保定架中，其尾用细绷带缠扎于一侧。无保定架时可用绳索或三角绊保定。

2. 消毒 检查用具，如脸盆、镊子、开膣器等，先用清水洗净后，再用火焰消毒，或用消毒液浸泡消毒，再用开水或蒸馏水将消毒液冲净。

母畜阴唇及肛门附近先用温水洗净，再用酒精棉球涂擦。如需用手臂伸入阴道进行检查，按手术消毒的方法进行消毒，最后也需用温开水或蒸馏水将残留在手臂上的消毒液冲净。

3. 检查 检查者站立于母畜左后侧，右手持开膣器(开膣器前端涂以润滑剂)，用左手的拇指和食指将阴唇分开，将开膣器合拢呈侧向，并使其前端斜向上方缓缓插入阴道，待开膣器完全插入阴道后，旋转90°，使其成扁平状态，最后压拢两手柄，使开膣器完全张开，再观察阴道及子宫颈变化。

Note

4. 妊娠时阴道黏膜及子宫颈的变化 阴道黏膜变得苍白、干燥、无光泽(妊娠后期除外),妊娠后期阴道变得肥厚。子宫颈的位置向前移(随时间而异),而且往往偏向一侧,子宫颈口紧闭,外有浓稠黏液堵塞,在妊娠后期黏液逐渐增加,非常黏稠,但牛的黏液在妊娠末期变得滑润。附着于开膣器上的黏液呈条纹状或块状,呈灰白色。马在妊娠后期黏液稍带红色,以石蕊试纸检查呈酸性。

5. 检查完毕 将开膣器保持开张状态缓缓抽出,以免夹伤阴道黏膜。

三、直肠检查法

此法用于早期妊娠诊断准确率较高。主要触摸母牛子宫的以下内容。

(1) 子宫角的大小、形状、对称程度、质地、位置及角间沟是否消失。

(2) 子宫体、子宫角可否摸到胎盘及胎盘的大小。

(3) 有无漂浮的胎儿及胎儿活动状况。

(4) 子宫内液体的性状。

(5) 子宫动脉的粗细及妊娠脉搏的有无。

四、母猪的B超诊断法

视频:母猪的B超检查

早期妊娠检查时应在靠近后肢股内侧的腹部或倒数第Ⅰ～Ⅲ对乳头之间,探头与体轴平行朝向母猪的泌尿生殖道进行滑动扫查或扇形扫查。探到膀胱后,向膀胱上部或侧面扫查。判断标准:以显示胚囊、胚胎的断层像诊断为阳性,已妊娠;以显示两侧子宫的断层像诊断为阴性,未妊娠;以显示充气的肠管,不能显示子宫为可疑,下次探查时复检。

五、作业

实训报告:写出母猪B超法诊断的步骤、体会和结果。

展示与评价

母畜的妊娠诊断评价单

技能名称	母畜的妊娠诊断				
专业班级		姓名		学号	
完成场所		完成时间		组别	
完成条件	填写内容:场所、动物、设备、仪器、工具、药品等				
操作过程描述					
操作照片	操作过程或项目成果照片粘贴处				

Note

续表

<table>
<tr><td rowspan="4">任务评价</td><td>小组评语</td><td>小组评价</td><td>评价日期</td><td>组长签名</td></tr>
<tr><td></td><td></td><td></td><td></td></tr>
<tr><td>指导教师评语</td><td>指导教师评价</td><td>评价日期</td><td>指导教师签名</td></tr>
<tr><td></td><td></td><td></td><td></td></tr>
<tr><td rowspan="2">考核标准</td><td>优秀标准</td><td colspan="2">合格标准</td><td>不合格标准</td></tr>
<tr><td>1. 操作规范，安全有序
2. 步骤正确，按时完成
3. 全员参与，分工合理
4. 结果准确，分析有理
5. 保护环境，爱护设施</td><td colspan="2">1. 基本规范
2. 基本正确
3. 部分参与
4. 分析不全
5. 混乱无序</td><td>1. 存在安全隐患
2. 无计划，无步骤
3. 个别人或少数人参与
4. 不能完成，没有结果
5. 环境脏乱，桌面未收</td></tr>
</table>

任务四　分娩与助产

扫码学课件
任务 5-4

任务分析

分娩与助产任务单

<table>
<tr><td>任务名称</td><td>分娩与助产</td><td>参考学时</td><td>2 学时</td></tr>
<tr><td>学习目标</td><td colspan="3">1. 了解母畜正常分娩的过程。
2. 学会正常分娩时的助产方法。
3. 掌握产后母畜及新生仔畜的护理方法。</td></tr>
<tr><td>完成任务</td><td colspan="3">利用实训室或实训基地，按照操作规程完成任务。
1. 正常分娩的助产。
2. 新生仔畜及产后母畜的护理。</td></tr>
<tr><td>学习要求
（育人目标）</td><td colspan="3">1. 具有“三勤四有五不怕”的专业精神。
2. 具有遵守规范、严格程序、安全操作的专业意识。
3. 具有“学一行，爱一行，钻一行”的钉子精神。
4. 具有胆大心细，敢于动手的工作态度。
5. 注重理论与生产实际相结合，重视问题，解决问题。
6. 树立良好的职业道德意识、艰苦奋斗的作风和爱岗敬业的精神。</td></tr>
<tr><td rowspan="2">任务资讯</td><td>资讯问题</td><td colspan="2">参考资料</td></tr>
<tr><td>1. 分娩的启动机理是什么？
2. 决定分娩过程的要素有哪些？
3. 分娩预兆有哪些？
4. 分娩过程有哪几个阶段？
5. 诱导分娩的意义和主要处理方法是什么？
6. 正常分娩助产的方法是什么？
7. 产后母畜和新生仔畜的护理方法是什么？</td><td colspan="2">1. 线上学习平台中的 PPT、图片、视频及动画。
2. 王锋. 动物繁殖学[M]. 北京：中国农业大学出版社，2012。
3. 杨利国. 动物繁殖学[M]. 3 版. 北京：中国农业出版社，2019。
4. 周虚. 动物繁殖学[M]. 北京：科学出版社，2015。</td></tr>
</table>

Note

续表

	知识考核	能力考核	素质考核
考核标准	1. 查阅相关知识内容和有关文献，完成资讯问题。 2. 准确完成线上学习平台的知识测验。 3. 任务单学习和完成情况。	1. 能独立进行产前准备工作，能够熟练按照工作流程做好产后母仔的护理工作。 2. 能够分析难产的类型，可以进行基本的难产救助。	1. 遵守学习纪律，服从学习安排。 2. 积极动手实践，观察细致认真。 3. 操作规范、严谨。
	结合课堂做好考核记录，按项目进行评价，考核等级分为优秀、良好、合格和不合格四种。其中优秀为85～100分，良好为75～84分，合格为60～74分，不合格为60分以下。		

任务知识

一、分娩

分娩是指哺乳动物将发育成熟的胎儿及其附属物从子宫中排出体外的生理过程。分娩的发动依赖于内分泌、中枢神经系统、物理与化学因素的协调、配合，母体和胎儿共同参与完成。分娩过程可分为开口期、胎儿产出期和胎衣排出期三个阶段。分娩过程顺利与否取决于产力、产道及胎儿与产道的关系，发生难产时要及时助产。产后仔畜和母畜需精心护理，及时防治胎衣不下、子宫脱出、产后瘫痪等产后常见疾病。妊娠期即将结束时，可利用外源激素诱导母畜在预定的时间内分娩，以方便管理。

（一）分娩启动

1. 分娩启动的机理　分娩的启动是各种因素共同作用的结果。分娩启动的机理在各种动物体内有所不同，有些因素可能在某种动物中具有更重要的作用。关于分娩启动机理的学说较多，比较重要的有机械学说、激素学说、神经体液学说和胎儿发动学说等。究竟哪一种因素起原发性作用，尚未确定。

(1) 中枢神经系统　母体中枢神经系统对分娩过程具有调节作用。当胎儿前置部分进入产道，对子宫颈和阴道产生压迫和刺激时，神经反射的信号经脊髓神经传入大脑再进入垂体后叶，引起催产素的释放，从而增强子宫肌的收缩。这种神经垂体的反射性分泌，也可能由生殖道的机械性刺激所引起，由此引发正常分娩。

(2) 妊娠母体的内分泌变化　母体的生殖激素变化与分娩发动有关，这些变化在不同物种间存在差异。在妊娠后期孕酮水平下降，对继续维持妊娠失去了作用，同时由于胎儿肾上腺皮质激素分泌的增加，致使母体产生了雌性激素和EP，使子宫肌对神经垂体激素的敏感性增强，与PG共同作用促使妊娠结束。

催产素(OXT)能使子宫发生强烈阵缩，对分娩起着强烈作用。牛、羊、猪和马的催产素在妊娠后期到分娩前，一直维持在很低的水平。分娩开始阶段，血液中OXT含量变化不大，多胎动物每产出一仔，常引起反射性的紧张活动，OXT的分泌量相对增加，当胎儿全部产出后达到高峰，随后又降低。绵羊在分娩时颈静脉血中OXT浓度很高，从分娩前2周到临产前12 h从绵羊血浆内所测定的OXT得知，平均为50 μg/mL，到分娩的当天为55 μg/mL，但到第二个胎儿产出时OXT含量可高达400～1000 μg/mL，分娩结束后3 min检测血浆中OXT活性发现已恢复到产前水平。用机械方法刺激山羊阴道能引起反射性OXT释放。母羊在妊娠末期的孕酮含量较高时，这种反射性OXT释放会受到抑制，而当雌激素多时则又能增强。因此，母羊妊娠子宫在未达到分娩时，对大剂量OXT不会发生反应，而到临分娩时敏感性则很强。这说明母羊所处生理状况不同，所释放的OXT对子宫的作用也存在差异。在妊娠最后阶段，孕酮分泌下降，雌激素分泌增多，可刺激神经垂体释放OXT，以启动分娩，并促使子宫颈扩张。与此同时，胎盘和胎儿的前置部分对子宫颈和阴道产生的刺激能反射性地使神经垂体释放大量的 OXT，以促进胎儿产出。如果母体在分娩过程中受到外界惊吓刺激，OXT 的释放受到肾上腺素的抑制，则子宫不能进行正常收缩而会发生难产。OXT 虽对阵缩发动不起直接作用，但它的分泌能引起子宫颈和阴道扩张。近期研究发现，OXT 还可通过直接与黄体细胞上的受体结合或通过刺激子宫 PG 的分泌而溶解黄体，从而启动分娩。OXT 虽然与分娩时子宫收缩的程度有直接关系，但如果摘除神经垂体不一定会阻碍分娩，这可能与胎盘来源的 OXT 和其他激素有关。

孕酮与雌激素在分娩前后的变化对分娩启动有重要影响。母体血浆孕酮浓度的明显降低，是动物分娩时子宫颈开张和子宫肌收缩的先决条件。在妊娠期内，孕酮一直处在一个高而稳定的水平，以维持子宫相对安静且稳定的状态。大多数动物应用孕酮可以减少子宫肌的活动和延迟分娩，但这种抑制作用一旦被解除，就会成为分娩启动的一个重要诱因。在家畜中，由于胎儿糖皮质类固醇上升刺激母体子宫合成 $PGF_{2\alpha}$，从而削弱了孕酮对子宫兴奋的抑制作用，使母体在临产前血浆中孕酮含量降到最低水平，而有利于分娩（图 5-12）。

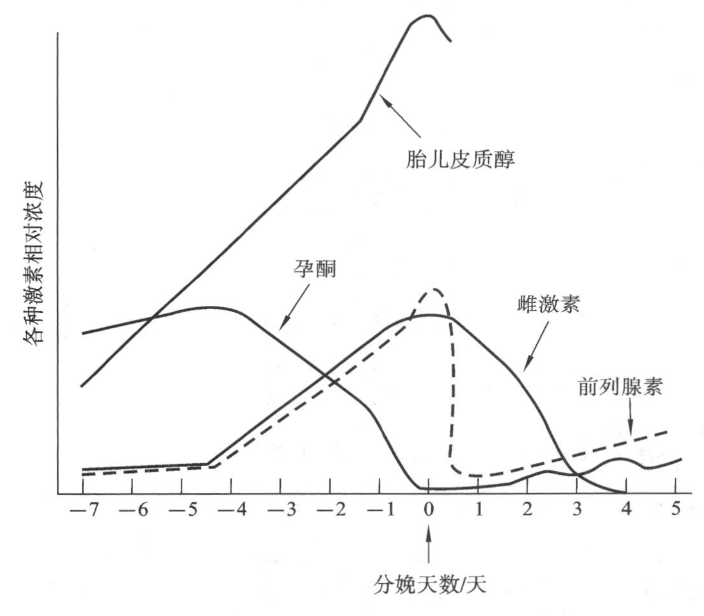

图 5-12　母牛分娩前后激素相对浓度

随着妊娠时间的增长，在胎儿皮质醇水平升高的影响下，胎盘产生的雌激素逐渐增加，刺激子宫肌的生长和肌球蛋白的合成，提高子宫肌的规律性收缩能力，而且能使子宫颈、阴道、外阴及骨盆韧带（包括坐骨韧带、荐坐韧带）变得松软。雌激素还可促进子宫肌 $PGF_{2\alpha}$的合成和分泌以及催产素受体的发育，从而导致黄体退化，提高子宫肌对催产素的敏感性。分娩前雌激素水平变化种间差异很大，有的明显升高（如绵羊、山羊、兔、牛、猪），有的无改变或缓慢上升（如人、豚鼠和猫），有的反而下降（如马、驴和犬）。

来源于母体胎盘的前列腺素 $PGF_{2\alpha}$对分娩发动起主要作用，表现如下：溶解妊娠黄体，解除孕酮的抑制作用，直接刺激子宫肌收缩，刺激垂体后叶释放大量催产素。$PGF_{2\alpha}$对羊的分娩尤为重要，临产前 24 h 内子宫静脉血中的含量急剧增加，与雌激素的增加规律相似，其他家畜也发生同样明显的变化。

由卵巢和胎盘分泌的松弛素，可使经雌激素致敏的骨盆韧带松弛，骨盆开张，子宫颈松软，产道松弛、弹性增加。猪、牛和绵羊的松弛素主要来自黄体，兔的主要来自胎盘。

分娩发动与胎儿肾上腺皮质激素有关。分娩前各种动物皮质醇的变化不同，黄体依赖性动物（如山羊、绵羊、兔）产前胎儿皮质醇显著升高，母体血浆皮质醇也明显升高，猪也有类似变化；奶牛胎

儿皮质醇在产前3～5天会突然升高，但母体皮质醇保持不变；马分娩前胎儿皮质醇稍有升高，但母体皮质醇保持不变。在绵羊、山羊和牛中，胎儿肾上腺释放的皮质醇通过激活胎盘中的17α-羟化酶将孕酮转化为雌激素，使母体雌激素与孕酮的比值升高，这对分娩的发动起着至关重要的作用。

(3) 胎儿在分娩启动中的作用　胎儿的下丘脑-垂体-肾上腺轴对分娩的启动具有重要作用。正常分娩前，胎儿发育成熟，垂体分泌大量促肾上腺皮质激素(ACTH)，使肾上腺皮质激素的含量升高，与分娩启动密切相关。

在绵羊中，胎羔发育成熟后，其下丘脑可调节垂体分泌ACTH，促使肾上腺皮质产生皮质醇，皮质醇通过激活胎盘17α-羟化酶将孕酮经雄烯二酮转化为雌激素。胎盘雌激素分泌的增加和孕酮分泌的减少可激活磷脂酶，该酶刺激磷脂释放合成前列腺素的原料之一——花生四烯酸。这样，在前列腺素合成酶的作用下，子宫内膜合成 $PGF_{2\alpha}$，以溶解黄体并刺激子宫肌收缩。孕酮对子宫肌抑制作用的解除，雌激素含量的增加和生理作用的增强，以及胎羔排出时对产道的刺激，反射性引起催产素的释放，共同促使子宫有规律地阵缩和努责，发动分娩，排出胎儿(图5-13)。

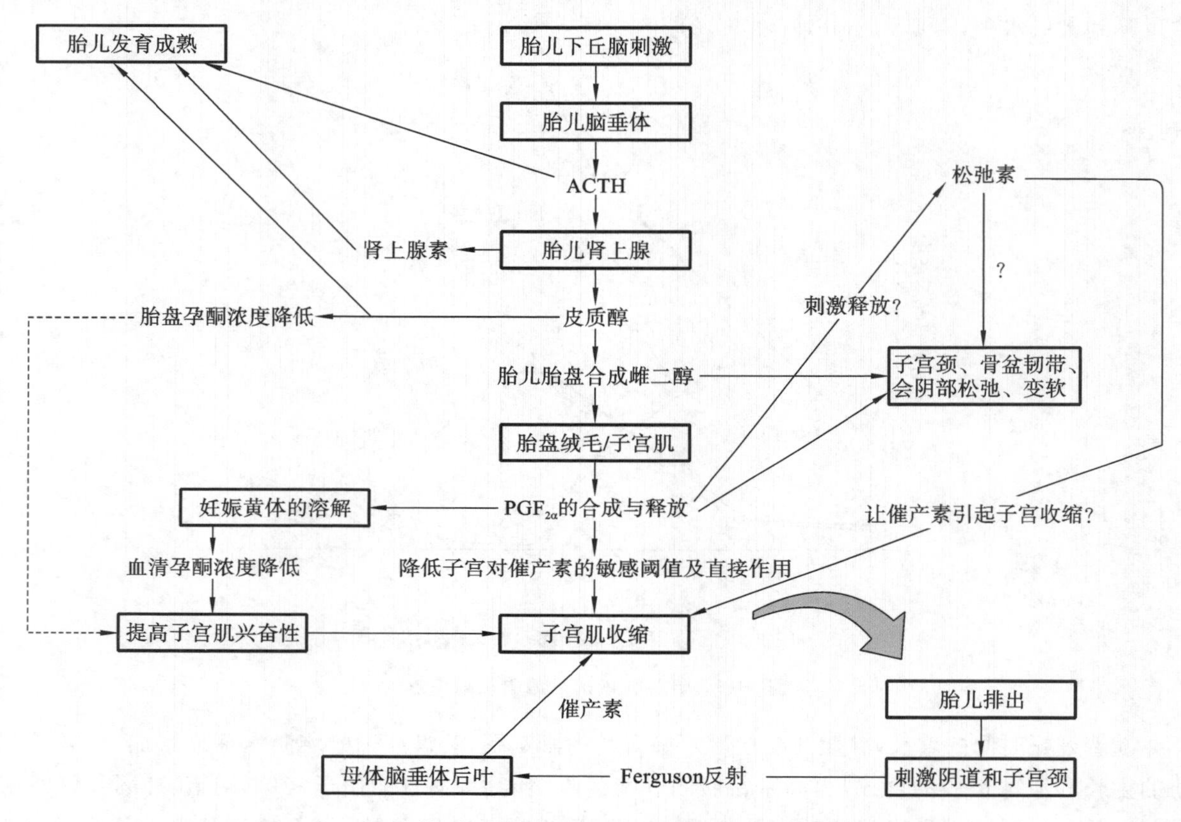

图5-13　牛、绵羊、猪分娩前及分娩过程中的内分泌变化及其作用

2. 分娩启动中的物理因素　妊娠末期，胎儿逐渐发育成熟，子宫容积和内压增大，子宫肌的伸展和扩张达到最大；因胎水减少，胎儿与胎盘和子宫壁之间的缓冲作用减弱，以致胎儿与子宫壁和胎盘容易接触，对子宫特别是子宫颈产生机械性刺激作用，刺激子宫颈旁的神经感受器，通过神经传至丘脑下部，促使垂体后叶释放催产素，从而引起子宫收缩，促进胎儿排出。

3. 分娩启动中的化学因素　母体在分娩时血液化学成分发生变化。例如，母牛正常分娩时，血液中丙酮酸和糖显著增加，但钙和磷却减少；分娩时虽然白细胞和血浆的相对容量有所升高，但产后却呈逐渐下降趋势。正常分娩时白细胞总数增加，尤以中性粒细胞增加最为显著，而嗜伊红白细胞数则减少，母牛在产后1天白细胞总数显著减少。母牛在产前1个月血清蛋白含量达到最高水平，接近临产时下降10%～30%。在临产前的数日乳腺开始泌乳，钙、磷和镁的含量在血液中降低，但在初乳中却增加。据报道，分娩前后由于一种压制血钙水平或抑制动用骨钙的因素存在，母牛在临产前几周和产后12 h内血浆中钙含量降低，每100 mL血中平均钙含量为9.2 mg和8.0 mg，而泌乳

母牛却有 10.3 mg。

4. 分娩启动中的免疫因素 胎儿带有父母双方的遗传物质，对母体免疫系统来说，胎儿是一种半异己的抗原，应能引起母体产生免疫排斥反应。但在妊娠期间，有多种因素（如胎盘屏障和孕酮等）制约，使这种排斥反应受到抑制，胎儿不会受到母体排斥，妊娠得以维持。胎儿发育到成熟时，所产生的在免疫学上有保护作用的细胞数量降至最低，才会使母体发生免疫学反应。临近分娩时，由于孕酮浓度的急剧下降，胎盘的屏障作用减弱，出现排斥现象而将胎儿排出体外。

（二）分娩预兆

视频：分娩预兆

随着胎儿发育的成熟和分娩期的临近，母畜的精神状态、全身状况、生殖器官及骨盆部都会发生一系列的变化，以适应排出胎儿和哺育仔畜的需要，通常把这些变化称为分娩预兆。

1. 牛 牛的乳房变化要比其他动物明显。经产奶牛在产前 10 天可由乳头挤出少量清亮的胶样液体或初乳；至产前 2 天时，除乳房极度膨胀、皮肤发红外，乳头中充满初乳，乳头表面被覆一层蜡样物质。有的奶牛在临产前乳汁成滴或成股流出，称为漏奶；漏奶开始后多数在数小时至 1 天即可分娩。

分娩前约 1 周阴唇开始逐渐柔软、肿胀，增大 2～3 倍，皮肤皱襞展平。分娩前 1～2 天子宫颈开始肿大、松软。封闭子宫颈管的黏液软化，流出阴道，有时吊在阴门外，呈透明索状。在妊娠后半期，尤其是在最后 1 个月，黏液有时可流出阴门之外。因此，单独依靠流出黏液来预测分娩可能不太准确，但在子宫颈开始扩张以后，进入开口期，分娩必然在数小时内发生。

荐坐韧带从分娩前 1～2 周即开始软化，至产前 12～36 h 荐坐韧带后缘变得非常松软，外形消失，荐骨两旁组织塌陷，俗称“塌窝”或“塌胯”，只能摸到一堆松软的组织，但这些变化在初产牛表现不明显。

体温从产前 1 个月开始变化，至产前 7～8 天体温逐渐上升，可达 39 ℃；产前 12 h 左右，体温下降 0.4～1.2 ℃。分娩过程中或产后又恢复到分娩前体温。

2. 羊 分娩前子宫颈和骨盆韧带松弛，胎羔活动和子宫的敏感性增强。分娩前 12 h 子宫内压增高，子宫颈逐渐扩张。分娩前数小时，母羊精神不安，出现刨地、转动和起卧等现象。山羊阴唇变化不明显，至产前数小时或十余小时才显著增大，产前排出黏液。

3. 猪 产前 3 天左右乳头向外侧伸张，中部两对乳头可以挤出少量清亮液体；产前 1 天左右可以挤出 1～2 滴白色初乳或出现漏乳现象。

视频：猪的分娩

阴唇的肿大开始于产前 3～5 天，有的在产前数小时阴道排出黏液，荐坐韧带后缘变得柔软，但因这里的软组织丰满，所以变化不很明显。

在产前 6～12 h（有时为数天），母猪有衔草做窝现象，这在我国的地方猪种尤为明显。

4. 马、驴 马在产前数天乳头变粗大，开始漏乳后往往在当天或次日夜晚分娩。驴在产前 3～5 天乳头基部开始膨大，产前约 2 天整个乳头变粗大，呈圆锥状，起初从乳头中挤出的是黏稠、清亮的液体，以后即为白色初乳。

阴道壁明显松软和变短，黏膜潮红，黏液由原来的浓厚、黏稠变为稀薄、滑润，但无黏液外流现象。阴唇在产前十余小时开始胀大。荐坐韧带后缘变柔软，但因臀肌肥厚，尾根活动性不明显。

5. 兔 产前数天，乳房肿胀，可挤出乳汁；外阴部肿胀、充血、黏膜湿润潮红；食欲减退或废绝。产前 2～3 天或数小时开始衔毛絮做窝。母兔常衔下胸前、肋下或乳房周围的毛铺入产仔箱。

6. 犬 分娩前 2 周乳房开始膨大；分娩前几天乳腺通常含有乳汁，有的个体可挤出白色乳汁。外阴肿大、充血，阴道和子宫颈变柔软，阴道流出黏液，伴有少量出血。骨盆和腹部肌肉松弛是可靠的临产征兆。臀部坐骨结节处肌肉下陷。

产前 1～1.5 天，母犬精神不安、喘息并寻找僻静处筑窝，食欲大减，行动急躁，不断地用爪刨地、啃咬物品等。犬的正常体温是 38～39 ℃，产前 3 天可降至 36.5～37.5 ℃，体温回升时即将临产。

7. 猫 产前数天乳房开始发育肿大，产前 72 h 体积明显增大。产前 24 h 从乳头中可排出初乳。

分娩前的行为变化在个体间有一定差异。妊娠第9周末时，母猫通常活动减少，产前2天左右可表现出紧张行为，常常寻找安静的地方准备产仔。有些猫在产前12～24 h可表现拒食，有些则表现正常，甚至在产仔期仍能采食。

8. 鹿 分娩前半个月乳房膨大，行动谨慎。产前1～2天，腹部下垂。临产时，出现腹痛并伴有摆尾、呻吟、起卧、回顾、沿围栏走动和尿频等反应。

（三）决定分娩过程的要素

分娩过程是否正常，主要取决于产力、产道及胎儿与产道的关系三个要素。如果这三个条件均正常，能互相协调，分娩就能顺利完成，否则就可能导致难产。

1. 产力 将胎儿从子宫中排出体外的力量称为产力，是子宫肌、腹肌和膈肌的节律性收缩共同作用的结果。子宫肌的收缩称为阵缩，是分娩过程中的主要动力；腹肌和膈肌的收缩称为努责，它在分娩的第二期中与子宫收缩协同，共同完成胎儿的产出。

（1）阵缩　在分娩时，由于催产素的作用，子宫肌出现不随意的收缩称为阵缩，又称宫缩。阵缩开始于开口期，经过胎儿产出期而至胎衣排出期结束，即贯穿整个分娩过程。阵缩的特点如下。

①节律性：一般由子宫角尖端开始向子宫颈方向发展。起初收缩的持续时间短，力量弱，间歇时间长。以后发展为收缩时间长，力量强，而间歇时间缩短。

②不可逆性：每次阵缩，子宫肌纤维收缩一次。在阵缩间歇期中，子宫肌并不恢复到原有的伸展状态。随着阵缩次数的增加，子宫肌纤维持续变短，从而使子宫壁变厚，子宫腔缩小。

③使子宫颈扩张：子宫颈是子宫肌的附着点，阵缩迫使胎膜、胎水及胎儿向阻力小的子宫颈方向移动，使已经松软的子宫颈逐步扩张。

④使胎儿活动增强：阵缩时，子宫肌纤维间的血管被挤压，血液循环暂时受阻，胎儿体内血液中CO_2浓度升高，刺激胎儿，使之活动增强，并朝向子宫颈移动和伸展。阵缩暂停时，血液循环恢复，继续供应胎儿氧气。如果没有间歇，胎儿就有可能因缺氧而窒息。因此，间歇性阵缩有重要的生理作用。

⑤使子宫阔韧带收缩：阵缩时，子宫阔韧带的平滑肌也随之收缩。二者结合，提举胎儿向后方移动。

（2）努责　当子宫颈管完全开张，胎儿经过子宫颈进入阴道时，刺激骨盆腔神经，引起腹肌和膈肌的反射性收缩，即努责。母畜表现为暂停呼吸，腹肌和膈肌的收缩迫使胎儿向后移动。努责比阵缩出现晚，停止早，主要发生在胎儿产出期。

2. 产道 产道是胎儿产出的必经通道，由软产道和硬产道共同构成。

（1）软产道　软产道是指子宫颈、阴道、阴道前庭及阴门等软组织构成的管道。子宫颈是子宫的门户，妊娠时紧闭，分娩前，开始变得松弛柔软。分娩时，阵缩将胎儿向后方挤压，子宫颈管被撑开扩大，阴道也随之扩张，阴道前庭和阴门也被撑开扩大。初产母畜分娩时，软产道往往扩张不全，影响分娩过程。

（2）硬产道　硬产道就是骨盆，由荐骨、前三个尾椎、髂骨及荐坐韧带构成。骨盆可以分为以下四个部分。

①骨盆入口：骨盆的腹腔面，上面由荐骨基部、两侧由储骨体、下面由耻骨前缘构成，骨盆入口斜向下方，储骨体和骨盆底构成的角度称为入口的倾斜度。入口的大小、形状、倾斜度和能否扩张与胎儿能否顺利通过有很大关系。

②骨盆出口：骨盆腔向臀部的开口，上面由第1～3尾椎、两侧由荐坐韧带后缘、下面由坐骨弓围成。

③骨盆腔：介于骨盆入口和骨盆出口之间的空腔体。

④骨盆轴：通过骨盆腔中心的一条假设轴线，代表胎儿通过骨盆腔的路线。

由于动物种类不同，骨盆构造存在一定的差异。牛的骨盆入口呈竖的长圆形，倾斜度较小，骨盆底后部向上倾斜，骨盆轴呈曲折的弧形，分娩速度较其他动物慢；羊的骨盆入口为椭圆形，倾斜度很

Note

大，坐骨结节扁平外翻，骨盆轴与马相似，呈弧形，利于骨盆腔扩张，胎儿通过比较容易；猪的骨盆入口为椭圆形，倾斜度很大，骨盆底部宽而平坦，骨盆轴向下倾斜，且近乎直线，胎儿通过比较容易；马和驴的骨盆构造相似，近乎圆形，且倾斜度大，骨盆底宽而平，骨盆轴呈向上稍凸的短而直的弧形，分娩速度较其他动物快。

3. 胎儿与产道的关系 分娩时，胎儿和母体产道的相互关系对胎儿的产出有很大影响。此外，胎儿的大小和畸形与否也影响胎儿能否顺利产出。

(1) 胎向 胎儿的方向，也就是胎儿身体纵轴和母体纵轴的关系。胎向有以下三种。

①纵向：胎儿的纵轴与母体的纵轴平行。纵向有两种情况：正生是胎儿方向与母体方向相反，胎儿头部和（或）前腿先进入产道；倒生是胎儿方向与母体方向相同，后腿或臀部先进入产道（图 5-14、图 5-15）。

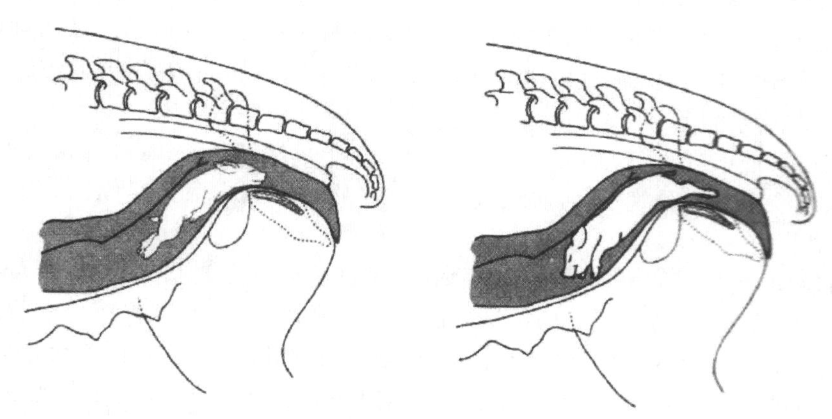

图 5-14 仔猪出生时的正生（左）及倒生（右）

图 5-15 马产出过程中的正常胎向、胎位及胎势（正生、上位、头颈及四肢伸直）

②横向：胎儿横卧于子宫内，胎儿纵轴与母体纵轴呈水平垂直。分为背部向着产道和腹部向着产道（四肢伸入产道）两种，背部前置称为背横向，腹部前置称为腹横向。

③竖向：胎儿的纵轴与母体纵轴呈上下垂直。背部向着产道的称为背竖向，腹部向着产道的称为腹竖向。

纵向是正常的胎向，横向和竖向为反常胎向，会造成难产。当然，没有绝对的横向和竖向，都不是很端正地和母体纵轴垂直。

(2) 胎位 胎儿的位置，是胎儿背部与母体背部或腹部的关系，有以下三种情况。

①上位：胎儿俯卧于子宫内，背部朝向母体背部。

②下位：胎儿仰卧在子宫内，背部朝向母体下腹部。

③侧位：胎儿侧卧于子宫内，背部朝向母体的侧壁，可分为右侧位和左侧位。

上位为正常胎位，下位和侧位是异常胎位。倾斜不大的轻度侧位，仍可视为正常。

（3）胎势　胎儿在母体子宫内的姿势，即胎儿各部分屈伸的程度。正常胎势在正生时为两前肢伸直，头颈伸直俯于前肢上，呈上位姿势进入产道。如倒生时，两后肢伸直进入产道。这样使胎儿以楔形进入产道，容易通过产道。如果胎儿颈部弯曲，四肢屈曲，则扩大了胎儿产出时的横径，会造成难产。胎势因妊娠期长短、胎水多少、子宫腔内松紧不同而异。在妊娠前期，胎儿小、羊水多，胎儿在子宫内有较大的活动空间，其姿势容易改变。在妊娠末期，胎儿的头、颈和四肢屈曲在一起，但仍能正常活动。

（4）前置　又称先露，分娩时胎儿身体先进入产道的那一部分称为前置。正生时称为前躯前置，倒生时称为后躯前置。难产时，常用"前置"一词来说明胎儿的反常情况。例如，前腿的腕部是屈曲的，没有伸直，腕部向着产道，称为腕部前置；后腿的膝关节是屈曲的，后腿伸于胎儿自身之下，坐骨向着产道，称为坐骨前置等。

及时了解产前及产出时胎向、胎位和胎势的变化，对于早期判断胎儿异常，确定助产时间及抢救胎儿生命具有重要意义。在分娩时，各种动物胎儿在子宫中的方向大体呈纵向，其中大多数为前躯前置，少数呈后躯前置。

（5）产出时胎向、胎位、胎势的变化　妊娠期间，子宫呈椭圆形囊状，胎儿在子宫内呈蜷缩姿势，头颈向着腹部弯曲，四肢收拢屈曲于腹下，呈椭圆形。产出时，子宫的容积不允许胎向发生变化，胎位和胎势则必须改变，使其肢体成为伸展的状态，以适应骨盆腔的情况，否则就会造成难产。如果胎儿保持屈曲的侧卧或仰卧姿势，将不利于分娩。阵缩时胎儿姿势的改变，主要表现在胎儿旋转，改变成背部向上的上位，头颈和四肢伸展，使整个身体呈细长状态，有利于通过产道（图 5-16）。

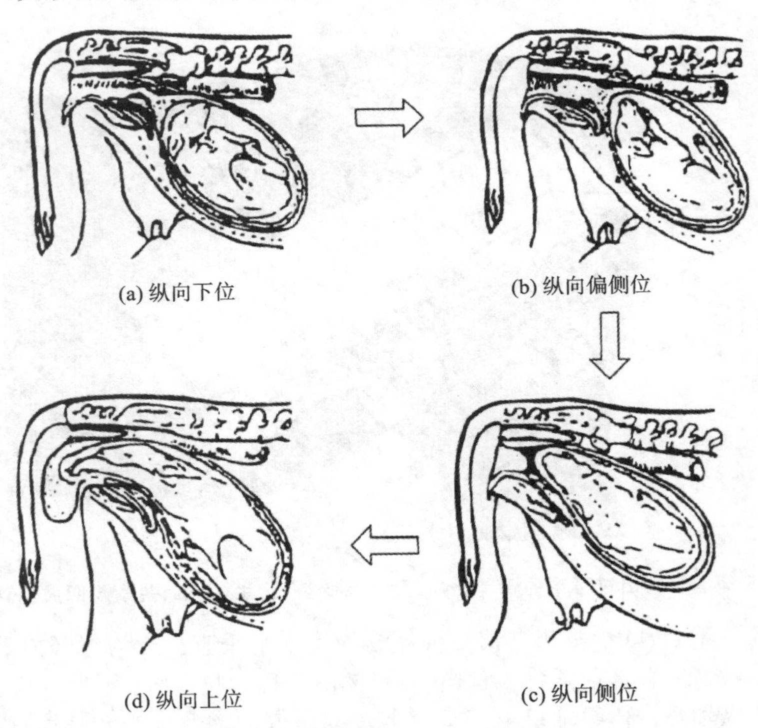

图 5-16　正常分娩时胎位、胎势变化示意图

胎儿的正常方向必须是纵向，否则一定会引起难产。正生多于倒生，虽然倒生也可看作正常，但造成难产者远较正生多。牛、羊、马的胎儿多为正生。在猪中，倒生可达 40%～46%，但不会造成难产。牛、羊的瘤胃在分娩时如果比较充盈，则胎儿的方向稍斜，不会是端正的纵向。生双胎时，两个胎儿大多数是一个正生，另一个倒生，有时也会均为正生或均为倒生。

Note

正常的胎位是上位，轻度侧位并不会造成难产，也认为是正常的。

胎儿有三个比较宽大的部分，即头、肩和臀。在分娩时，这三个部分较难通过产道，特别是头部。

（四）分娩过程

分娩过程是指从子宫开始出现阵缩到胎儿及其附属物完全排出的整个过程。大致可分为三个连续的时期，即开口期、胎儿产出期和胎衣排出期。实际上开口期和胎儿产出期没有明显的界限。母畜分娩过程的三个阶段有明显的种间差异（表 5-10）。

表 5-10　各种母畜分娩各阶段所需时间

畜别		开口期	胎儿产出期	双胎间隔时间	胎衣排出期
黄牛	平均	6 h	3～4 h	0.5～2 h	2～8 h
	范围	1～12 h	0.5～6 h		≤12 h
水牛	平均	1 h	20 min		3～5 h
	范围	0.5～2 h			
马	平均	12 h	10～30 min	10～20 min	20～60 min
	范围	1～24 h			
猪	平均	3～4 h	2～6 h	2～3 min（国内品种）	30 min
	范围	2～6 h	1～8 h	10～30 min（国外品种）	10～60 min
绵羊	平均	4～5 h	1.5 h	15 min	0.5～1 h
	范围	3～7 h	0.25～4 h	5～60 min	0.5～4 h
山羊	平均	6～7 h	3 h	5～15 min	0.5～2 h
	范围	4～8 h	0.5～4 h		

1. 开口期　也称宫颈开张期，是从子宫开始阵缩算起，到子宫颈口完全开张，与阴道的界限消失为止的这段时间。这一阶段的特点是只有阵缩，没有努责。

在此期间，产畜都会寻找不易受干扰的地方等待分娩，初产母畜表现为不安、食欲减退、常做排尿姿势、呼吸加快、起卧频繁等；经产母畜一般较安静，表现不甚明显。

开始收缩的频率低，间歇时间长，持续收缩的时间短和强度低，随后收缩频率加快，收缩的强度增大和持续时间延长，到最后每隔几分钟收缩一次。例如，牛在开口期进食及反刍均不规则，脉搏增至 80～90 次/分，中期子宫阵缩为每隔 15 min 1 次，每次 15～30 s，随后阵缩的频率增高，可达每 3 min 收缩 1 次，开口末期，胎儿产出前 2 h，阵缩每小时 12～24 次，胎儿产出时每小时达 48 次。

2. 胎儿产出期　简称产出期，是从子宫颈完全开张到胎儿排出为止的这段时间。此时期，子宫的阵缩和努责共同发生作用。努责一般在胎膜进入产道后才出现，是排出胎儿的主要动力，它比阵缩出现晚，停止早。母畜在产出期的表现是烦躁不安、呼吸和脉搏加快，回顾腹部，最后侧卧，四肢伸直，强烈努责（图 5-17）。

母畜在分娩时多采用侧卧且后肢挺直的姿势，这是因为在侧卧时有利于分娩，胎儿接近并容易进入骨盆腔，腹壁不负担内脏器官及胎儿的重量，因而收缩更为有力，有利于骨盆腔的扩张。

分娩顺利与否，和骨盆腔扩张的关系很大。骨盆腔的扩张除与骨盆韧带，特别是荐坐韧带的松弛程度有关外，还与母畜是否卧下有密切关系。荐骨、尾椎及骨盆部的韧带是臀中肌、股二头肌（马、牛）及半腱肌（马）的附着点，母畜侧卧且两腿向后挺直时，这些肌肉得以松弛，荐骨和尾椎能够向上活动，骨盆腔及其出口就变得容易扩张；而若站立分娩，肌肉的紧张将导致荐骨后部及尾椎向下拉紧，骨盆腔及出口的扩张受到限制。

扫码看彩图
图 5-17

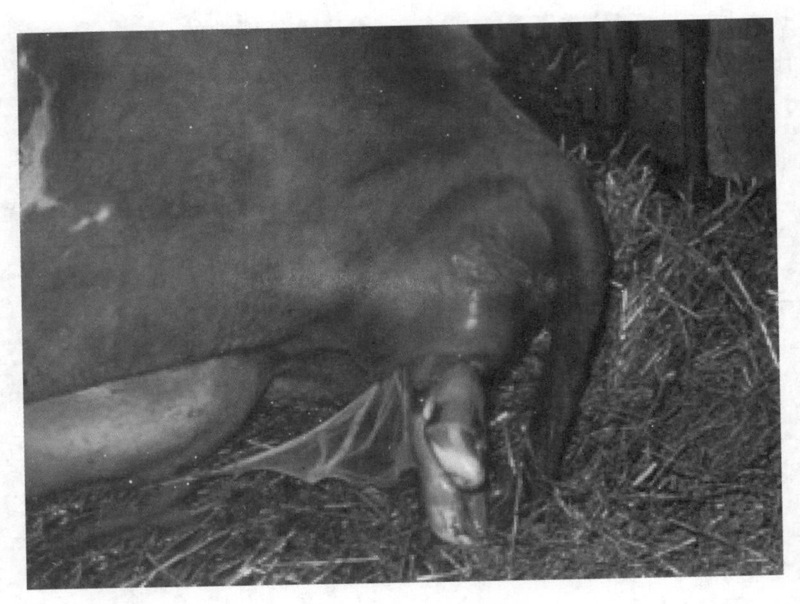

图 5-17 胎儿产出期

胎儿产出期，阵缩的力量增大、次数增加及持续时间延长。与此同时，胎囊及胎儿的前置部分对子宫颈及阴道的刺激，使垂体后叶催产素的释放骤增，从而引起腹肌和膈肌的强烈收缩。努责与阵缩密切配合，并逐渐加强。由于强烈阵缩及努责，胎水挤压着胎膜向完全开张的产道移动，最后胎膜破裂，排出胎水。努责间歇期，胎儿又稍退回子宫，但在胎儿楔入骨盆之后，间歇时不能再退回。胎儿最宽部分的排出需要较长的时间，特别是胎儿头部，当通过骨盆及其出口时，母畜努责十分强烈。这时有的母牛表现出张口伸舌、呼吸促迫、眼球转动、四肢痉挛样伸直等，并且常常哞叫，但只要确认没有导致难产的反常，就不必急于处理。胎儿头部露出阴门以后，产畜往往稍做休息，随后继续努责，将胎儿胸部排出，然后努责骤然缓和，其余部分很快排出。例如，母猪产出一头仔猪后，通常都有一段间歇时间，然后再努责。胎儿产出后努责停止，母畜休息片刻便站立起来，开始照顾新生仔畜。

3. 胎衣排出期　胎衣排出期是指胎儿排出后到胎衣完全排出为止的这段时间。胎衣是胎膜的总称。胎儿产出后，母畜稍加休息，几分钟后，子宫再次出现阵缩将胎衣排出，这时收缩的频率和强度都比较弱，伴随轻微的努责。猫、犬等动物的胎衣常随胎儿同时排出。

胎衣能够排出主要是由于子宫的强力收缩，使胎盘中大量的血液被排出，减轻了子宫黏膜窝(母体胎盘)的张力，胎儿绒毛(胎儿胎盘)体积缩小、间隙加大，使绒毛容易从腺窝中脱出。

各种动物胎盘组织结构的差异导致胎衣排出的时间也各不相同。胎衣排出期：猪为 10～60 min，平均 30 min；马为 20～60 min；黄牛为 2～8 h，长者可达 12 h；绵羊为 0.5～1 h，山羊为 0.5～2 h。

4. 各种动物的分娩特点

(1) 黄牛和水牛　部分牛开始努责即行卧下，但也有部分牛时起时卧，到胎儿前置部分进入骨盆的坐骨上棘间狭窄位置时才卧下，初产母牛甚至到胎儿前置部分通过阴门时才卧下。牛的努责一般比较缓和，因此，努责时间较长，正生时胎牛头胸部通过骨盆时较慢。

通常牛的尿膜绒毛膜先形成一囊，突出于阴门外。其颜色为微黄色或褐色，随着阵缩和努责，囊状突起逐渐增大，到一定时间破裂流出尿水，称为第一胎水。接着牛的努责强度增大，将羊膜绒毛膜推向阴门口，由于不断地努责，羊膜囊的体积不断增大，在此过程中犊牛的蹄在羊膜囊内明显可见。每努责一次，囊状的突起增大一点，犊牛的蹄多显露出一点。经多次努责，羊膜囊终于破裂，流出白色混浊的羊水，称第二胎水。这时，母牛努责强度增大，胎儿随努责或人工助产被娩出。据观察，尿膜和羊膜两者破裂的间隔时间平均为(65.98±54.43) min(3～215 min)。在自然分娩的 16 例母牛中，羊膜破裂至胎儿娩出间隔时间平均为(31.81±25.3) min(5～95 min)，接着便进入胎衣排出期。

Note

（2）马、驴　在胎儿产出期开始之前，阴道已缩短，子宫颈后移至距阴门不远处，而且质地柔软，但并不开张。产畜分娩时呈侧卧姿势。在产畜努责时由于阴门开张，子宫颈开放，从阴门中可看到尿膜绒毛膜上呈放射状的红色绒毛。无绒毛处是和子宫颈口黏膜没有接触的部分，此处的尿膜绒毛膜比别处厚。经过几次努责，子宫颈内口附近的尿膜绒毛膜脱离子宫黏膜，并带着尿水形成一囊状物进入子宫颈，这是第一水囊。随着继续收缩，有更多的尿水进入此囊，迫使此囊在阴门处破裂，流出黄褐色稀薄的第一胎水。第一水囊破裂后，尿膜羊膜囊即露于阴门口或阴门外，这是第二水囊，呈淡白色，半透明，上有弯曲的血管，可看到里面的胎蹄和羊水。在产畜强烈努责下，第二水囊往往在胎头和前肢排出的过程中被撕裂，流出淡白色或微黄色较浓稠的第二胎水。如果胎儿排出时第二水囊尚未破裂，应立即将其撕破，以免引起胎儿窒息。

（3）猪　子宫收缩不同于其他动物，它除了子宫肌纵向收缩外，还具有分节收缩的特点，而且收缩是先从子宫颈最靠近胎儿处开始，其余部分则不收缩，继而两子宫角呈不规则轮流收缩，逐步达到子宫角端，依次将胎儿排出。也有时一子宫角将胎儿和胎衣全部排出之后，另一子宫角才开始收缩。母猪在分娩时多为侧卧，有时也站立，但随即又躺下努责。猪的分娩过程中胎儿不露在阴门之外，胎水极少，每排一个胎儿之前有时可见少量胎水流出。母猪努责时后腿伸直，尾巴挺起，努责几次产出一仔猪。胎儿产出期的持续时间依据胎儿数和间隔时间而定，通常第一个胎儿排出较慢，从第二个胎儿开始间隔时间有所缩短。从母猪起卧到产出第一仔猪需 10～60 min，间隔时间中国猪种最短，平均 2～3 min 排出一仔猪。外来品种则需 10～30 min 排出一仔猪，也有长达 1 h 的。杂交猪种介于两者之间，5～15 min 产出一仔猪。胎数较少或胎儿过大，间隔时间延长。如果胎儿产出期超过正常范围，应检查其产道，以便及时发现问题予以解决。

（4）羊　羊的分娩情况基本与牛相似。羊在一昼夜之间的各个时间都可能产羔，而以 9:00—12:00 和 15:00—18:00 间产羔较多，胎衣通常在分娩后 2～4 h 内被排出。

（5）茸鹿　分娩时鹿侧卧或者站立，用力努责并出现剧烈阵缩进入开口期。经过反复几次间歇阵缩后，胎儿进入产道，露出膜囊，破水后胎儿娩出。鹿正常分娩大部分为正生，胎儿的两前肢先进入产道露出阴门外，胎头伏在两前肢的腕关节之上娩出。倒生也视为正常。出生后的仔鹿 15 min 左右就能站立吃乳，胎儿产出 1 h 左右胎衣排出。大多数母鹿有采食胎衣的习惯。

二、助产

自然状态下，动物往往自己寻找僻静的地方，将胎儿产出，舔干胎儿身上的胎水，并让其吮乳。因此，在正常情况下对母畜的分娩无须干预。要对分娩过程加强监视，必要时加以辅助，减少母畜体能的消耗，反常时需要及早助产，并对仔畜及时护理，以免幼仔和母体受到损害。

（一）产前的准备

1. 产房　动物产房一般要求是宽敞、清洁干燥、阳光充足、安静、通风良好而无贼风，要配有照明设施。墙壁及饲槽必须便于消毒。褥草要柔软，不能铺得过厚，必须经常更换和消毒。早春和冬季寒冷的时候分娩要特别注意保温工作，产房须有保温条件，特别是猪，温度应不低于 15 ℃，否则分娩时间可能延长，仔猪死亡率增加。根据孕产期，应在产前 7～15 天将母畜转入产房，以便让它熟悉环境。

2. 药械及用品　产房应事先准备好常用的接产药械及用品，包括 70%酒精、5%碘酊、消毒液、催产药物及急救药、注射器及针头、脱脂棉花和纱布、常用产科器械、体温表、听诊器、细绳和产科绳、毛巾、肥皂、脸盆等，助产前准备好热水。

3. 助产人员　养殖场应配备接产人员，应受过助产训练，熟悉母畜分娩规律，严格遵守助产操作规程。孕畜多数在夜间分娩，要建立值班制度。在助产时要注意自身消毒和防护，避免人身伤害和人畜共患病的感染。

（二）正常分娩的助产

接产应在严格消毒的原则下，按照下述方法进行。

1. 接产准备 用热水清洗并消毒母畜的外阴部及其周围，用绷带缠好母畜（牛、马等）尾根，并将尾巴拉向一侧系于颈部。胎儿产出期开始时助产人员应系上胶围裙，穿上胶鞋，消毒手臂，准备做必要的检查工作。

视频：正常分娩的助产

对于长毛品种动物（例如母犬），要剪掉乳房、会阴和后肢部位的长毛，用温水、肥皂水将母畜外阴部、肛门、尾根及乳房洗净、擦干，再用新洁尔灭溶液消毒。

2. 进行助产处理

（1）临产检查 为防止难产，大动物的胎儿前置部分进入产道时，可将事先消毒好的手臂伸入产道，检查胎向、胎位及胎势是否正常，可以对胎儿的异常做出早期诊断，及早发现，尽早矫正。除检查胎儿外，还可检查母畜骨盆有无变形，阴门、阴道及子宫颈的松软扩张程度，以判断有无因产道异常而发生难产的可能。这样不仅能避免难产，还可急救胎儿。正生时，胎儿的三件（唇和二蹄）俱全，则可等其自然排出。

（2）及时助产 遇到以下情况时，要及时帮助拉出胎儿：母畜努责及阵缩微弱，无力排出胎儿；产道狭窄或胎儿过大，产出滞缓；正生时，胎头部通过阴门困难，迟迟没有进展；牛和马胎儿倒生时，因为脐带可能被挤压于胎儿与骨盆底之间，妨碍血液流通，必须迅速将胎儿拉出，避免胎儿因氧气供应受阻而反射性地吸入羊水，导致窒息。当胎儿唇部或头部露出阴门之外，而羊膜尚未破裂时，应立即撕破羊膜，擦净胎儿鼻孔内的黏液，以利于胎儿呼吸，防止窒息。在猪中，有时相邻两胎儿的产出间隔时间较长，若无强烈努责，胎儿的生命一般并无危险，但如果经过强烈努责而仍未产出胎儿，则有可能导致胎儿窒息死亡。这时可用手或者助产器械拉出胎儿，也可注射催产药物，促使胎儿排出。猪的死胎往往发生在最后分娩的几个胎儿，所以在胎儿产出末期，发现还有胎儿而排出滞缓时，则必须使用药物催产。如果遇到羊水已流失，即使胎儿尚未产出，也要尽快将胎儿拉出。可以抓住胎头及前肢，随着母畜的努责，沿骨盆轴方向拉出胎儿，在牵拉过程中要注意保护母畜阴门不被撕裂。

（3）及时清理口鼻黏液、擦干羊水 胎儿产出后要及时擦净口鼻黏液，防止窒息以及吸入肺内引起肺炎。同时观察新生仔畜呼吸是否正常，如果无呼吸需要立即抢救。随后擦干身上的羊水，防止天冷时受冻。在牛和羊，可以让母畜舔干新生仔畜身上的羊水。羊水中富含前列腺素（PGs），可增强母畜子宫收缩，加速胎衣脱落。

（4）处理脐带 胎儿产出后，脐血管可能由于 PGs 的作用而迅速封闭，所以处理脐带的目的不是止血，而是促进其干燥，避免细菌侵入。如果脐带被自行挣断，一般可不结扎。但若产出后脐带未断，可用手捋着脐带向仔畜腹部挤压血液至体内，以增进仔畜健康，在距脐口 5～10 cm 处结扎断脐。将脐带断端在碘酊中浸泡片刻或在脐带外面涂抹碘酊。

视频：难产及其助产

（三）难产及其助产

1. 难产的种类 引起难产的原因不同，常见的难产可分为产力性难产、产道性难产和胎儿性难产三大类，前两类是由于母体原因引起，后一类则是由于胎儿原因造成的。

（1）产力性难产 包括产力异常（阵缩及努责微弱、努责过强等）、破水过早和子宫疝气等。努责微弱是指分娩的开口期及胎儿产出期，子宫肌层的收缩频率及强度不足，导致胎儿无法产出。努责过强是指母畜在分娩时子宫壁及腹壁的收缩时间长、间歇短、力量强烈，有时子宫壁的一些肌肉还出现痉挛性的不协调收缩形成狭窄环。破水过早是指在子宫颈尚未完全松软开张、胎儿姿势尚未转正或进入产道时胎囊即已破裂、羊水流失。

（2）产道性准产 由于母体软产道及硬产道的异常而引起的难产，包括子宫捻转、子宫颈狭窄、阴道及阴门狭窄和子宫肿瘤等，多见于猪、牛和羊。

（3）胎儿性难产 主要由胎势、胎位和胎向异常或胎儿过大等引起，胎儿畸形或两个胎儿同时楔入产道等也能引起难产。

以上难产中，胎儿性难产最为多见。马、牛和羊的胎儿因头颈和四肢较长，容易发生姿势性难产。猪因头颈短，姿势性难产极少，但胎儿过大容易引发难产。

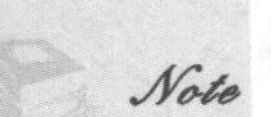

2. 难产的助产 难产种类繁多、复杂，在实施助产前，要对胎儿及产道进行临床检查，必须判明

难产情况，在此原则基础上，才能确定助产方案。

(1) 子宫迟缓　猪可用产科套、产科钩钳等助产器械将胎儿拉出。如果手或器械触及不到胎儿，可等胎儿移至子宫颈时再拉。有时只要取出阻碍生产的胎儿后，其余胎儿便会自行产出。大动物一般不用药物进行催产，而行牵引术。对猪和羊，如果手和器械触及不到胎儿可使用催产素(OXT)，促进子宫收缩，但使用前必须确认子宫颈已经充分开张，胎势、胎位和胎向正常，且骨盆无狭窄或其他异常，否则可能加剧难产，增加助产的难度。

(2) 努责过强及破水过早　用指尖掐压产畜背部皮肤，使之减缓努责。如已破水，可以根据胎儿姿势、位置等异常情况，进行矫正后牵引；如果子宫颈未完全松软开张，胎囊尚未破裂，为缓解子宫的收缩和努责，可注射镇静麻醉药物；如果胎儿已经死亡，矫正、牵引均无效果，可施行截胎术或剖宫产术。

(3) 子宫捻转　若临产时发生捻转，应首先把子宫转正，然后拉出胎儿；若产前发生捻转，应对子宫进行矫正。矫正子宫的方法通常有四种：通过产道或直肠矫正胎儿及子宫、翻转母体、剖腹矫正或剖宫产。后三种方法主要用于捻转程度较大而产道极度狭窄，手难以进入产道或用于子宫颈尚未开放的产前捻转。

(4) 子宫颈开张不全　助产取决于病因、胎儿及子宫的状况。如果牛的阵缩努责不强、胎囊未破且胎儿还活着，须稍等候，使子宫颈尽可能开张，过早拉出易造成胎儿或子宫颈损伤。在此期间可注射己烯雌酚、OXT 和葡萄糖酸钙等进行药物治疗。根据子宫颈开张的程度、胎囊破裂与否及胎儿的死活等，选用牵引术、剖宫产术或截胎术。

(5) 胎儿过大　胎儿过大引起的难产可以选用的助产方法包括：①用牵引术协助胎儿产出(产道灌注润滑剂，缓慢牵拉)；②用外阴切开术扩大产道出口；③用剖宫产术取出胎儿；④用截胎术取出胎儿；⑤母畜超出预产期且怀疑为巨型胎儿时，可用人工诱导分娩。

(6) 双胎难产　助产原则是先推回一个胎儿，再拉出另一个胎儿，然后将推回的胎儿拉出。在推回胎儿时一定要注意：怀双胎时，子宫容易破裂，因此推的时候应小心谨慎。双胎胎儿一般都比较小，拉出并无多大困难，但在推之前，须把两个胎儿的肢体分辨清楚，不要错把两个胎儿的腿拴在一起外拉。如果产程已很长，矫正及牵引均困难很大时，可用剖宫产术或截肢术。双胎难产救治后多发生胎衣不下，因此，应尽早用手术法剥离，并及时注射 OXT。

(7) 胎势异常　一般需要将胎儿推回腹腔，因此大多需要施行硬膜外麻醉，矫正后再用牵引术拉出。胎势异常可能单独发生，也可能与胎位异常、胎向异常同时发生。

(8) 胎位异常　胎儿只有在正常的上位时才能顺利产出，因此在救治这类难产时，必须要将侧位或下位的胎儿矫正成上位。在矫正时，必须先将胎儿推回，然后在前置的适当部位上用力转动胎儿。如果能使母畜站立，则矫正较容易。

(9) 胎向异常　这类难产极难救治。救治的主要方法是转动胎儿，将竖向或横向矫正成纵向。一般是先将最近的肢体向骨盆入口处拉，如果四肢都差不多时，最好将其矫正为倒生，并灌入大剂量的润滑剂，防止子宫发生损伤或破裂。如果胎儿死亡，则宜施行截胎术，当胎儿活着时，宜尽早施行剖宫产术。

三、仔畜的护理和产后恢复

新生仔畜是指断脐至脐带干缩脱落这个阶段的幼畜。仔畜出生后，由母体环境进入外界环境，生活条件和生活方式都发生巨大变化，为了使仔畜适应外界环境，必须加强护理。而母畜分娩后生殖器官发生很大变化，机体抵抗力减弱，容易受到病原微生物侵入，因此也必须加强对母畜的护理。

(一) 新生仔畜的护理

新生仔畜生理机能还不甚完善，抗病力和适应能力都很差。因此，在这一阶段的主要任务是促使仔畜尽快适应新环境，降低新生仔畜的患病率和死亡率。

1. 防止脐带炎　新生仔畜断脐后，通常在 1 周左右脐带干缩脱落(仔猪生后 24 h 即干缩)。在

这期间，要注意脐带的变化，如有滴血或流尿现象，要及时结扎，这是脐带血管闭锁不全引起的。要防止仔畜间互相舔吮脐带，以免感染。若发生感染，可在发生初期，在脐孔周围皮下分点注射普鲁卡因青霉素溶液，并局部涂以松馏油与5%碘酊等量合剂；若发生脓肿则应切开脓肿部，撒以磺胺类粉，并用绷带保护。对脐带坏疽性脐炎，要切除坏死组织，消毒液清洗后，再用碘溶液、苯酚或硝酸银等腐蚀药涂抹。

2. 注意保温 新生仔畜体温调节中枢尚未发育完全，皮肤调节机能很差，要注意保温。新生仔畜不仅对低温很敏感，对高温也敏感，例如，出生后2～3天的羔羊在38 ℃只能存活2 h左右。因此，在高热季节要注意仔畜的防暑。

3. 新生仔畜喂养 母畜产后最初几天分泌的乳汁为初乳。一般产后4～7天即变为常乳。初乳的营养丰富，蛋白质、矿物质和维生素A等脂溶性维生素的含量较高，且容易消化，甚至有些小分子物质不经肠道消化便可直接吸收。特别是初乳内还含有大量的免疫抗体，这对新生仔畜获得免疫抗体、提高抗病能力是十分必要的。因此，必须使新生仔畜尽早吃到初乳。

对于因产仔过多、母畜奶头不够或母畜产后死亡等而失乳的仔畜应进行人工哺乳或寄养，要做到定时、定量、定温；用牛奶或奶粉给其他畜种的仔畜人工哺乳时，最好除去脂肪并加入适量的糖、鱼肝油、食盐等添加剂，并做适当的稀释。

4. 假死仔畜急救 仔畜出生后，呼吸发生障碍或无呼吸，仅有心脏活动，称为假死或窒息。若不及时采取措施进行救治，往往会引起死亡。

引起假死的原因很多，归纳为以下几种情况：①分娩排出胎儿过程延长，很大一部分胎儿胎盘过早脱离母体胎盘，胎儿得不到足够氧气；②因胎儿体内CO_2积累而过早发生呼吸反射，吸入羊水；③胎儿倒生时产出缓慢，脐带受到挤压，使胎盘循环受到阻滞；④胎儿出生时胎膜未及时破裂等。

急救假死幼畜时，先将幼畜后躯提高，擦净口鼻及呼吸道中的黏液和羊水，然后将连有皮球的胶管插入鼻孔及气管中，吸尽黏液。也可将仔畜头部以下浸泡在45 ℃的温水中，用手掌有节奏地轻压胸腹部，促使呼吸道黏液排出，诱发呼吸。如果上述方法无效，则可施以人工呼吸，将假死仔畜仰卧，头部放低，由一人抓仔畜前肢交替扩张，另一人将仔畜舌拉出口外，用手掌在最后肋骨部两侧交替轻压，使胸腔收缩和开张。在采用急救手术的同时，可配合使用刺激呼吸中枢的药物，如皮下或肌内注射1%山梗菜碱0.5～1 mL或25%尼可刹米1.5 mL，也可酌情使用其他强心剂。

（二）母畜产后生殖机能的恢复

1. 子宫的恢复 分娩后，子宫黏膜表层发生变性、脱落，原属母体胎盘部分的子宫黏膜被再生黏膜代替，子宫恢复到正常的体积和功能的过程称为子宫复旧。对牛、羊来说，即子宫阜的体积缩小，并逐渐恢复到妊娠前的大小。在黏膜再生的过程中，变性脱落的子宫黏膜、白细胞、部分血液、残留在子宫内的胎水以及子宫腺分泌物等被排出，形成恶露。产后头几天恶露较多，最初为红褐色，继而变成黄褐色，最后变为无色透明。恶露排尽的时间：猪2～3天，牛10～12天，绵羊5～6天，山羊12～14天，马2～3天。随着子宫黏膜的恢复和更新，子宫肌纤维也发生相应的变化。开始阶段子宫壁变厚，体积缩小，随后子宫肌纤维变性，部分被吸收，子宫壁变薄并逐渐恢复到原来的状态。子宫复旧的时间：猪10天左右，牛9～12天，水牛30～45天，羊17～20天，马13～25天。子宫复旧的速度因动物的种类、年龄、胎次、是否哺乳、产程长短、是否有产后感染或胎衣不下等因素而有所差异。

2. 卵巢的恢复 分娩后，卵巢上可能就有卵泡发育，卵巢恢复的时间在不同畜种间差异较大。母牛卵巢上的黄体虽然在妊娠期会有变化，但是到分娩后才被吸收，所以产后第一次发情出现较晚，而且往往只排卵却无发情表现。母马卵巢上的黄体在妊娠后半期已经开始萎缩，分娩前黄体消失，因此，分娩后不久就会有卵泡发育，可在产后6～13天出现产后第一次发情排卵。但是，由于生殖器官尚未恢复原状，配种受胎率低，流产率可达12%，因此，一般不予配种，可考虑在第二次发情时配种。母猪卵巢上的黄体在分娩后退化，产后3～5天部分母猪会出现无排卵的发情现象，但绝大部分处于哺乳期的母猪会出现泌乳性乏情。母猪通常在断奶后3～5天发情排卵。

Note

（三）产后母畜的护理

产后母畜的生殖器官发生了很大变化。产道开张、子宫收缩和胎儿产出的过程中产道和黏膜层均可能受损，导致抵抗力降低。分娩后，子宫内沉积大量恶露，病原微生物易侵入导致感染。为促使产后母畜尽快恢复正常，应加强对产后母畜的护理。

母畜产后要供给质量好、营养丰富和容易消化的饲料，一般牛需要10天，马、驴5～6天，猪8天，羊3天，之后可转为常规饲料。由于恶露排出，母畜的外阴部和臀部要经常清洗和消毒，要经常更换洁净的褥草。

母畜分娩时由于脱水严重，一般都口渴。因此，在产后应及时供给新鲜洁净的温水，饮水中最好加入少量食盐和麸皮，以增强母畜体质，有助于恢复健康。

（四）胎衣不下及其处理

1. 胎衣不下 母畜分娩后，胎盘（胎衣）在正常时间内未排出体外的现象称为胎衣不下或胎盘滞留。各种动物在分娩后，牛12 h、马1.5 h、猪1 h、羊4 h内为胎衣排出时间，如果超出正常时间未能排出胎衣，则可认为发生胎衣不下。各种动物都可发生胎衣不下，相比之下以牛最多，尤其在饲养水平较低或生双胎的情况下，发生率可达30%～40%。奶牛胎衣不下的发生率一般在10%左右，个别牧场可高达40%。猪和马的胎盘为上皮绒毛膜型胎盘，不如牛、羊的子叶型胎盘牢固，所以胎衣不下发生率较低。

胎衣不下可分为部分胎衣不下和全部胎衣不下。部分胎衣不下时，大部分胎衣已经排出体外，一部分胎衣仍残留在母体子宫内，外部不易发现。牛多为部分胎衣不下，其诊断主要根据恶露的排出时间延长，有臭味，并含有腐败的胎衣碎片来判断。马的胎衣排出后，可在体外检查胎衣是否完整。猪也多为部分胎衣不下，常表现为不安，体温升高，食欲减退，泌乳减少，喜喝水，阴门内流出红褐色液体，内含胎盘碎片。检查排出的胎盘上脐带断端的数目是否与胎儿数目相符，可判断猪的胎盘是否完全排出。发生全部胎衣不下时，整个胎衣未排出，胎儿胎盘的大部分仍与子宫黏膜相连，仅一部分胎膜悬吊于阴门之外。

除饲养水平低可引起胎衣不下外，流产、早产、难产、子宫捻转都能在产出和取出胎儿后，由于子宫收缩乏力而引起胎衣不下。此外，胎盘感染、结缔组织增生使胎儿胎盘与母体胎盘发生粘连，也易引起胎衣不下。

2. 胎衣不下的处理 胎衣不下的治疗方法有很多种，可分为药物治疗和手术治疗两种。牛胎衣不下时，可先实行手术剥离，如有困难可配合药物治疗。马胎衣不下需尽早手术剥离。此外还可肌内或皮下注射OXT促进子宫收缩，加快排出子宫内已腐败分解的胎衣碎片和液体，剂量：牛50～100 IU，羊和猪5～10 IU，每隔2 h注射1次，注射2次。最好在产后8～12 h注射1次。除OXT外，还可皮下注射麦角新碱，牛、马1.2～2 mg，猪、羊0.2～0.4 mg。

为预防母畜产后胎衣不下，妊娠期间要喂些含钙和维生素丰富的饲料，舍饲母畜要适当增加运动，产前1周减少饲料。分娩后让母畜及时舔干仔畜身上的液体，最好事先准备一个干净的盆，待产时胎膜破裂后，将羊水接入盆内，适当加温到38～40 ℃，待母畜分娩后饮下温羊水，或饮益母草及当归水，可起到防止胎衣不下的效果。

四、诱导分娩

诱导分娩也称引产，是指在妊娠末期，人为诱发母畜分娩，生产具有独立生活能力的仔畜。它是利用外源激素模拟发动分娩的机理，人为地控制分娩时间和过程的一项繁殖技术。如果将诱导分娩的适用时间范围加以扩大，不再考虑胎儿在产出时的死活以及胎儿在产出后是否具有独立生活能力，就是人工流产。

（一）诱导分娩的意义

（1）一定程度上可使母畜的分娩分批进行，对母畜和仔畜进行集中护理，节省人力和时间，充分而有计划地使用产房和设备。

Note

(2) 采用分娩控制，可在预知分娩时间的前提下进行有准备的护理工作，防止母畜和仔畜可能发生的伤亡事故。

(3) 配合同期发情技术，有利于建立畜牧业的工厂化生产模式，也有利于分娩母畜之间新生仔畜的调换、并窝和寄养。

(4) 诱导分娩可以减轻新生仔畜的初生重，从而降低因胎儿过大导致难产的可能性。

(5) 可以使绝大部分母畜在指定日期分娩，可避免助产人员在预产期前后日夜值班、观察护理。

（二）诱导分娩的方法

1. 牛的诱导分娩　由于ACTH可以刺激内源性糖皮质激素的分泌，因此可以用于牛的诱导分娩。糖皮质激素和$PGF_{2\alpha}$是常用的诱导分娩药物，雌激素可以作为辅助用药。在妊娠后期，母牛血浆中雄激素水平升高后进行处理效果较好。糖皮质激素类药物包括地塞米松、氟美松和倍他米松，常用的前列腺素为氯前列烯醇。

长效型糖皮质激素可以在预计分娩前1个月左右注射，用药后2～3周促发分娩。短效型糖皮质激素可诱发母牛在2～4天内分娩。一般在母牛预产期前2周用短效型糖皮质激素进行诱导分娩，有效率为80%～90%。例如，母牛从妊娠265天起，一次肌内注射20～30 mg地塞米松或8～10 mg氟美松，一般在处理后30～60 h分娩。如果同时肌内注射25 mg雌二醇，可以使从激素处理到产犊的间隔时间缩短几小时。一次性肌内注射25 mg $PGF_{2\alpha}$，或500 μg氯前列烯醇，其效果与短效型糖皮质激素非常类似，即约90%的母牛在处理后24～72 h分娩，但有报道称用前列腺素诱导分娩，母牛难产率和死胎率稍高些。也可先用长效型糖皮质激素处理，引起大部分母牛分娩，对尚未分娩的母牛再用短效型糖皮质激素或$PGF_{2\alpha}$处理，可得到较为理想的引产效果。

牛的诱导分娩虽有一些成功的处理方法，但是尚存在一些问题。主要表现在当采用短效型糖皮质激素或$PGF_{2\alpha}$时，常伴有胎衣不下的现象。一般进行诱导分娩的时间距妊娠期满的时间不能太长，若正常分娩期前1～2周分娩，胎衣不下的比例高达75%～90%；如果接近或已超过分娩期诱导分娩，胎衣不下的比例为10%～50%。

2. 羊的诱导分娩　羊在妊娠144天时，注射地塞米松(或倍他米松)10～20 mg或氟美松2 mg，多数可在注射后的40～60 h内产羔。在妊娠141～144天注射15 mg $PGF_{2\alpha}$，亦能使母羊在3～5天内产羔。虽然难产和胎衣不下的比例不高，但会出现新生羔羊生活力差、死亡率高和多羔羔羊体重小等问题。

山羊在整个妊娠期都依赖黄体产生孕酮，因此，使用$PGF_{2\alpha}$可以成功诱导山羊分娩。一次性肌内注射5～20 mg $PGF_{2\alpha}$或62.5～125 μg氯前列烯醇，母羊在处理后27～55 h分娩，平均为33～35 h，但是必须在妊娠140天以后才能诱导分娩。

3. 猪的诱导分娩　根据猪分娩机理，三类激素可用于猪的诱导分娩：肾上腺皮质激素及其类似物、$PGF_{2\alpha}$及其类似物、催产素。

猪诱导分娩的有效处理时间一般在妊娠112天后，最好的药物是$PGF_{2\alpha}$及其类似物。在母猪妊娠112天后，一次性肌内注射10 mg $PGF_{2\alpha}$或0.2～0.4 mg氯前列烯醇，一般在处理后30 h分娩。早上注射药物，多数母猪通常在第2天的白天分娩。若采用注射氯前列烯醇后20～24 h加注30 IU OXT，其分娩时间略有提前，并能比较准确地控制分娩的时间。在分娩前数日，先注射孕酮3天，每天100 mg，第4天注射氯前列烯醇0.2 mg，可使分娩时间控制在较小的范围内。

4. 马的诱导分娩　一般采用糖皮质激素、$PGF_{2\alpha}$和OXT进行诱导分娩。对临近分娩的母马，应采用低剂量的OXT。对乘用母马可选用地塞米松，每日100 mg，连续注射4天，即可引起分娩，从药物注射到产驹的时间一般为6.5～7天。小型马的效果更为明显，多数母马可在3～4天产驹。

$PGF_{2\alpha}$及其含氟的合成类似物(氟前列烯醇)也可用于马的引产，但$PGF_{2\alpha}$在临近分娩时使用，有造成死驹的可能；而用氟前列烯醇则可促使母马在1～3天内完成分娩。雌激素只有与OXT结合使用才能发挥其促进分娩的作用。雌激素预先作用可引起子宫颈扩张变软，继而在OXT的作用下发动分娩。

技能训练

正常分娩的助产技术

视频：正常分娩的助产技术

【目的要求】 通过实训，掌握母畜正常分娩的助产方法，确保助产达到规定的要求。

【材料用具】 注射器及针头、脱脂棉花和纱布、常用产科器械、剪牙钳、体温表、听诊器、细绳和产科绳、毛巾、肥皂、脸盆、热水、70%酒精、5%碘酊、消毒液、高锰酸钾粉、阿莫西林粉、催产药物及急救药等。

【内容步骤】

一、助产前的准备

(1) 根据母畜配种记录和分娩预兆的综合预测，将母畜在分娩前 1～2 周转入产房进行饲养管理。

(2) 产房一般要求宽敞、清洁干燥、安静、通风良好而无贼风，要配有照明设施。母畜进入前要清扫消毒，铺好柔软的褥草，不能铺得过厚，必须经常更换和消毒。早春和冬季寒冷的时候分娩要特别注意做好保温工作。

(3) 助产前准备好常用的接产药械及用品。

(4) 助产人员做好自身的消毒与防护，建立昼夜值班制度。

二、正常分娩的助产

一般情况下，正常分娩无须人为干预。助产应在严格消毒的原则下，按照下述方法进行。

1. 助产准备 用热水清洗并消毒母畜的外阴部及其周围，用绷带缠好母畜(牛、马等)尾根，并将尾巴拉向一侧系于颈部。胎儿产出期开始时助产人员应系上胶围裙，穿上胶鞋，消毒手臂，准备做必要的检查工作。

对于长毛品种动物(例如母犬)，要剪掉乳房、会阴和后肢部位的长毛，用温水、肥皂水将母畜外阴部、肛门、尾根及乳房洗净、擦干，再用新洁尔灭溶液消毒。

2. 助产处理

(1) 临产检查 检查母畜全身情况，及体温、呼吸、脉搏等，为防止难产，大动物的胎儿前置部分进入产道时，可将事先消毒好的手臂伸入产道，检查胎向、胎位及胎势是否正常，可对胎儿的异常尽早进行矫正。还可检查母畜骨盆有无变形，阴门、阴道及子宫颈的松软扩张程度，以判断有无因产道异常而发生难产的可能。

(2) 及时助产 遇到以下情况时，要及时帮助拉出胎儿：母畜努责及阵缩微弱，无力排出胎儿；产道狭窄或胎儿过大，产出滞缓；正生时，胎头部通过阴门困难，迟迟没有进展；牛和马胎儿倒生时，须迅速将胎儿拉出，避免胎儿因氧气供应受阻而反射性地吸入羊水，导致窒息。当胎儿唇部或头部露出阴门之外，而羊膜尚未破裂时，应立即撕破羊膜，擦净胎儿鼻孔内的黏液，防止窒息。在猪中，有时相邻两胎儿产出的间隔时间较长，并且经过强烈努责而仍未产出胎儿，这时须用手或者助产器械拉出胎儿，也可注射催产药物，促使胎儿排出。如果遇到羊水已流失，即使胎儿尚未产出，也要尽快将胎儿拉出。可以抓住胎头及前肢，随着母畜的努责，沿骨盆轴方向拉出胎儿，在牵拉过程中要注意保护阴门不被撕裂。母畜站立分娩时，应去接住胎儿。

(3) 及时清理口鼻黏液、擦干羊水 胎儿产出后要及时擦净口鼻黏液，防止窒息以及吸入肺内引起肺炎。同时观察新生仔畜呼吸是否正常，若无呼吸须立即抢救。随后擦干身上的羊水，防止天冷时受冻。对牛和羊，可以让母畜舔干新生仔畜身上的羊水。

(4) 处理脐带 胎儿产出后，如果脐带被自行挣断，一般可不结扎。但若产出后脐带未断，需要在距脐口 5～10 cm 处结扎断脐，并用碘酊浸涂脐带断端。

(5) 剪齿、断尾 猪胎儿产出且吃足初乳后，还要用剪牙钳将上、下各两对犬齿剪除，剪牙钳要

Note

平行于牙床，尽量靠近牙齿根部剪断，用手触摸剪过的部位，若刺手还要重新剪掉，直到平整不刺手为止。剪过的牙床处涂抹阿莫西林粉。断尾时，用牛筋绳蘸消毒液后在距尾根 2.5 cm 处用力勒紧，等待 7～12 大自行脱落；或者术部消毒，留 2～3 cm 长，其余用已消毒剪刀剪掉，蘸高锰酸钾粉进行止血。

展示与评价

正常分娩的助产技术评价单

技能名称	正常分娩的助产技术				
专业班级		姓名		学号	
完成场所		完成时间		组别	
完成条件	填写内容：场所、动物、设备、仪器、工具、药品等				
操作过程描述					
操作照片	操作过程或项目成果照片粘贴处				
任务评价	小组评语	小组评价	评价日期	组长签名	
	指导教师评语	指导教师评价	评价日期	指导教师签名	
考核标准	优秀标准	合格标准	不合格标准		
	1. 操作规范，安全有序 2. 步骤正确，按时完成 3. 全员参与，分工合理 4. 结果准确，分析有理 5. 保护环境，爱护设施	1. 基本规范 2. 基本正确 3. 部分参与 4. 分析不全 5. 混乱无序	1. 存在安全隐患 2. 无计划，无步骤 3. 个别人或少数人参与 4. 不能完成，没有结果 5. 环境脏乱，桌面未收		

巩固训练

一、名词解释

受精　附植　精子获能　胎盘　胎位

扫码看答案

二、单项选择题

1. 胎盘有四种类型，其中猪的胎盘类型属于（　　）。

A. 弥散型胎盘　　B. 子叶型胎盘　　C. 带状胎盘　　D. 盘状胎盘

2. 母牛的妊娠期平均为（　　）天。

A. 282　　B. 150　　C. 114　　D. 60

3. 母体胎盘的构成是（　　）。

A. 子宫内膜　　B. 绒毛膜　　C. 羊膜　　D. 浆膜

4. 胚泡附植以前，胚胎的营养主要靠（　　）供应。

A. 卵泡细胞　　B. 卵黄　　C. 子宫乳　　D. 母体血液循环

5. 受精过程中，确保单精受精的关键环节是（　　）。

A. 顶体反应　　B. 透明带反应　　C. 放射冠阻止　　D. 卵黄膜封阻作用

6. 受精过程中精子不需要通过（　　）。

A. 放射冠　　B. 透明带　　C. 卵黄膜　　D. 卵泡膜

7. 胎膜中形成子体胎盘的部分为（　　）。

A. 绒毛膜　　B. 尿囊膜　　C. 羊膜　　D. 浆膜

8. 在胚胎早期发育过程中，胚胎在（　　）阶段逐渐从透明带中孵化出来。

A. 卵裂　　B. 桑葚胚　　C. 囊胚　　D. 原肠期

9. 家畜分娩的最佳姿势为（　　）。

A. 仰卧　　B. 站立　　C. 犬蹲式　　D. 侧卧

10. 家畜分娩后排出的恶露，最初的颜色呈（　　）。

A. 黄褐色　　B. 红褐色　　C. 无色　　D. 脓绿色

三、判断题

1. 猪的妊娠期一般为 150 天左右。（　　）
2. 牛、羊的胎盘属于弥散型胎盘。（　　）
3. 受精过程中精子顶体释放透明质酸酶可以使精子通过透明带。（　　）
4. 胚泡附植以前，胚胎的营养主要靠细胞的卵黄供应。（　　）
5. 恶露是母畜分娩后生殖道的一种分泌物。（　　）
6. 母畜产力性难产的主要原因是营养不良或年龄老化。（　　）
7. 胎儿过大时应借助催产素增加产力来帮助动物分娩。（　　）
8. 为母畜分娩提供动力的肌肉有子宫肌、腹肌和膈肌。（　　）
9. 难产处理的原则是舍母保仔。（　　）
10. 一般将分娩过程分为开口期和胎儿产出期两个阶段。（　　）

四、简答题

1. 简述精子运行到受精部位的三大屏障和三大储库。
2. 牛、羊、猪的妊娠期平均是多少天？如何推算预产期？
3. 简述妊娠诊断的方法及其诊断要点。
4. 简述妊娠母畜的生理变化。
5. 简述难产的类型及其救助原则。
6. 简述产后母畜、仔畜护理的要点。

Note

项目六　繁殖控制技术

学习目标

▲知识目标

1. 了解繁殖控制技术的意义及其发展概况。

2. 理解和掌握猪、牛、羊诱导发情、同期发情、超数排卵、胚胎移植及胚胎生物工程技术的原理和方法。

3. 掌握诱导发情、同期发情、超数排卵、胚胎移植技术的操作要点及注意事项。

▲技能目标

1. 能够正确使用激素诱导法对猪、牛、羊进行诱导发情。

2. 能够正确使用孕激素阴道栓塞法对牛、羊进行同期发情。

3. 能够正确使用 PMSG 法对猪进行同期发情。

4. 能够正确使用前列腺素类似物对马进行同期发情。

5. 能够正确使用 FSH＋PG 法、CIDR＋FSH＋PG 法、PMSG＋PG 法对牛、羊进行超数排卵。

6. 能够正确对胚胎移植、体外受精、胚胎分割、体细胞克隆及性别控制技术中所涉及的器械进行消毒。

7. 可以运用手术法对小动物的胚胎进行收集。

8. 可以运用非手术法回收大型动物的胚胎。

9. 能够依靠形态学法鉴定胚胎质量，熟悉荧光活体染色法和测定代谢活性法。

10. 能够运用手术法和非手术法进行胚胎移植。

11. 可以通过抽吸法、切割法收集卵丘-卵母细胞复合体并鉴别其质量。

12. 能够简要叙述出胚胎分割、体细胞克隆及性别控制技术的基本操作程序。

▲思政目标

1. 树立安全操作、标准化生产的专业意识。

2. 形成理论与生产实际相结合、重视问题、解决问题的专业能力。

3. 培养学生实事求是、创新开拓的精神。

4. 树立工匠精神、农业情怀、不惧苦累、甘守寂寞的职业理念。

扫码学课件
任务 6-1

任务一 发情控制技术

任务分析

发情控制技术任务单

任务名称	发情控制技术		参考学时	3 学时
学习目标	1. 了解繁殖控制技术的意义及其发展概况。 2. 理解和掌握猪、牛、羊诱导发情、同期发情、超数排卵的原理和方法。 3. 掌握诱导发情、同期发情、超数排卵的操作要点及注意事项。			
完成任务	1. 利用实训室或实训基地，按照操作规程完成任务。 2. 正确选择母畜。 3. 正确使用激素诱导法对猪、牛、羊进行诱导发情。 4. 正确使用孕激素阴道栓塞法对牛、羊进行同期发情，使用 PMSG 法对猪进行同期发情，使用前列腺素类似物对马进行同期发情。 5. 正确使用 FSH＋PG 法、CIDR＋FSH＋PG 法、PMSG＋PG 法对牛、羊进行超数排卵。			
学习要求（育人目标）	1. 树立安全操作、标准化生产的专业意识。 2. 形成理论与生产实际相结合、重视问题、解决问题的专业能力。 3. 培养学生实事求是、创新开拓的精神。 4. 具有胆大心细、敢于动手的工作态度。			
任务资讯	资讯问题		参考资料	
	1. 如何选择母畜？ 2. 诱导发情、同期发情、超数排卵的操作要点是什么？		1. 线上学习平台中的 PPT、图片、视频及动画。 2. 倪兴军. 动物繁育[M]. 武汉：华中科技大学出版社，2018。	
考核标准	知识考核	能力考核	素质考核	
	1. 查阅相关知识内容和有关文献，完成资讯问题。 2. 准确完成线上学习平台的知识测验。 3. 任务单学习和完成情况。	1. 可以选择合格母畜。 2. 使用相应方法对猪、牛、羊、马进行发情控制。	1. 遵守学习要求，服从学习安排。 2. 积极动手实践，观察细致认真。 3. 操作规范、严谨。	
	结合课堂做好考核记录，按项目进行评价，考核等级分为优秀、良好、合格和不合格四种。其中优秀为 85～100 分，良好为 75～84 分，合格为 60～74 分，不合格为 60 分以下。			

任务知识

发情控制是一种以促进畜牧业发展为目的的现代繁殖技术，主要是通过人为调节或药物干预母畜的发情和排卵，从而达到控制雌性生殖的目的。其主要包括诱导发情、同期发情和超数排卵。

一、诱导发情

诱导发情是指针对乏情的成年母畜，采用外源生殖激素，如促性腺激素、雌激素或前列腺素等激

素和某些生物活性物质及外界刺激等手段，使之表现为正常发情、排卵、受精。在畜牧业生产中，由于季节性、生理性、病理性等原因，母畜生长发育到初情期后，仍不出现第一次发情或成年母畜长期无发情表现，甚至在分娩后迟迟不出现发情，可对这类乏情母畜采用诱导发情，提高其繁殖效率。

（一）牛的诱导发情

1. 孕激素处理法 与同期发情处理方法类似，平均处理2周后卵泡活性将增强，由静止状态转变为发育状态。如孕激素处理结束后，配合一定量的孕马血清促性腺激素（PMSG）或促卵泡素（FSH），可起到非常明显的效果。

2. 孕马血清促性腺激素处理法 处理前应确认乏情母牛的状态。使用3～3.5 IU/kg（体重）的PMSG进行肌内注射，可促进卵泡发育和母畜发情。10天内检查有无发情迹象，无发情的重复以上操作，但剂量应稍加大。

3. 促卵泡素处理法 使用促卵泡素诱导发情时，需连续作用3～4天，早晚各一次，每次剂量为5～7.5 mg。因促卵泡素成本高，生产中很少使用，通常仅在胚胎移植或一些实验中应用。

4. 促性腺激素释放激素处理法 可选择促排卵素2号（LRH-A2）和促排卵素3号（LRH-A3），使用剂量为28 μg，一次肌内注射。

（二）羊的诱导发情

羊是典型的季节性发情动物，在休情期内或产羔不久做诱导发情处理，可使其正常发情、配种、受胎。母羊在乏情季节，可人为缩短光照时间，一般每日光照8 h，连续处理7～10周，母羊即可发情。若为舍饲羊，每天提供12～14 h的光照，持续60天，然后将光照时间突然缩短，50～70天后会有大量母羊开始发情。对于那些发情季节到来后仍不发情的母羊，也可通过激素处理，诱导其正常发情。用孕激素处理9～14天（皮下埋植或阴道栓），于处理结束前1～2天或当天肌内注射500～1000 IU PMSG，能够取得较好的诱导发情效果。另外，用Folligon＋孕激素装置（CIDR）进行诱导发情，也可获得较满意的效果。

（三）猪的诱导发情

诱导哺乳母猪发情并排卵，效果最好的方法是肌内注射PMSG 750～1000 IU，处理时期为分娩后第6周，若过早，则需加大激素用量。

提早断乳也是诱导发情的方法之一，但断乳时间越早，断乳至出现发情的间隔时间越长。正常断乳母猪至发情的间隔时间一般为5～7天。若在仔猪2日龄断乳，母猪出现发情的时间平均为10天，12日龄断乳平均为8天，24日龄断乳平均为7天，35日龄断乳平均为6天。

在生产上，可以通过成年公猪求偶叫声、外源生殖激素、求偶及交配行为等刺激成年母猪脑垂体，引发母猪排卵、发情、接受交配等行为。这种利用"公猪效应"来解决成年母猪不发情或发情缓慢问题的方法，不但能促进母猪多排卵，提高受胎率和产仔数，还能缩短母猪繁殖周期。

二、同期发情

采用外源生殖激素或其类似物调整母畜发情周期，使母畜群体在短时间内集中发情，并正常排卵、受精的技术称同期发情。

同期发情技术不仅有利于生产实践中的组织管理，还可间接提高畜群的发情率和繁殖率。具体应用时，应与牧场内批次管理、胚胎移植等实际工作需求相结合才能产生预期效果。

自然条件下，动物发情是随机的，但对于具有一定数量、生殖机能正常、未妊娠且正处于繁殖季节的群体来说，每日会有一定数量的动物出现发情。然而，大多数动物则处于黄体期或非发情期。同期发情，就是对群体母畜应用人工的方法，使之在一定时间内集中发情。

同期发情的基本原理是通过调节发情周期，控制群体母畜的发情排卵在同一时期发生，通常采取的办法是延长或减少黄体期，即通过孕激素抑制群体卵泡的发育和排卵，导致人为黄体期或采用前列腺素类激素迅速消除黄体，缩短黄体期，使卵泡同时开始发育，从而达到同期发情。

延长黄体期主要是采用外源孕激素来处理母畜。常用药物有孕酮、甲孕酮、甲地孕酮、炔诺酮、氯地孕酮等。处理方法有皮下埋植、阴道栓、口服和肌内注射等。缩短黄体期可肌内注射前列腺素、促性腺激素、促性腺激素释放激素等药物。

（一）牛的同期发情

1. 孕激素阴道栓塞法 孕激素阴道栓塞法是将含有一定量孕激素的专用栓塞放入阴道内，经一定天数后将栓塞取出，并注射前列腺素，在第 2～4 天，大多数母牛的卵泡会发育并排卵。具体操作：将 50～100 mg 的 18-甲基炔诺酮用植物油溶解后浸于海绵中，海绵呈圆柱状，直径和长度各约 10 cm，在一端系一细绳（图 6-1）。于发情周期内，利用开张器将阴道扩张，用长柄镊子夹住海绵，放置于子宫颈口周围，细绳露于阴门外部，在 9 天后拉出海绵栓。为了提高发情率，最好在取出海绵栓后肌内注射 PMSG 或前列腺素类激素。

除海绵栓外，同期发情硅胶栓 CIDR，孕酮含量为 1.38 g，呈“Y”字形，内有塑料弹性架，外附硅橡胶，两侧有可溶性装药小孔，尾端有尼龙绳（图 6-2）。

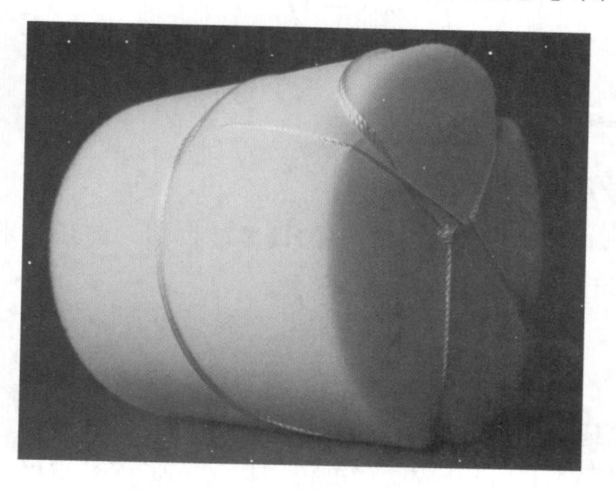

图 6-1　牛用同期发情海绵栓

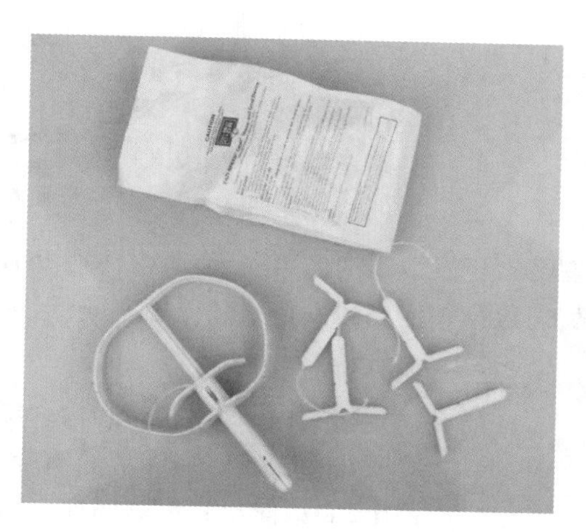

图 6-2　同期发情硅胶栓 CIDR

扫码看彩图
图 6-1

扫码看彩图
图 6-2

2. 孕激素埋植法 孕激素埋植法是将一定量的孕激素制剂装入管壁有小孔的塑料细管中，利用套管针或者专门埋植器将药管埋入牛耳背皮内（图 6-3）。具体方法：将 20～40 mg 的 18-甲基炔诺酮和少量的消炎粉混合在一个小的塑料管内，并在管子的壁上开几个小孔，使药物能够被释放。利用兽用套管针将细管埋植于耳背皮下，9 天后将细管挤出，同时注射氯前列烯醇 0.3 mg 或 PMSG 500～800 IU。取出后 2～5 天大多数母牛发情排卵。

3. 前列腺素法 前列腺素的投药方法有子宫注入和肌内注射两种，前者用药量少，效果明显，但注入时较为困难。后者操作容易，但用药量需适当增加。用国产氯前列烯醇 200 μg 于子宫颈口周围滴注或肌内注射 400 μg，可在 3～5 天内诱导 70%以上的奶牛发情、排卵。由于前列腺素对新生黄体没有作用，因此，一次注射前列腺素常有部分牛不发情。为了提高同期发情效果，可间隔 9～14 天再次进行前列腺素处理或对有功能性黄体的受体牛实施前列腺素处理，效果更佳。前列腺素处理后，虽然大多数牛的卵泡能够正常发育、排卵，但总有少数牛无外部发情表现和性行为，或表现非常微弱，不易察觉，其原因可能是激素尚未达到平衡状态，对于这些牛需做二次处理。

（二）绵羊和山羊的同期发情

绵羊和山羊的同期发情方法与牛的基本相同，只是剂量上有差别。目前羊主要采用孕激素阴道栓塞法或前列腺素法。

1. 孕激素阴道栓塞法 阴道孕酮释放装置 CIDR 的孕酮含量为每支 300 mg，海绵栓孕酮含量为每个 500 mg，连续处理 10～12 天，埋植方法与牛同期发情一致，使用 CIDR 后第 12～13 天（撤栓当天）肌内注射 PMSG，56 h 后可配种。另外，用 CIDR 阴道埋植和注射 Folligon（含孕马血清促性腺激素每只 100～200 IU），同期发情效果可达 95%以上。

2. 前列腺素法 必须在羊繁殖季节内，母羊已进入发情周期时才可用前列腺素对羊进行同期

Note

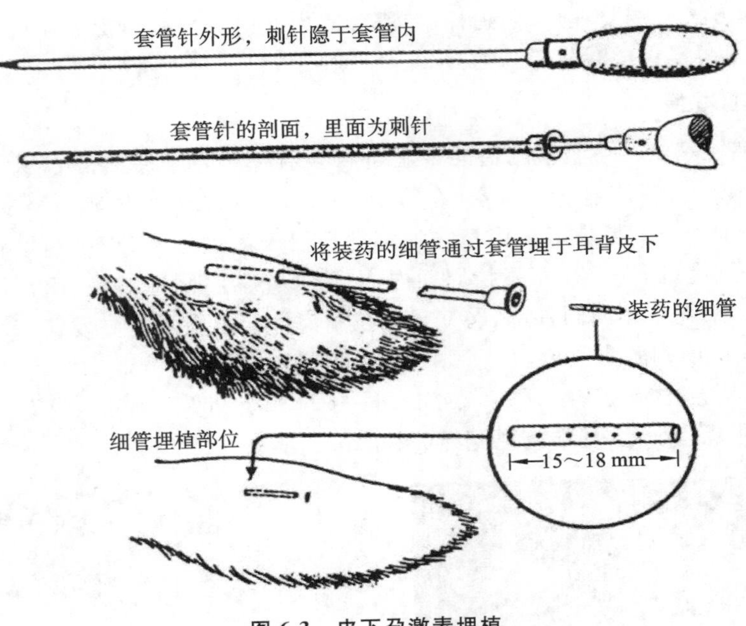

图 6-3　皮下孕激素埋植

发情。于发情周期的第 4 天，肌内注射 $PGF_{2\alpha}$ 5 mg，1 次用药后约有 65%的母羊能发情。前列腺素处理后第一情期的发情率和受胎率较低，第二情期相对集中且受胎率较高。

（三）猪的同期发情

猪的同期发情采用孕激素处理时，容易引起卵巢囊肿且发情率、受胎率均不高。用前列腺素处理时，同期发情率也较牛和羊低，故此两种方法均不适合诱导猪同期发情。

实际生产中，同期断奶是母猪同期发情通常采用的方法。一般断奶后 1 周内绝大多数母猪可以发情。此外，在断奶期间注射 1000 IU 的孕马血清促性腺激素，可以起到更好的同期发情效果。

（四）马的同期发情

马同期发情的诱导通常采用前列腺素类似物 ICI 81008。由于马的发情持续时间较长，排卵后 5 天内黄体对前列腺素不敏感，因此一次处理后的同期发情率较低。实际生产中常采用间隔 12～16 天再次使用前列腺素刺激的方法，虽然同期发情效果大大提高，但成本亦有所增加。

三、超数排卵

在适宜的发情周期内，应用外源促性腺激素诱发卵巢内多个卵泡同时发育，并排出具有受精能力的卵子的技术称为超数排卵，简称"超排"。若在排卵前配合使用 LH 或 hCG 补充内源性 LH 的不足，可进一步保证多数卵泡成熟和排卵。

超数排卵技术对牛、羊等具有显著作用，但对马的影响较小，对于多胎动物的意义也不大。理论上说，超数排卵产出的卵母细胞应多多益善，但排卵数过多，则会出现受精率低的趋势，这可能是由于外源激素引起的动物内分泌紊乱，排出了不成熟的卵子。

（一）超数排卵的方法

1. FSH＋PG 法　具体方法：牛和绵羊平均在发情周期的第 11 天，山羊在第 16～18 天的早晚等量肌内注射 FSH 各 1 次（牛是羊的 3～4 倍），此后注射剂量递减，连续注射 4 天，第 5 次不仅要注射 FSH，也要注射 PG，以溶解黄体，一般于 PG 注射后 36 h 发情。此方法的优点是超数排卵效果较好，但不适宜批量处理。

2. CIDR＋FSH＋PG 法　在发情周期的任意一天给供体牛、羊阴道内放入 CIDR，并将这天记为第 0 天，在埋栓的第 9 天开始肌内注射 FSH，连续 4 天，共 8 次。在第 7 次注射 FSH 时取出 CIDR，并肌内注射 PG，取 CIDR 后 24～48 h 发情。此方法的优点是超数排卵效果较理想，是目前常使用的

方法，但成本较高。

3. PMSG+PG 法 牛和绵羊在发情周期的第 11～13 天，山羊为第 16～18 天、肌内注射 PMSG，注射 48 h 后再肌内注射 PG，以溶解黄体。一般于 PG 注射后 24～48 h 发情。此法简单易行，但超数排卵效果不理想。

（二）提高超数排卵效果的措施

超数排卵简称超排，是动物胚胎移植的关键技术环节，是进行转基因动物生产，获取大量胚胎和进行动物胚胎克隆等研究的基础手段之一。其效果受动物遗传特性、体况、年龄、发情周期等众多因素的影响。在实际生产中，即使采用同一超数排卵方案对不同畜群进行处理，也会出现不同的超数排卵结果。为提高母畜超数排卵效果，可从以下几个方面采取措施。

1. 选择合适的畜群和个体 家畜品种、个体、年龄、生理状况均对超数排卵效果有很大的影响，所以同一品种的不同个体，其超数排卵效果也不尽相同。在随机选择的群体中，25%～30%的母牛对超数排卵无反应。因此，在一次超数排卵后，要选择具有优异排卵效果的个体及其子代留种，以便未来进行胚胎生产。

经产母畜超数排卵效果要好于头胎母畜，且超数排卵效果随胎次增加而提升。3～8 岁是奶牛超数排卵的最佳时间。

经泌乳、哺乳、反复超数排卵及妊娠后的母畜，其生殖功能处于复原或新动态平衡时，对外源激素的反应往往不明显。因此，在经过 4～5 次的超数排卵后，母畜应先妊娠一次，再继续超数排卵。

2. 饲养管理要规范 选定供体奶牛之后，要加强奶牛的饲养管理，注重环境卫生及日粮营养水平，防止应激。

3. 采用优质药品 药物超数排卵对胚胎成活率影响很大，目前国内外孕马血清促性腺激素、前列腺素、雌激素、孕激素等在品质上没有显著差别，但不同厂家生产的 FSH 纯度、生物活性变化较大，因此要特别留意生产厂家和生产批次。

牛的同期发情技术

【目的要求】 通过实训，初步掌握同期发情技术实施程序的各个环节，为在生产中的实际应用打下基础。

【药品准备】 18-甲基炔诺酮粉、消炎粉、前列腺素 $PGF_{2\alpha}$、促性腺激素释放激素或类似物、孕马血清促性腺激素、人绒毛膜促性腺激素、雌二醇、酒精、碘酊、来苏尔、新洁尔灭等。

【器具准备】 注射器(5 mL 和 20 mL)、输精管、套管针、塑料细管(内径 2 mm)、开张器、手术刀、剪子、镊子、酒精灯、洗衣粉、肥皂、毛巾、卫生纸、搪瓷盘、工作服、胶靴、保定架等。

【母畜准备】 对将要处理的母牛繁殖史、体况、年龄及生理状况(乏情、哺乳等)进行登记并编号，剔除无繁殖能力的老龄、瘦弱、患病母牛和妊娠的母牛。

【内容步骤】

1. 埋植管的制备 将塑料细管截成 15～18 mm 的短管，管壁四周用大头针烫刺 20 个小孔。其一端用酒精灯稍烘烤，将开口合拢，留一小孔，另一端开口，然后放入 70%的酒精中浸泡数分钟，取出自然干燥后存于消毒的玻璃皿中。可借助自制的薄铁皮小漏斗将 18-甲基炔诺酮粉和消炎粉(按 1∶1混合后研细)装入埋植管内，压实(每管含混合粉 40～60 μg)。

2. 雌二醇和孕激素混悬液的制备 取 18-甲基炔诺酮粉、雌二醇和灭菌的洁净植物油，制成含 1.5～2.5 μg/mL 的 18-甲基炔诺酮和 1～2 mL 苯甲酸雌二醇的混悬液，用前摇匀。

3. 埋植 用与埋植管相应直径的套管针，在母牛耳背侧无明显血管部位顺着耳根方向在皮下与软骨之间刺入约 20 mm(在埋植前应将确定部位的毛剪除并用 70%酒精消毒)，然后将装满 18-甲

基炔诺酮混合粉的小管装入套管，使其开口向上，再用探针将埋植管推入皮下，注意切勿埋植过深或推入肌肉层，否则不易取出。

在埋植的同时，还应给每头母牛注射 2 mL 上述雌二醇和孕激素混悬液。

4. 取出埋植管 埋植 10～12 天，用小号手术刀在靠近埋植管开口端，将皮肤切一小口，挤出埋植管，不要用力过猛，以防将管内剩余 18-甲基炔诺酮挤出并留于皮下，延迟发情时间。为使排卵同期化，可在取管时注射孕马血清促性腺素 400～500 IU。

现多用进口的 CIDR 或阴道栓孕激素制剂，通过阴道放置于子宫颈口周围，放置 10～14 天取出，24～48 h 内即可发情。

5. 输精 于取出埋植管或阴道栓孕激素制剂后 2～5 天，经发情检查，按常规间隔 24 h 输精 2 次。或于取出孕激素制剂后 72 h 和 96 h 进行 2 次定时输精，并在第一次输精时注射 60～100 μg 促性腺激素释放激素或人绒毛膜促性腺激素 1000 IU。

6. 妊娠检查 输精后 20 天左右，观察母牛是否返情。发情母牛在输精后 40～50 天和 60～70 天做妊娠检查，判断是否妊娠。

7. 记录 记录牛的个体情况、直肠检查结果、处理方法、日期、剂量、发情表现、输精及妊娠检查结果等，并分析同期发情率（处理后 2～3 天发情母牛的百分比）、受胎率与诸因素间的关系。

展示与评价

牛的同期发情技术评价单

<table>
<tr><td>技能名称</td><td colspan="20">牛的同期发情技术</td></tr>
<tr><td>专业班级</td><td colspan="4"></td><td colspan="4">姓名</td><td colspan="4"></td><td colspan="4">学号</td><td colspan="4"></td></tr>
<tr><td>完成场所</td><td colspan="4"></td><td colspan="4">完成时间</td><td colspan="4"></td><td colspan="4">组别</td><td colspan="4"></td></tr>
<tr><td>完成条件</td><td colspan="20">填写内容：场所、动物、设备、仪器、工具、药品等</td></tr>
<tr><td>操作过程
描述</td><td colspan="20"></td></tr>
<tr><td>操作照片</td><td colspan="20">操作过程或项目成果照片粘贴处</td></tr>
<tr><td rowspan="4">任务评价</td><td colspan="5">小组评语</td><td colspan="5">小组评价</td><td colspan="5">评价日期</td><td colspan="5">组长签名</td></tr>
<tr><td colspan="5"></td><td colspan="5"></td><td colspan="5"></td><td colspan="5"></td></tr>
<tr><td colspan="5">指导教师评语</td><td colspan="5">指导教师评价</td><td colspan="5">评价日期</td><td colspan="5">指导教师签名</td></tr>
<tr><td colspan="5"></td><td colspan="5"></td><td colspan="5"></td><td colspan="5"></td></tr>
</table>

续表

	优秀标准	合格标准	不合格标准
考核标准	1. 操作规范，安全有序 2. 步骤正确，按时完成 3. 全员参与，分工合理 4. 结果准确，分析有理 5. 保护环境，爱护设施	1. 基本规范 2. 基本正确 3. 部分参与 4. 分析不全 5. 混乱无序	1. 存在安全隐患 2. 无计划，无步骤 3. 个别人或少数人参与 4. 不能完成，没有结果 5. 环境脏乱，桌面未收

任务二　胚胎移植与配子、胚胎生物工程技术

任务分析

胚胎移植及配子、胚胎生物工程技术任务单

任务名称	胚胎移植及配子、胚胎生物工程技术		参考学时	3 学时
学习目标	1. 了解胚胎移植技术的生理学基础、基本原则及胚胎移植需具备的条件。 2. 理解和掌握胚胎移植的技术程序。 3. 掌握配子及胚胎生物工程相关操作程序及存在的问题			
完成任务	1. 利用实训室或实训基地，按照操作规程完成任务。 2. 能够正确对胚胎移植、体外受精、胚胎分割、体细胞克隆及性别控制技术中所涉及的器械进行消毒。 3. 正确选择供体、受体母畜。 4. 可以运用手术法对小动物的胚胎进行收集。 5. 可以运用非手术法回收大型动物的胚胎。 6. 能够依靠形态学法鉴定胚胎质量，熟悉荧光活体染色法和测定代谢活性法。 7. 能够运用手术法和非手术法进行胚胎移植。 8. 可以通过抽吸法、切割法收集卵丘-卵母细胞复合体并鉴别其质量。 9. 能够简要叙述胚胎分割、体细胞克隆及性别控制技术的基本操作程序。			
学习要求 （育人目标）	1. 树立安全操作、标准化生产的专业意识。 2. 培养良好职业道德的意识和爱岗敬业的精神。 3. 建立求真务实的学风及创新意识。 4. 树立工匠精神、农业情怀，不惧苦累、甘守寂寞的职业理念。			
任务资讯	资讯问题	参考资料		
	1. 如何选择供体母畜？ 2. 胚胎移植、体外受精、胚胎分割、体细胞克隆及性别控制技术的操作要点是什么？	1. 线上学习平台中的 PPT、图片、视频及动画。 2. 倪兴军. 动物繁育[M]. 武汉：华中科技大学出版社，2018。		

Note

续表

	知识考核	能力考核	素质考核
考核标准	1. 查阅相关知识内容和有关文献,完成资讯问题。 2. 准确完成线上学习平台的知识测验。 3. 任务单学习和完成情况。	1 能够正确运用手术法、非手术法收集胚胎并进行移植。 2. 能够依靠形态学鉴定卵丘-卵母细胞复合体及胚胎的质量。	1. 遵守学习纪律,服从学习安排。 2. 积极动手实践,观察细致认真。 3. 操作规范、严谨。
	结合课堂做好考核记录,按项目进行评价,考核等级分为优秀、良好、合格和不合格四种。其中优秀为 85～100 分,良好为 75～84 分,合格为 60～74 分,不合格为 60 分以下。		

任务知识

国内胚胎移植技术始于 20 世纪 70 年代后期,是继家畜精子冷冻技术之后又一次重大的生物技术革命。它是畜禽良种生产中应用广泛的现代生物技术之一,不仅能充分发挥优良母畜的繁殖潜力,而且是其他胚胎生物工程技术的基础,在保护畜禽品种资源、提高生产效益等方面发挥着重要作用。目前该技术已广泛应用于牛、羊的繁殖。

扫码学课件
任务 6-2-1

一、胚胎移植

胚胎移植(embryo transfer,ET)又称受精卵移植,俗称借腹怀胎。是通过将体内、体外生产的哺乳动物早期胚胎移植到生理状态相同且同种的雌性动物生殖道内,使之继续发育成正常个体的生物技术。该过程中,提供胚胎的雌性动物称为供体,受体是接受胚胎并代之完成妊娠、分娩及哺乳仔畜的动物。经胚胎移植产出的后代体内含有来自亲代双方的遗传物质,而受体则为胚胎发育提供所需要的营养物质。胚胎移植技术是胚胎生产和胚胎发育的分工与协作。在畜牧业生产中,通常将超数排卵和胚胎移植结合应用,称为超数排卵与胚胎移植(multiple ovulation and embryo transfer, MOET)技术。

(一)胚胎移植的生理学基础

1. 生殖器官的孕向发育　大多数自发排卵的动物,不论发情后是否配种或配种后是否受精,生殖器官都会发生一系列的变化,如卵巢黄体形成与孕酮分泌,子宫内膜组织增生和分泌功能增强,这些变化是满足胚胎附植和发育的基础条件。发情、配种、受精和妊娠过程在正常生理状态下连续发生。由此可见,配种后受胎母畜与未受胎母畜在表现发情的数天内,母畜的生理状态和生殖系统的变化大体一致。当一定期限(相当于周期黄体的寿命,时间长短因动物种属而异)后,受胎母畜的生殖系统为满足胚胎发育的需求朝着妊娠的方向继续发生变化;未受胎母畜的生殖系统为新一轮受精和妊娠过程做准备,也就是进入新的发情周期,重复上述过程。

受胎母畜与未受胎母畜在妊娠识别发生之前,在生理现象上并无区别。在这个阶段之后逐渐表现出妊娠特异性的生理变化。因此,发情后的母畜生殖器官的孕向变化是受体母畜接受供体母畜胚胎并代之完成妊娠、分娩过程的主要生理学基础。只要移植时受体母畜的生理状态与胚胎的发育阶段相适应,胚胎即可继续发育。

2. 早期胚胎的游离状态　胚胎移植技术得以成功的另一个重要的生理学依据是在胚胎发育早期,胚胎以游离状态存在,胚胎从输卵管移行到子宫角,尚未与母畜建立实质性联系,在此期间胚胎自身的储存及输卵管、子宫内膜分泌物为胚胎发育提供了主要的营养物质,若此时将胚胎从母畜内取出,短时间内胚胎不容易死亡,再将胚胎移入生理状态相同且同种的母畜体内,胚胎可以进一步发育成新个体。这一特性是胚胎采集、保存、培养和体外操作等重要理论的基础。

3. 子宫对早期胚胎的免疫耐受性　在妊娠期,受体母畜一般不与同种胚胎、胎膜组织发生免疫排斥反应，这是由于母体局部免疫发生变化以及胚胎表面特殊免疫保护物质的存在。所以，在同种动物之间，胚胎从一个母畜子宫或输卵管移入另一个母畜子宫或输卵管后不仅能够存活，而且还能与子宫内膜建立密切的组织联系，保证胎儿健康发育。

4. 胚胎遗传物质的稳定性 胚胎的遗传物质来源于供体母畜的卵子以及与之交配的公畜的精子，在受精时期遗传信息就已被确定，胎儿的遗传特性不会受发育环境的改变而改变，发育环境只影响其遗传潜力的发挥。因此，胚胎移植后代的遗传性状由供体母畜及与其配种的公畜决定，代孕母体仅影响其体质的发育。

（二）胚胎移植的基本原则

1. 胚胎移植前后环境的同一性

(1) 胚胎供体与受体种属上的一致性，即二者属于同一物种。绝大多数情况下移植胚胎不能在分类学上亲缘关系较远的物种体内存活或存活时间较短。

(2) 胚胎供体与受体生理上的一致性，即供、受体处于同一发情周期。在胚胎移植实践中，供、受体生理上的同步差不能超过±1天，同步差越大，受胎率越低。

(3) 胚胎发育阶段与移植部位的一致性，即胚胎移植前后所处的生理空间环境相似。发育中的胚胎对于母体子宫环境的变化十分敏感，生殖道的不同部位（输卵管和子宫）具有不同的生理生化特点，应与胚胎的发育需求一致。

2. 胚胎的发育期限 从生理学角度讲，胚胎回收和移植的期限不超过周期黄体的寿命，其理想时间应在妊娠识别发生之前，最迟要在黄体退化之前数日进行。因此，胚胎回收多在发情配种后的1周左右进行，受体在发情后相同的时间内接受胚胎的移植。

3. 胚胎的质量 妊娠信号分泌的强弱以及后期发育潜力直接影响胚胎质量。为保证胚胎最终完成体内发育，只有形态、色泽正常的胚胎移入受体后才能与受体子宫顺利进行妊娠识别和附植；而质量低劣的胚胎在发育中途便退化，导致妊娠识别和胚胎附植失败、早期胚胎丢失或流产。因此，有必要对移植的胚胎进行严格的等级评定。同时应尽量避免任何影响胚胎的不良因素（如物理的、化学的、生物的因素）。

4. 经济效益 成本和最终收益是胚胎移植技术应用时必须考虑的。通常，供体胚胎应具有生产性能优异或科研价值重大等独特经济价值。而繁殖性能良好、环境适应能力强则是作为受体的必备要素。

（三）胚胎移植应具备的条件

1. 良好的培养环境 胚胎是很脆弱的生命体，在其离开机体后，环境温度过低、溶液的酸碱度和渗透压不当、化学药物的纯度不够、胚胎遭到病原微生物的污染等任何外界不良因素都能导致其死亡。在胚胎操作过程中，建立温度恒定、空气洁净、设备齐全和布局合理的实验室是除了技术人员的基本素质以外提高胚胎移植效率的关键因素。

2. 实践经验丰富的操作人员 从供体和受体选择、饲养管理、同期发情、超数排卵处理、胚胎采集到胚胎质量鉴定、胚胎冷冻和解冻等动物胚胎移植技术均需要丰富的动物胚胎移植实践经验。因此，临床兽医和胚胎工程技术人员是开展动物胚胎移植生产的必要条件。临床兽医负责供体和受体选择、处理，胚胎采集与移植等临床工作；胚胎工程技术人员负责液体准备、检胚、胚胎等级鉴定、胚胎冷冻和解冻等实验室操作工作。

3. 保证胚胎供给 实施胚胎移植产业化的前提是充足的胚胎供应，超数排卵处理后从供体子宫内采集和体外受精是目前胚胎的主要来源。采用进口胚胎时，当地的疫情、胚胎质量、遗传品质和系谱等是除了胚胎价格以外同时要考虑的。

（四）胚胎移植的技术程序

供体和受体母畜的选择、供体和受体母畜同期发情、供体母畜超数排卵与配种，胚胎回收、质量鉴定、保存与移植是胚胎移植的标准技术程序（图6-4）。

扫码看彩图
图 6-4

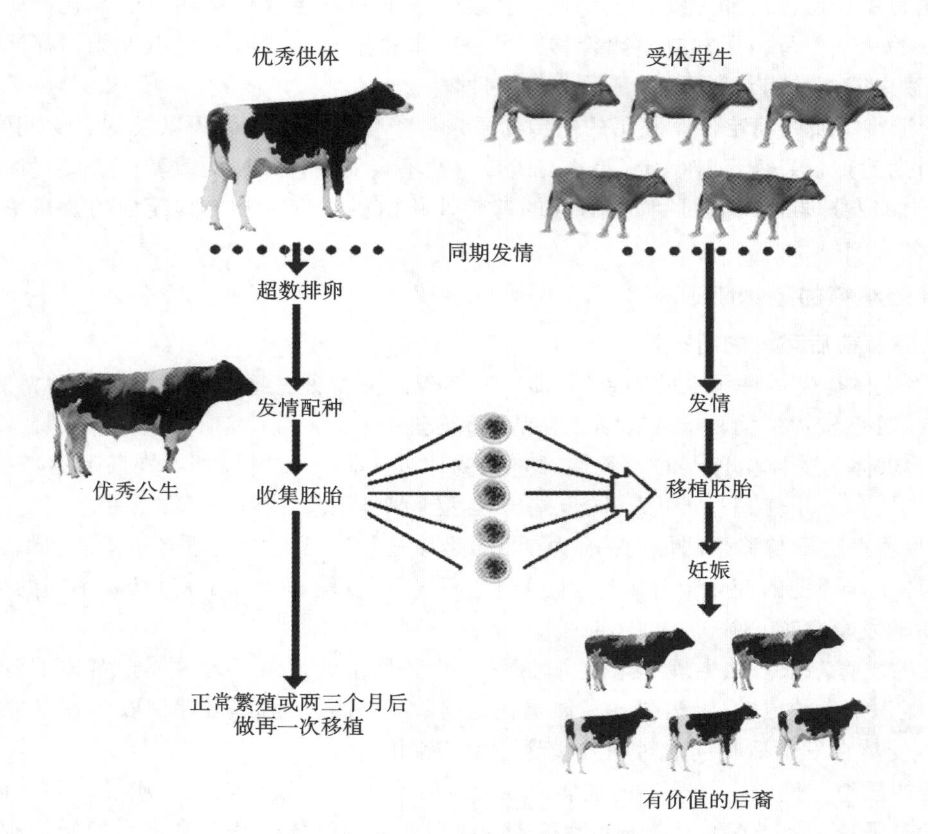

图 6-4　牛胚胎移植技术路线示意图

1. 选定供体和受体母畜

(1) 供体　供体应选择优良种母畜，育种价值较高，具有清楚的系谱、稳定的遗传性能，具有优秀的繁殖功能和健康体况，膘情中上等，通常会有 2 个或 2 个以上正常的发情周期。经产的母畜应该在生殖功能完全恢复正常水平以后才能被选定，对于超数排卵处理反应优良的母畜能反复当作供体。

(2) 受体　选择受体母畜时可忽略其遗传特性，但其应该具备优良的繁殖性能和健康体况，应有 2 个及 2 个以上正常的发情周期，没有繁殖机能类疾病和传染病。

2. 供体和受体母畜同期发情　详细操作技术见本项目相关内容。

3. 供体母畜超数排卵　详细操作技术见本项目相关内容。

4. 供体母畜的配种　一半以上供体在超数排卵处理结束后的 24 h 左右发情，此时应根据具体的需要，选择优质公畜或其精液及时进行配种。为了得到更多发育正常的胚胎，应使用密度大、活性高的精液，并且可以适当地把人工授精的次数和每次输精的剂量提高，两次输精间隔 9 h 左右。

5. 胚胎回收　胚胎回收还可称为胚胎采集或冲胚，它是利用专用的溶液和装置把早期胚胎从母畜的子宫或输卵管中冲出并回收再利用的过程。回收方法有两种：手术法和非手术法。兔、羊、猪等中小动物，适合采用腹部切开的手术法。马、牛等大动物适合采用冲胚管从阴道插入子宫角直接进行冲洗，即非手术法。此种方法简单方便，操作易实现。

为了能够顺利回收胚胎，把胚胎回收的质量提高，应考虑配种、排卵的时间，胚胎运行的速度和发育阶段等因素，在合适的时间与位置进行回收。不同动物的胚胎发育与运行情况如下。

牛：发情中止 10 h 左右排卵，排卵后约 1.5 天胚胎发育至 2 细胞，排卵后约 4 天发育至 16 细胞并进入子宫，排卵后约 8 天胚泡形成，排卵后约 22 天开始附植。

羊：发情后 28 h 左右排卵，排卵后 1.5 天左右胚胎发育至 2 细胞，排卵后 3 天发育至 16 细胞并进入子宫，排卵后约 7 天胚泡形成，排卵后约 15 天开始附植。

猪：发情后 40 h 左右排卵，排卵后 1.5 天左右胚胎发育至 2 细胞，排卵后约 4 天发育至 16 细胞并进入子宫，排卵后约 6 天胚泡形成，排卵后约 13 天开始附植。

马：发情结束前 36 h 左右排卵，排卵后 1 天左右胚胎发育至 2 细胞，排卵后约 5 天发育至 16 细胞并进入子宫，排卵后约 6 天胚泡形成，排卵后约 37 天开始附植。

回收胚胎的过程包括冲胚液的配制与灭菌、冲胚器具和药品准备、供体母畜的检查与麻醉、冲胚操作等。

（1）冲胚液的配制与灭菌　冲胚液是从母畜生殖道内冲取胚胎和在体外短时间保存胚胎，并等渗于胚胎细胞的溶液。现在最常用的是杜氏磷酸盐缓冲液（DPBS），主要成分包括无机盐、缓冲物质、能量物质、抗生素和大分子物质。冲胚液的质量会对胚胎以后的发育潜力造成直接影响，因此冲胚液的配制、灭菌、保存和质量控制是提高胚胎移植效果的关键步骤。

（2）冲胚器具和药品准备

①羊用或牛用二路式（或三路式）采胚管。

②外科手术器械，如手术剪刀、手术刀、止血钳、肠钳、缝合针、缝合线、兽用剃毛刀、注射器等。

③保定架或手术台。

④药品，包括消毒药品，如 75％酒精、碘酊，新洁尔灭、高锰酸钾、麻醉药品、生理盐水和抗生素等。

冲胚前要将所有的器械进行灭菌处理，在使用冲胚管及其连接导管、集卵杯之前，这些物品还需要在无菌间用冲胚液润洗。冲胚液在 37 ℃的水浴锅或恒温箱中预热、备用。

（3）手术法回收胚胎　此法是通过外科手术将其子宫角、输卵管和卵巢部分暴露，然后注入冲胚液从子宫角或输卵管中冲取早期胚胎。

术前的准备：术前 1 天使供体停食空腹，并限制饮水。

麻醉与保定：肌内注射速眠新使其全麻，将其仰卧固定于手术台或倒置于胚胎移植专用手术车上进行保定，术后颈静脉注射苏醒灵解麻。

术部的选择：术部选择乳房前腹中线，切口为 4～5 cm，以充分暴露子宫、输卵管与卵巢。

手术的方法：根据所需胚胎的发育状况，选择不同的冲胚部位与方法。

①输卵管冲胚法：当胚胎还处在输卵管时（排卵后约 2 天），宜采用此法采集胚胎。在子宫角尖端刺入带有套管针的注射器，注入冲胚液，在输卵管的伞部插入胚胎收集管接取冲胚液（图 6-5(a)），每侧输卵管冲胚液的用量约为 15 mL。也可在与之相反的方向冲取（图 6-5(b)）。

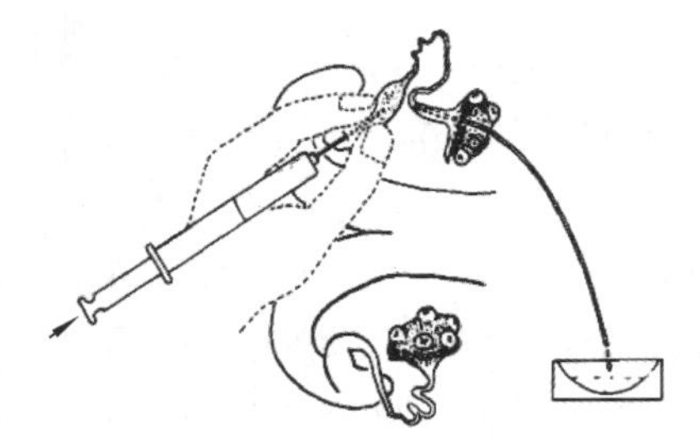

(a) 从子宫向输卵管的伞部方向冲洗

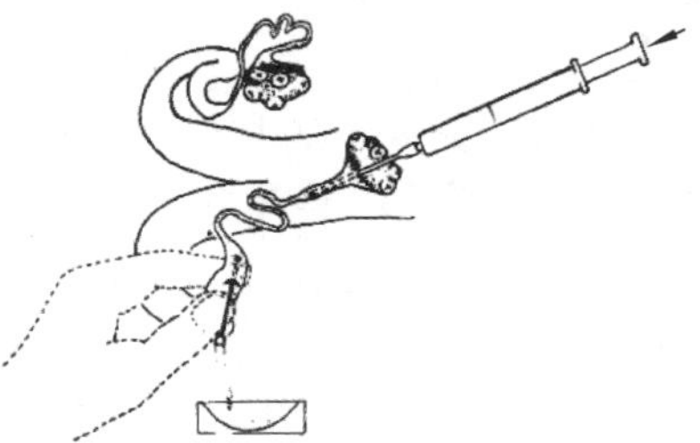

(b) 从输卵管的伞部向子宫方向冲洗

图 6-5　输卵管冲胚法

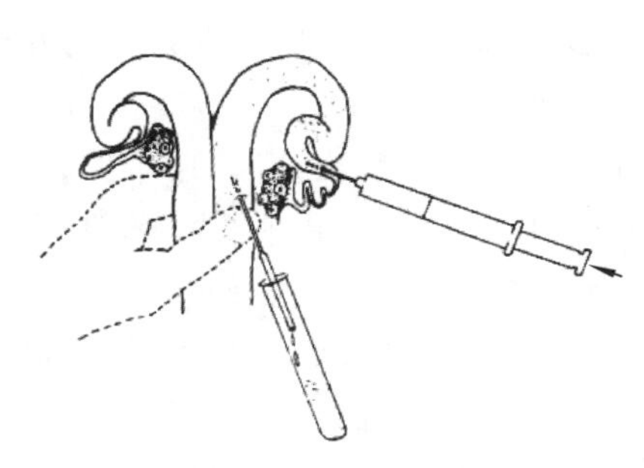

图 6-6　子宫角冲胚法

②子宫角冲胚法：若胚胎已进入子宫角内，宜采用此法采集胚胎。一般按图 6-6 的方法上行或下行冲洗子宫角，采集胚胎。

注意事项：手术法回收胚胎要求操作迅速准确，并在无菌条件下进行，避免对伤口、生殖器官造成损伤。此外，术后器官易发生不同程度粘连，严重时会导致不孕，需格外注意。

（4）非手术法回收胚胎　此法一般在配种后 7 天左右进行，此时胚胎处于致密桑葚期和囊胚期，相较于手术法其简便易行，且对生殖道伤害小。以牛为例，非手术法的具体操作步骤如下（图 6-7）。

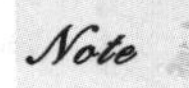

扫码看彩图
图 6-7(a)

扫码看彩图
图 6-7(b)

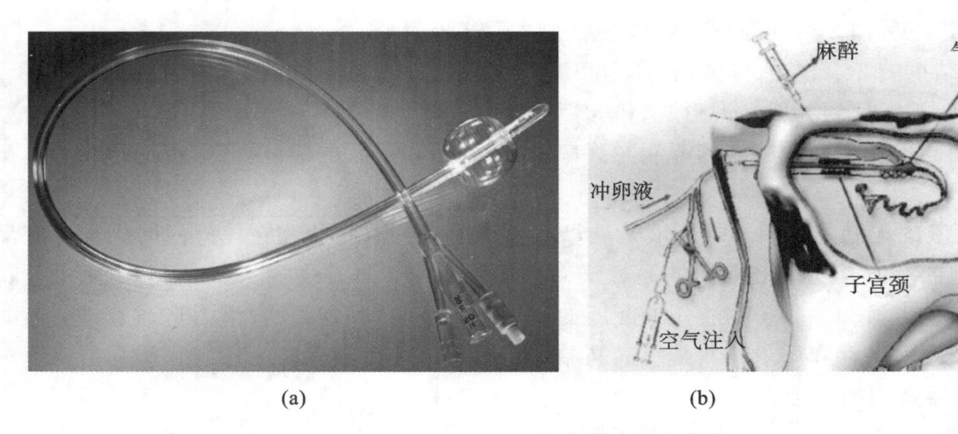

图 6-7　非手术法冲卵导管及冲卵示意图

供体牛的检查与处理:供体牛冲胚前,直肠检查估测两侧卵巢黄体数。冲胚前禁水、禁食 10 h 以上,以减轻冲胚操作对腹压和瘤胃压力的影响。

保定、消毒与麻醉:冲胚室内温度维持在 20 ℃左右,将供体牛以前高后低体位保定,剪去尾根被毛,用酒精消毒,注射 2%盐酸利多卡因或普鲁卡因进行荐尾椎硬膜外麻醉,使供体牛子宫颈松弛,便于进行冲胚操作。

回收方法:

①供体牛麻醉后将尾巴竖直固定,清除直肠内宿粪,先用清水冲洗会阴部和外阴部,再用 0.1%高锰酸钾溶液冲洗,最后用 75%酒精棉球擦拭外阴部。

②术者单手伸入直肠把握子宫,另一只手持二路式或三路式采胚管,使其到达子宫角大弯处(即采胚管的前端距宫管结合部 5～10 cm)为止。对于育成牛以及采胚管插入确有困难者,可提前用扩张棒扩张子宫颈,并用黏液去除器去除子宫颈黏液,然后重新把采胚管慢慢插入子宫角。

③用注射器向采胚管气囊充气约 10 mL,操作者需根据子宫角的粗细确定总充气量,一般青年母牛为 15 mL 左右,经产母牛约为 25 mL,使采胚管气囊膨胀以固定在子宫角内腔的基部,以免冲胚液流入子宫体并沿子宫颈口流出。采胚管固定后抽出内芯。

④灌流冲胚液的方式有吊瓶法和注入法。

a. 吊瓶法:将供体所需冲胚液置于 1 L 的吊瓶中,用"Y"形硅胶管连接吊瓶与采胚管,然后将吊瓶垂直悬挂于距母牛外阴部上方约 1 m 处。操作者用一只手控制液流开关,向子宫角灌注冲胚液 20～50 mL,另一只手通过直肠按摩子宫角,灌流时,用食指和拇指捏紧宫管结合部,灌流完毕后,关闭进流阀,开启出流阀,用集卵杯或胚胎过滤漏斗收集冲胚液。

b. 注入法:利用 50 mL 注射器将冲胚液通过内管注入子宫角,每次注入 40～50 mL,然后再抽出。如此反复冲洗和回收 10 次,每侧子宫角的总用量为 500 mL。冲胚液导出时应顺畅迅速,尽可能将冲胚液全部收回。为此,冲胚时最好用手在直肠内将子宫角提高并向采胚管方向略加按压,以利于冲胚液导出。

⑤一侧子宫角冲完后放去气囊中的气体,退回子宫体,再通过金属探针将采胚管送入另一侧子宫角,采用同样方法进行冲洗。

⑥两侧子宫角冲胚完成后,放出气囊中的一部分气体,将采胚管抽至子宫体,灌注含 3 g 土霉素的生理盐水 100 mL 或添加 320 万 IU 青霉素和 100 万 IU 链霉素的生理盐水 10 mL。冲胚后肌内注射前列腺素 0.5 mg,以溶解黄体。

6. 胚胎质量鉴定

(1) 形态学观察　这是鉴定胚胎质量最广泛、最实用的方法。一般是在实体显微镜(也称体视显微镜)或生物显微镜下对胚胎质量进行鉴定,鉴定的内容包括:卵子是否受精;透明带形状、厚度、

有无破损等；卵裂球的致密程度、卵黄周隙是否有游离细胞或细胞碎片、细胞大小是否有差异；胚胎的发育程度是否与胚龄一致、胚胎的透明度、胚胎的可见结构是否完整等。

根据胚胎形态特征将胚胎分为A(优)、B(良)、C(中)、D(劣)4个等级。

A级：胚胎发育阶段与母畜发情时间相吻合，形态完整、外形匀称，卵裂球轮廓清晰，大小均匀，结构紧凑，细胞密度大，无水泡样细胞，色泽和透明度适中，没有或只有少量游离的变性细胞，变性细胞的比例不超过10%。

B级：胚胎发育阶段与母畜发情时间基本吻合，形态完整，轮廓清晰，细胞结合略显松散，密度较大，色泽和透明度适中，胚胎边缘突出少量变性细胞或水泡样细胞，变性细胞的比例不超过20%。

C级：发育速度较正常迟缓1～2天，轮廓不清楚，卵裂球大小不均匀，色泽太明或太暗，细胞密度小，游离细胞的比例达到或超过20%且小于50%，细胞联结松散，变性细胞的比例不超过40%。

D级：卵子未受精或发育迟缓2天以上，细胞团破碎，变性细胞的比例超过50%。

A级和B级胚胎可用于鲜胚移植或可进行冷冻保存。C级胚胎只能用于鲜胚移植，不能进行冷冻保存。D级胚胎为不可用胚胎。

(2) 活体荧光染色观察　将待鉴定的胚胎加入2.5 μg/mL的二乙酸荧光素(FDA)中，培养3～6 min，活胚显示荧光，死胚无荧光。这种方法比较简单，而且可验证上述形态学对胚胎做出的分类结果，因此，在生产上应用得也比较多。

(3) 代谢活性测定　将待鉴定的胚胎放入含有葡萄糖的培养液中培养1 h，以测定葡萄糖的消耗量。每培养1 h消耗葡萄糖2 μg及以上者为活胚胎。图6-8为发育至不同阶段的羊早期胚胎形态。

7. 胚胎移植　胚胎移植分为手术移植法和非手术移植法，羊、猪及其他小动物采用手术移植法，牛、马等大型家畜采用非手术移植法。

视频：羊的胚胎移植

(1) 手术移植法　受体母畜胚胎移植的手术部位和方法与供体冲胚位置、方法基本相同。轻缓地拉出子宫角，找到排卵卵巢，检查黄体发育情况，选择黄体发育良好的受体母畜进行胚胎移植。卵巢上的黄体数量要与移植胚胎数相对应。根据胚胎发育阶段及回收与移植部位一致的原则，用移植管将胚胎注入黄体同侧子宫角前端或通过输卵管伞部送至输卵管壶腹部(图6-9)。

(2) 非手术移植法　牛主要采用非手术移植法进行胚胎移植，借助直肠把握，利用胚胎移植枪将胚胎移入有黄体一侧的子宫角内(图6-10)。

①用物器械：胚胎移植枪、移植枪塑料硬外套、无菌软外套、剪毛剪、碘酊、75%酒精、棉球、2%盐酸利多卡因、5 mL一次性注射器等。

②受体牛的选择与黄体定位：受体的选择应与供体同期发情或冻胚胚龄一致，前后相差不超过1天，只有满足这些条件，才能作为待移植的后备母牛。胚胎移植前需通过直肠检查判定子宫和卵巢上黄体发育情况，卵巢上黄体直径在11 mm及以上，弹性好，即为良好黄体，该母牛也被列为待移植受体母牛。

③受体牛的保定、消毒与麻醉：与供体牛处理方法类似。

④移植：用直肠把握法将胚胎移植枪由阴道插入黄体侧子宫角的大弯，约子宫角的上1/3处，捅破无菌软外套，推出胚胎，随后缓缓抽出胚胎移植枪。

8. 供体、受体术后处理与观察　回收胚胎后，供体母畜需进行肌内注射氯前列烯醇以溶解黄体，促进其生殖器官的恢复。为避免术后继发感染，供体牛、受体牛应连续3天肌内注射链霉素。

受体母畜术后应加强饲养管理，补充维生素、微量矿物质元素等，限制能量饲料摄入，避免应激反应。仔细观察受体母畜是否在预定时间出现返情。须指出的是，胚胎移植后，部分牛、羊会出现妊娠后发情现象。羊3个情期不发情则初步判定为妊娠，牛60天后需进行妊娠检查以确定是否妊娠。妊娠母畜与空怀母畜要分群饲养。根据当地情况，及时注射疫苗，防止胎儿流产或发生疫病。

(五) 影响胚胎移植妊娠率的因素

1. 胚胎　包括胚胎质量、发育阶段、胚胎移植技术、胚胎体外停留时间长短等。

扫码看彩图
图 6-8

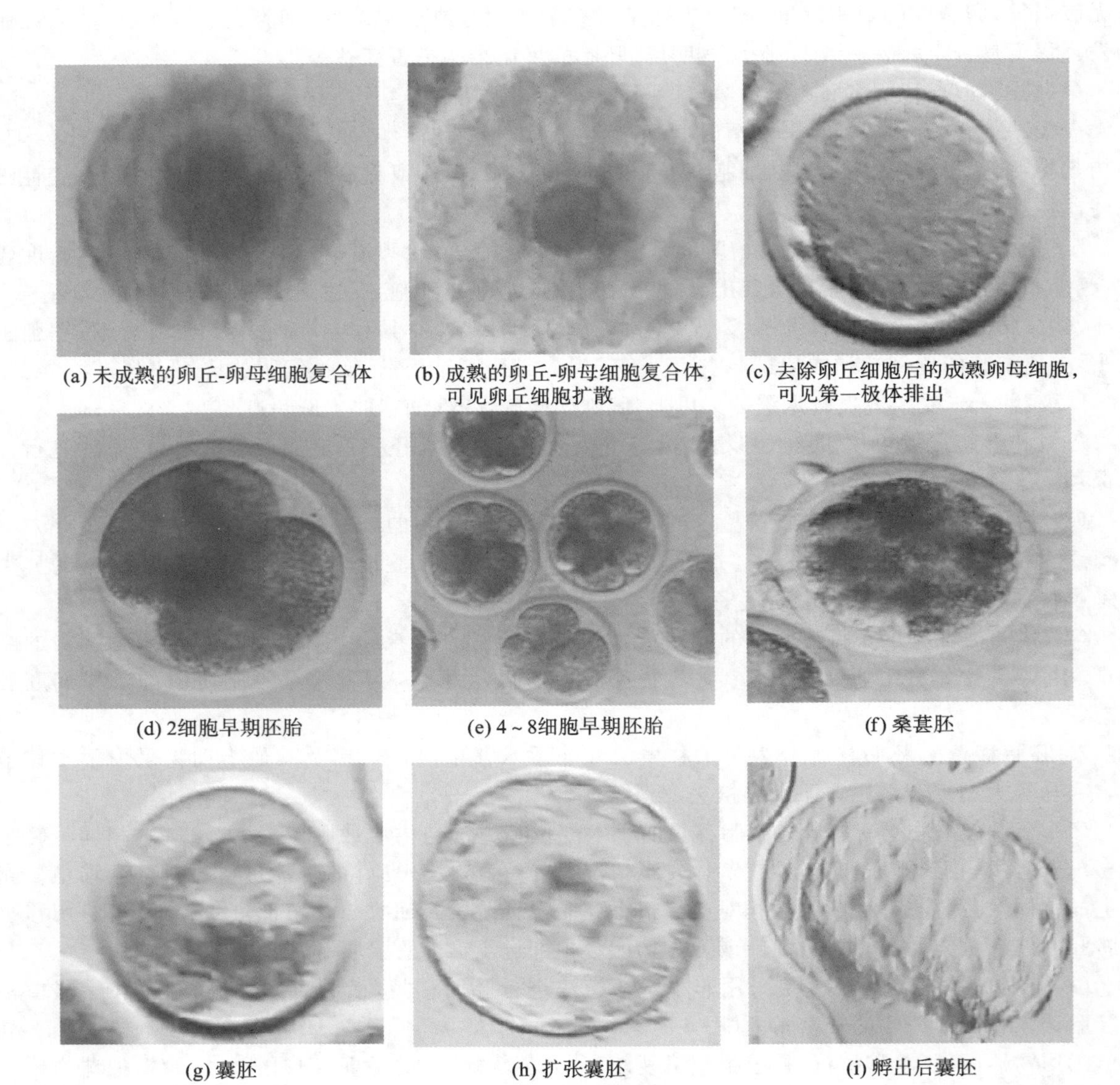
(a) 未成熟的卵丘-卵母细胞复合体
(b) 成熟的卵丘-卵母细胞复合体，可见卵丘细胞扩散
(c) 去除卵丘细胞后的成熟卵母细胞，可见第一极体排出
(d) 2细胞早期胚胎
(e) 4～8细胞早期胚胎
(f) 桑葚胚
(g) 囊胚
(h) 扩张囊胚
(i) 孵出后囊胚

图 6-8　发育至不同阶段的羊早期胚胎

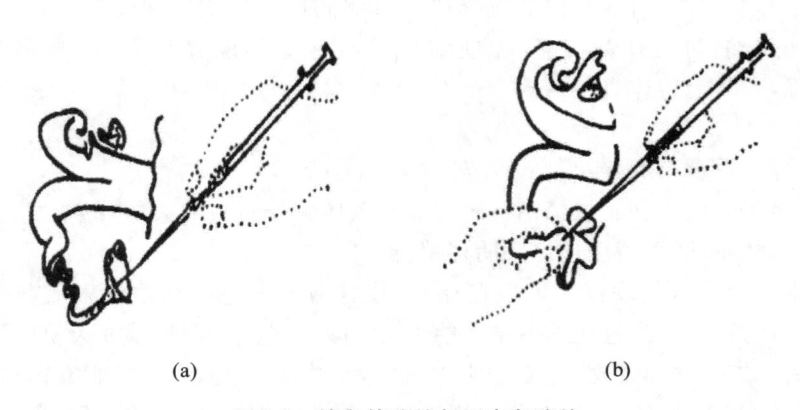
(a)　(b)

图 6-9　输卵管移植与子宫角移植

2. 受体　包括受体母畜与供体母畜的发情同步化程度，受体母畜营养状况、卵巢状况、孕酮水平、子宫环境和胚胎移植部位等。

3. 其他　包括胚胎移植操作条件、诱导发情的方式、移植方法、液体配制情况以及操作者的熟练程度等。

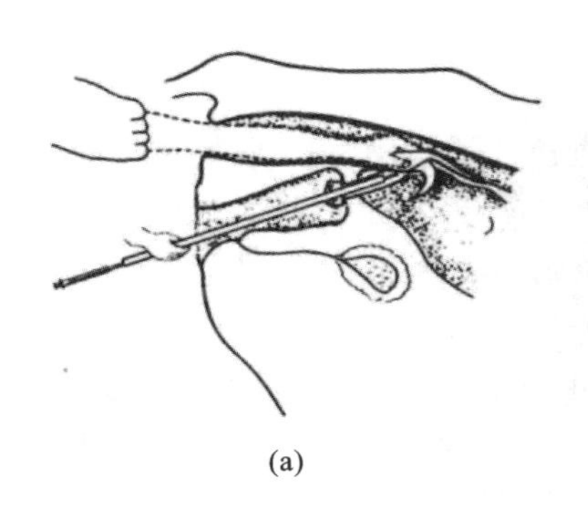
(a)

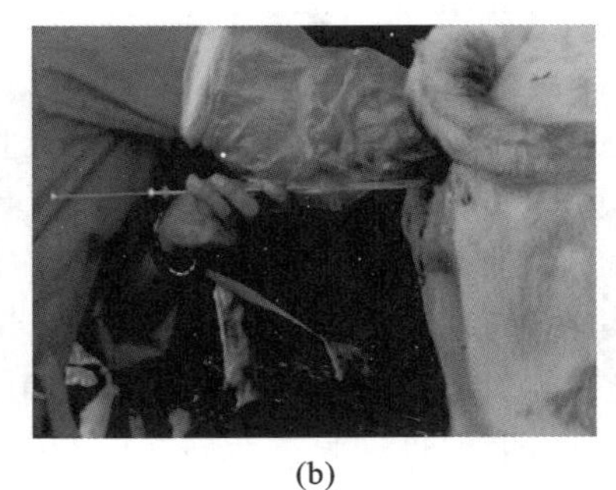
(b)

图 6-10　非手术移植法

（六）胚胎移植存在的问题

1. 超数排卵效果　利用外源性促性腺激素刺激进行超数排卵，往往无法得到如预期那样稳定的结果。究其原因，主要是不同年龄的供体，其经超数排卵后的效果也差异较大，排卵率不稳定。

2. 胚胎回收　位于输卵管或子宫角内的胚胎无法做到百分之百回收，此外，排卵数过多也是导致胚胎回收率低下的重要原因。实际生产中发现，排出的卵子往往在进入输卵管伞部之前就已丢失，故胚胎回收率通常在50%～80%。一般来说，羊用手术法收集胚胎时，经输卵管获得胚胎数量要比子宫角多；牛用非手术法回收胚胎时，完全失败的情况也时有发生。

3. 供体再利用　一般认为，只要操作方法正确，胚胎移植除了推迟供体自然繁殖时间2～3个情期以外，对供体繁殖机能不会有太大影响，但由于供体常为经济价值高的良种，一旦供体繁殖能力丧失，就会造成较大的经济损失。例如，羊的胚胎移植时，常采用手术法冲胚，这样做的后果是，重复进行手术的次数受到限制，且手术也会造成粘连，故丧失繁殖能力的供体羊占据了一定比例。

4. 配套技术　鉴于胚胎移植的成本较高，故需与育种结合使用才能发挥出更大价值。国外普遍利用超数排卵与胚胎移植（MOET）的方案进行奶牛育种。此外，奶牛胚胎移植中，由于获得的小公牛除极个别非常优秀并留种外，绝大多数因无经济价值而直接被淘汰。因此，普及精子分离技术和早期胚胎性别鉴定技术已成为当务之急，但这方面的工作尚处于实验室阶段，很难做到廉价、量产，故未能在生产中广泛应用。

5. 推广体系　人工授精技术因存在有大量基层技术人员和健全的推广体系且操作简单的优势，故能推广普及。然而，现阶段胚胎移植技术主要掌握在农业科研单位和院校以及少数高科技企业手中，基层技术人员短缺，尚未完善推广体系。

（七）胚胎移植技术发展前景

牛、羊胚胎冷冻保存和移植技术基本成熟，部分发达国家已进入产业化阶段，我国畜牧业发达的地区也在迅速推广，正逐步进入产业化阶段，这有利于进一步提升品种改良速度、增加优良品种的覆盖率。胚胎冷冻保存技术可配合政府建立家畜和濒危动物基因库，使珍稀物种免受各种灾害的影响。此外，胚胎移植技术的研究和应用为胚胎组织学、发育生物学、遗传育种学和胚胎生理学提供了积极的理论参考。

动物胚胎移植技术虽已成熟，但在提高不同种属、不同品种、不同动物个体的超数排卵效果，简化操作过程，提高移植妊娠率等方面仍有欠缺。与此同时，胚胎移植技术是其他胚胎生物技术的基础，畜牧业的发展和胚胎生物技术的不断更新将为胚胎移植提供广阔市场和应用空间。

二、配子和胚胎生物工程

（一）体外受精

体外受精（IVF）即精子和卵母细胞在体外人工环境中完成受精的过程。由于它与胚胎移植技术（ET）密不可分，故又称IVF-ET。IVF-ET的基本操作程序如下。

1. 卵母细胞的采集　卵母细胞的获得一般有三种方式。

扫码学课件
任务 6-2-2

Note

(1) 超数排卵　利用促性腺激素，如FSH、PMSG、LH和hCG处理，经输卵管冲取，获得成熟卵母细胞。

(2) 活体采集卵母细胞　借助B超或腹腔镜直接从活体动物的卵巢中采集卵母细胞。牛和马常用B超进行辅助采卵，即用直肠把握法确定卵巢位置，经阴道穹隆刺入吸卵针，借助B超图像引导，吸取排卵前卵泡中内容物，获得的卵母细胞须经成熟培养后才能进行受精。

(3) 离体卵巢收集卵母细胞　从刚屠宰的母畜体内摘出卵巢，经30～37 ℃温水洗涤后，快速运到实验室，用注射器吸取卵巢表面一定直径卵泡中的内容物(要求牛卵泡直径为3～10 mm，绵羊为3～5 mm)。此法获得的卵母细胞多数处于生发泡期(GV期)，需要成熟培养后才能与精子受精。

2. 卵母细胞的选择　获得的卵母细胞常与卵丘细胞形成卵丘-卵母细胞复合体，胚胎移植技术要求卵母细胞形态正常，细胞质均匀，不能发黑或透亮，外围有多层卵丘细胞紧密包围。现阶段，常把未成熟卵母细胞分成A级、B级、C级和D级，共4个等级。A级卵母细胞要求外周有3层以上的卵丘细胞紧密包围，细胞质均匀；B级卵母细胞要求细胞质均匀，卵丘细胞层低于3层或部分包围卵母细胞；C级为没有卵丘细胞包围的裸露卵母细胞；D级是外周附着蜘蛛网状卵丘细胞的卵母细胞。在体外受精实践中，一般只培养A级卵母细胞和B级卵母细胞。

3. 卵母细胞的成熟培养　未成熟的卵母细胞需要进行体外成熟培养后才能进行受精，卵母细胞成熟培养液一般为TCM199，另添加胎牛血清、促性腺激素、雌激素和抗生素等成分。采用微滴培养法，微滴体积为50～200 μL，每滴中放入的卵母细胞数按每5 μL一枚计算。卵母细胞移入微滴后放入二氧化碳培养箱中培养，培养条件为38 ℃、100%相对湿度和5%CO_2。牛、绵羊、山羊卵母细胞成熟培养时间为20～24 h，猪为40～44 h。卵丘-卵母细胞复合体经过成熟培养后，卵丘细胞扩散，卵母细胞周围的卵丘细胞呈放射状排列，并释放第一极体于卵周隙。

4. 精子的获能　精子获能的方法有两种，即培养法和化学诱导法。啮齿类动物、家兔、猪精子通常采用培养法获能，精子只需放入一定介质中培养即可获能。

牛、羊精子常用化学药物诱导获能，诱导获能的药物为肝素钠和钙离子载体。获能处理时，先将牛、羊精子用TALP或BO液离心洗涤2次，然后用添加肝素钠或钙离子载体的TALP或BO液诱导获能。

5. 受精　获能精子与成熟卵子需进行共培养，除钙离子载体诱导获能外，精子和卵子一般在获能液中完成受精。受精培养时间与获能方法有关，BO液中一般为6～8 h，若用TALP或SOF液，需培养18～24 h。精子和卵子常在微滴中共培养，受精时每毫升含精子数应为1×10^6～9×10^6个，每10 μL精液中放入1～2枚卵子，微滴体积一般为50～200 μL。需指出的是，体外受精时，往往添加适量抗生素以防止微生物污染。

6. 胚胎培养　卵母细胞受精后，受精卵需移入发育培养液中继续培养，质量较好的胚胎可移入受体母畜的生殖道内或进行冷冻保存。

(二) 胚胎分割

胚胎分割即利用特制的玻璃针或显微刀片，采用机械方法将早期胚胎在显微镜下分割成2、4、8或更多等份，其理论依据是胚胎干细胞的全能性。

1. 胚胎分割基本程序

(1) 器具准备　胚胎分割需要实体显微镜、倒置显微镜和显微操作仪。进行胚胎分割之前需要制作固定管和分割针，固定管要求末端钝圆，内径一般为20～30 μm。分割针目前有玻璃针(微针)和微刀两种，玻璃针一般是由外径1 mm的微玻璃管拉制而成，微刀是用锋利的金属刀片与微细玻璃棒黏合而成。

(2) 胚胎预处理　为减少分割损伤，胚胎分割前一般用蛋白酶进行短时间处理，目的是使透明带软化变薄进而去除透明带。蛋白酶的作用浓度一般为0.3%，室温软化透明带的处理时间为60 s，完全去除透明带的时间为5～8 min。另外，蛋白酶的处理时间与胚胎发育阶段密切相关。

(3) 胚胎分割　将发育良好的胚胎移入含有操作液滴的培养皿中，在显微镜下用分割针将胚胎

一分为二。操作液通常采用含 0.2 mol/L 蔗糖的杜氏磷酸盐缓冲液。不同阶段的胚胎，分割方法略有差异。

①桑葚胚之前胚胎的分割：该胚胎因卵裂球较大，直接分割会对卵裂球产生较大损伤。常用方法是微针切开透明带，用微管吸取单个或部分卵裂球，放入另一空的透明带中，透明带通常取自未受精卵或退化胚胎。

②桑葚胚和囊胚的分割：该阶段胚胎，通常采用直接分割法分割。操作时，用微针或微刀由胚胎正上方缓慢下切，轻压透明带以固定胚胎，然后继续下切，直至胚胎一分为二，再把裸露半胚移入预先准备好的空透明带中，或直接将裸露半胚移植给受体。在进行囊胚分割时，要注意将内细胞团一分为二。

(4) 分割胚的培养　为提高分割胚移植妊娠率，分割后的胚胎需在体内培养或体外培养一段时间，体内培养的中间受体一般为绵羊、家兔等动物的输卵管，输卵管在胚胎移入后需要结扎，防止胚胎丢失。分割胚体外培养方法与体外受精时的培养方法一致。

(5) 分割胚的保存和移植　分割胚可以直接移植，也可以超低温保存。需注意，分割胚因细胞较少，故耐冻性较差。因此，为提高分割胚冷冻后受胎率，分割胚需培养到桑葚胚或囊胚阶段后再冷冻保存。

2. 胚胎分割存在的问题　哺乳动物的胚胎分割技术已经取得较大的进展，主要体现在以下几个方面：操作方法逐渐简便，技术人员可不用显微操作仪，徒手进行分割胚胎；利用胚胎分割技术提高了牛胚胎移植的总受胎率。此外，通过胚胎分割取样可以对早期胚胎进行转基因阳性选择和性别鉴定，缩短选择周期，节约成本。随着胚胎分割技术的应用与推广，也出现不少问题，这均需进一步深入研究。

(1) 初生重低　在牛分割胚的移植实验中发现，有些发育到囊胚阶段的分割胚与正常胚胎相比，细胞数明显降低，同时移植后代的体重也相应降低。这种现象大概与早期胚胎细胞的分化和定位有关，但具体的发育机理还有待进一步研究。

(2) 遗传一致性　理论上来自同一胚胎分割胚的后代，遗传性状应完全一致，但事实并非如此。人们发现 6～7 日龄的牛胚胎分割后，同卵双生犊牛的毛色和斑纹并不完全相同，但在 2 细胞阶段分割，却表现出遗传一致性。这种现象与胚胎细胞的分化有着密切关系，但目前对不同阶段胚胎细胞的分化时间和发育潜力仍知之甚少。

(3) 异常与畸形　先前研究表明，将 8 日龄的牛胚胎一分为二，再移植分割胚，结果会产出一头正常牛犊和一个畸形肉块，此现象的出现对胚胎分割技术的应用产生了明显的影响。如何提高分割胚的发育潜力将是未来研究的主题。

(4) 分割胚的发育局限性　从研究结果来看，由一枚胚胎通过胚胎分割技术获得的后代数目是有限的。目前，由一枚牛胚胎通过胚胎分割技术产生三头犊牛是最好的结果，这说明分割胚的正常发育能力存在一定的局限性，通过胚胎分割技术生产大量克隆动物仍存在困难。

（三）体细胞克隆

体细胞克隆又称为体细胞核移植，它是将分化程度较高的体细胞移入去核的卵母细胞内，再将其激活、融合，形成重构胚的生物手段。根据核供体与核受体动物的种属差异，其可分为同种克隆和异种克隆。与胚胎克隆技术相比，它有两大优点：一是可无限获得具有同一遗传性状的供体核；二是可通过改良供体细胞，生产转基因动物，从而加快品种改良进程。

1. 体细胞克隆技术流程　体细胞克隆的常规程序包括以下几个步骤：核供体细胞的准备、核受体卵子的准备、供体核的注入与融合、重构胚的激活与培养、胚胎移植、体细胞克隆个体的鉴定。

(1) 核供体细胞的准备　体细胞克隆的主要技术程序与胚胎克隆基本相同。其区别是，体细胞克隆的核供体是体外培养传代的体细胞。先前研究表明，体细胞需经过血清饥饿，即细胞培养液中血清浓度由 10%降为 0.5%后，继续培养 5 天，此时的细胞处于休止的 G_0 期，随后将其移植到去核卵母细胞的卵周隙内，经电融合与激活获得克隆重构胚，移植到受体后获得克隆后代。

随着克隆技术的发展以及人们对核质关系了解的加深，自然状态的 G_0 期细胞（如卵丘细胞）、G_1 期细胞（如胎儿成纤维细胞），不需经过血清饥饿，可直接注入去核卵母细胞中，帮助生产克隆胚胎，并已在小鼠和牛等动物上获得成功。

（2）核受体卵子的准备　将核受体卵子的遗传物质（核）去除，用以接受外源的供体细胞核。主要有盲吸去核法、半卵去核法、功能性去核法和化学去核法等。

①盲吸去核法：将卵子第一极体下方的卵质膜内的核物质和部分细胞质一起吸出。刚排出第一极体的卵子，其纺锤体与第一极体还未完全分开或刚刚分开，此时，第一极体的位置显示了 MⅡ期纺锤体的位置。除小鼠和兔以外，其他大动物的成熟卵子的纺锤体在显微镜下无法看到，所以去核是盲目的，因此这种去核方法被称为盲吸去核法。

②半卵去核法：先在透明带上切一个口，从此切口处吸取约 50％的细胞质，再将其放到另一空透明带中，用其作为受体细胞质的去核方法。

③功能性去核法：这是一种非机械去核技术，是指利用紫外光或激光照射让染色体失活而达到去核目的。由于在卵子中除核 DNA 外，还有线粒体 DNA，故功能性去核对线粒体 DNA 影响较大，此技术多用于两栖类的核移植。

④化学去核法：用脱羰秋水仙碱激活 MⅡ期卵母细胞，使其排放第二极体。由于脱羰秋水仙碱的作用，纺锤体与第二极体不会分开且被全部释放到卵周隙中，这样就完成了去核。

（3）供体核的注入与融合　目前主要采用两种方法，即受体卵胞质内注射法和电融合法。

①受体卵胞质内注射法：用注射针把供体细胞膜捅破，再把供体核直接注入卵胞质内，完成重构胚的构建。

②电融合法：此法首先将体细胞移入去核卵母细胞的卵周隙内，然后把复合体放在充满融合液的融合槽内，施加直流电脉冲，促使供体细胞核与受体卵发生融合。因为该法效率高，重复性强，所以是目前应用最广的融合方法。

（4）重构胚的激活　用核移植方法构建的胚胎需要激活才能进一步发育。激活的目的是降低卵母细胞中成熟促进因子的活性，使重构胚进入新的细胞周期，启动胚胎发育。在哺乳动物核移植过程中至关重要的步骤就是重构胚的激活，其原理是模仿正常受精方式，人为引起卵母细胞细胞质内游离 Ca^{2+} 的浓度升高，从而进行激活。激活方式主要有电激活和化学激活。化学激活通常采用的试剂有 6-二甲氨基嘌呤（6-DMAP）、放线菌酮（CHX）、酒精（EH）和离子霉素等。

（5）重构胚的培养　在移入受体动物之前需要把重构胚培养一段时间来观察其发育潜力。胚胎培养的方法主要有体内培养和体外培养两种方法。一般多采用体外培养法，培养环境为 5％ CO_2 和饱和湿度，不同物种的胚胎在培养条件上也存在差异。

（6）胚胎移植　克隆胚胎最终要移入同期发情受体的输卵管或子宫内。移植的时间和方法可依据动物种类及重构胚在体外培养的发育阶段，以此来确定采取输卵管移植还是子宫角移植。

（7）体细胞克隆个体的鉴定　体细胞核移植的后代，除了要从形态、性别等方面来鉴定供体细胞与克隆后代的亲缘关系外，还需在分子生物学水平上进行鉴定。取供体细胞系细胞、克隆后代、核受体卵母细胞、重构胚及移植受体的 DNA，进行分子杂交实验，以确定后代是否真的来源于供体细胞系细胞。

2．体细胞克隆技术的应用前景

（1）体细胞克隆技术是研究生命科学的重要手段。如研究胚胎发生、死亡及其调控，细胞核与细胞质间的关系等，利用此项技术可促进人类了解生物生长发育的规律，特别是发现影响生长和衰老的因素。

（2）体细胞克隆技术可以为科学研究提供大量遗传性状一致的实验动物。

（3）体细胞克隆技术是快速扩繁良种和保护珍稀野生动物的重要途径。

（4）体细胞克隆技术可用于医学研究和临床治疗。

Note

（5）体细胞克隆技术可以生产转基因动物，建立生物工厂。应用克隆技术生产转基因动物可以事先筛选转基因阳性细胞作为核供体，大幅提高转基因动物的生产效率。

（四）性别控制技术

动物的性别控制技术是指人为干预动物的正常生殖过程，使成年雌性动物产出人们期望性别后代的一门生物技术。在畜牧生产中性别控制技术有着重要意义。首先，通过控制出生后代的性别，可充分发挥受性别限制的生产性状（如泌乳）和受性别影响的生产性状（如生长速度、肉质等）的经济效益。其次，控制后代的性别可提高选种强度，加快育种进程。

1. 流式细胞分离精子法　自 20 世纪 50 年代始，从 X 精子和 Y 精子的大小、带电荷数、密度和活力等方面人们进行了细致的对比研究，从中发现 X 精子 DNA 含量比 Y 精子 DNA 含量高。流式细胞分离精子的原理就是根据 X、Y 精子 DNA 含量上的不同来进行分离的（图 6-11）。

扫码看彩图
图 6-11

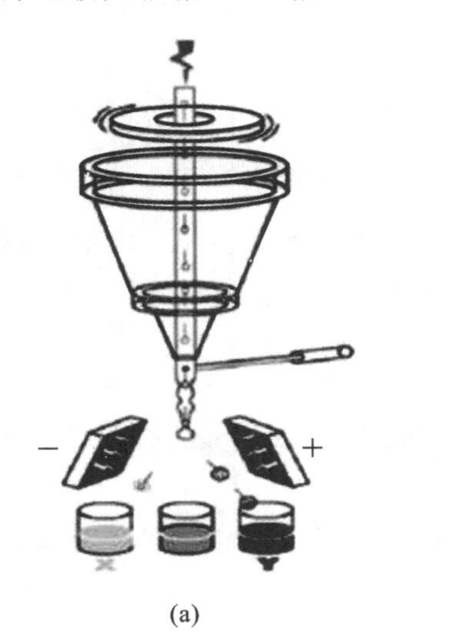

(a)

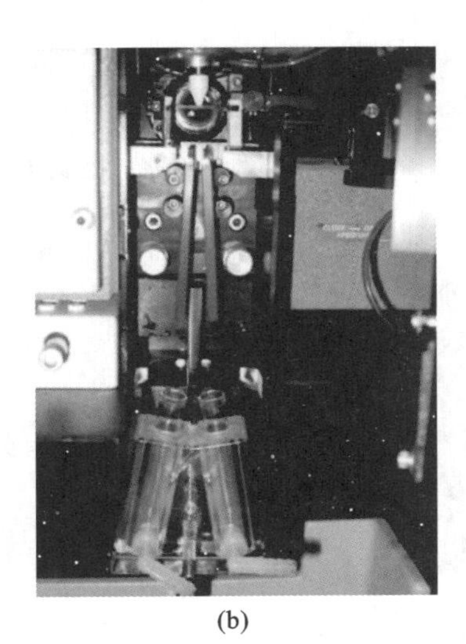

(b)

图 6-11　流式细胞仪分离 X 精子和 Y 精子示意图

具体方法：用 DNA 特异性染料对精子进行活体染色，将精子连同少量稀释液逐个通过激光束，探测器可探测精子的发光强度并把光信号传递给计算机，计算机指令液滴充电器使发光强度高的液滴（X 精子滴）带正电，弱的（Y 精子滴）带负电，然后带电液滴通过高压电场，不同电荷的液滴在电场中被分离开，进入两个不同的收集管，正电荷收集管为 X 精子，负电荷收集管为 Y 精子。最后，应用分离后的精子进行人工授精，实现对后代的性别控制。

现阶段，这种方法已被广泛地商业化利用，分离精子性别准确率在 90% 以上。尽管动物分离精子还存在许多亟待解决的问题，但随着精子分离仪的改进以及与各项辅助生殖技术的结合，动物性别控制精液必将在未来实践中得到更加广泛的应用，并产生巨大的社会效益和经济价值。此项技术目前存在的主要问题是精子的受精率、解冻后的活力比正常精子低，原因可能是精子在分离过程中受到了照射损伤或机器的机械损伤。

2. 早期胚胎的性别鉴定法　运用细胞学、分子生物学或免疫学方法可对哺乳动物附植前的胚胎进行性别鉴定，通过移植已知性别的胚胎可控制后代性别比例。

（1）核型分析法　分析部分胚胎细胞染色体的组成是为了判断胚胎性别，通常雌性为具有 XX 染色体的胚胎，雄性为具有 XY 染色体的胚胎。其主要操作步骤：先把部分细胞从胚胎中取出，用秋水仙素处理使细胞处于有丝分裂中期，再制备染色体标本，通过显微摄影分析染色体组成，确定胚胎性别。这种方法的准确率可达 100%，但是有利有弊，比如取样时对胚胎损伤大，操作时间长，并且很难获得高质量的染色体中期分裂象，其在生产中难以推广普及。

（2）SRY-PCR 法　SRY-PCR 法是指采用雄性特异性 DNA 探针和 PCR 扩增技术对哺乳动物早期胚胎进行性别鉴定。从胚胎中取出部分卵裂球，提取 DNA，用 SRY 基因的一段碱基做引物，以胚胎细胞 DNA 为模板进行 PCR 扩增。用 SRY 特异性探针对扩增产物进行检测，若胚胎是雄性，那么 PCR 产物与探针结合出现阳性(琼脂糖凝胶电泳后在紫外光照射下有条带),雌性胚胎则为阴性(琼脂糖凝胶电泳后在紫外光照射下无条带),准确率高达 90%以上。值得指出的是,运用这种方法进行胚胎性别鉴定的关键是杜绝污染,防止出现假阳性。

(3) 免疫学方法　免疫学方法的理论依据是雄性胚胎存在雄性特异性组织相容性抗原,即 H-Y 抗原,但这种抗原分子性质目前尚无定论,因而结果不稳定,准确率也较低。其方法是先分离 H-Y 抗原,制备抗体,然后可通过以下方法判别雌雄胚胎。①在胚胎培养液中加入抗体,培养一段时间,继续发育的为雌性,退化的为雄性。②H-Y 单克隆抗体处理胚胎,用荧光素标记的第二抗体处理后,在荧光显微镜下观察,有荧光的为雄性,没有荧光的为雌性。③在胚胎发育到桑葚胚时,向培养液中加入 H-Y 抗体,继续培养一段时间后,出现囊胚的为雌性胚胎,未出现的为雄性胚胎。

技能训练

小鼠超数排卵及早期胚胎的质量鉴定

【目的要求】 通过实际操作,使学生了解孕马血清促性腺激素(PMSG)和人绒毛膜促性腺激素(hCG)对卵巢机能的生理作用,掌握超数排卵方法和早期胚胎的质量鉴定。

【药品准备】 孕马血清促性腺激素、人绒毛膜促性腺激素、75%酒精、冲胚液(DPBS 液)、矿物油等。

【器具准备】 一次性 1 mL 注射器、镊子、剪刀、表面皿、巴氏吸管、直径 35 mm 培养皿、实体显微镜、恒温台等。

【动物准备】 5～6 周龄昆明白系雌性小鼠为超数排卵的供体,成年同系性成熟公鼠与之 1∶1 配比。

【内容步骤】

一、超数排卵及胚胎采集方法

取 5～6 周龄昆明白系雌性小鼠,间隔 48 h 分别腹腔注射 10 IU 孕马血清促性腺激素和人绒毛膜促性腺激素,人绒毛膜促性腺激素注射后与性成熟公鼠合笼,次日检查阴道栓,有栓雌鼠在注射人绒毛膜促性腺激素后 78～84 h 处死,摘取子宫,在实体显微镜下,用含有 DPBS 液的 1 mL 注射器将子宫置于表面皿中反复冲洗 3 遍,以回收桑葚胚及早期囊胚。操作液和胚胎置于 37 ℃恒温台上保存。

二、胚胎质量鉴定

将回收的胚胎用 DPBS 液洗净后,移入新鲜的覆盖有矿物油的 100 μL DPBS 液滴中,在 40 倍以上实体显微镜下进行胚胎质量鉴定。

1. 胚胎的级别划分　目前对胚胎的质量鉴定基本上采用形态学的方法,将胚胎分为 A 级(1 级)、B 级(2 级)、C 级(3 级)和 D 级(4 级)4 个级别。其中 A 级和 B 级胚胎可作为移植用胚胎。

A 级:胚胎发育形态正常,轮廓清晰,卵裂球大小均匀、致密、整齐、清晰,色泽和透明度适中,发育速度与胚龄相一致。

B 级:轮廓清晰,色泽适中,卵裂球密度和大小良好,但稍有不均,有个别卵裂球游离,发育速度与胚龄相一致。

C 级:轮廓不清晰,色泽发暗,卵裂球不十分匀称,结构松散,变形,发育较慢。

D 级:卵裂球多数变形、异常,发育缓慢。

2. 异常胚胎　异常胚胎是指胚胎体积过小、过大,呈椭圆形、扁形,带有大型极体,细胞内有大空泡,透明带破裂或收缩,卵裂球色泽发暗、界限不清,个别萎缩,边缘变得粗糙,空透明带,在透明带内无一定结构的变性胚胎等。

3. 未受精卵　呈圆球状,外周有一圈折光性强且发亮的透明带,中央为质地均匀色泽较暗的细胞质,透明带和卵黄膜之间的空隙很小甚至看不到。

展示与评价

小鼠超数排卵及早期胚胎的质量鉴定评价单

<table>
<tr><td>技能名称</td><td colspan="8">小鼠超数排卵及早期胚胎的质量鉴定</td></tr>
<tr><td>专业班级</td><td colspan="2"></td><td colspan="2">姓名</td><td colspan="2"></td><td>学号</td><td></td></tr>
<tr><td>完成场所</td><td colspan="2"></td><td colspan="2">完成时间</td><td colspan="2"></td><td>组别</td><td></td></tr>
<tr><td>完成条件</td><td colspan="8">填写内容：场所、动物、设备、仪器、工具、药品等</td></tr>
<tr><td>操作过程描述</td><td colspan="8"></td></tr>
<tr><td>操作照片</td><td colspan="8">操作过程或项目成果照片粘贴处</td></tr>
<tr><td rowspan="4">任务评价</td><td colspan="2">小组评语</td><td colspan="2">小组评价</td><td colspan="2">评价日期</td><td colspan="2">组长签名</td></tr>
<tr><td colspan="2"></td><td colspan="2"></td><td colspan="2"></td><td colspan="2"></td></tr>
<tr><td colspan="2">指导教师评语</td><td colspan="2">指导教师评价</td><td colspan="2">评价日期</td><td colspan="2">指导教师签名</td></tr>
<tr><td colspan="2"></td><td colspan="2"></td><td colspan="2"></td><td colspan="2"></td></tr>
<tr><td rowspan="2">考核标准</td><td colspan="3">优秀标准</td><td colspan="2">合格标准</td><td colspan="3">不合格标准</td></tr>
<tr><td colspan="3">1. 操作规范，安全有序
2. 步骤正确，按时完成
3. 全员参与，分工合理
4. 结果准确，分析有理
5. 保护环境，爱护设施</td><td colspan="2">1. 基本规范
2. 基本正确
3. 部分参与
4. 分析不全
5. 混乱无序</td><td colspan="3">1. 存在安全隐患
2. 无计划，无步骤
3. 个别人或少数人参与
4. 不能完成，没有结果
5. 环境脏乱，桌面未收</td></tr>
</table>

【巩固训练】

一、名词解释

胚胎移植　供体　体外受精　体细胞克隆　性别控制

二、判断题

1. 从供体牛体内获得胚胎不需进行质量判定，应迅速移植给受体牛。（　　）
2. 胚胎移植的时候，要求受体动物的繁殖生理状态和供体动物一致。（　　）
3. 同期发情就是人为地通过激素调控一群母畜同一时期发情的一项繁殖技术。（　　）

扫码看答案

4. 诱导发情是采用外源激素等方法诱导群体母畜发情并排卵的技术。 （　）

5. 母猪可使用提早断奶的方法达到诱导发情的目的。 （　）

三、简答题

1. 简述胚胎移植的意义。

2. 简述性别控制的概念及其意义。

项目七　动物繁殖管理技术

学习目标

▲知识目标

1. 了解动物的正常繁殖力。
2. 掌握动物繁殖力的评价指标及评价方法。
3. 掌握动物常见繁殖障碍的类型及其成因。

▲技能目标

1. 利用养殖场提供的原始档案数据，进行整理归纳，再利用电子表格进行统计分析并对动物繁殖力进行评定。
2. 能够对常见繁殖障碍性疾病进行诊治。
3. 能够分类整理原始数据，利用各种软件处理分析数据。

▲思政目标

1. 具有“三勤四有五不怕”的专业精神。
2. 具有遵守规范、严格程序、安全操作的专业意识。
3. 具有胆大心细、敢于动手的工作态度。
4. 理论与生产实际紧密结合，具体问题具体分析。
5. 树立珍爱生命、无私奉献的医者精神。
6. 坚持理论从实践中来，再到实践中去的认知规律，提升归纳总结的能力。

扫码学课件
任务 7-1

任务一　动物繁殖力的评定

任务分析

动物繁殖力的评定任务单

任务名称	动物繁殖力的评定	参考学时	2 学时
学习目标	1. 了解动物的正常繁殖力。 2. 掌握动物繁殖力的评价指标。 3. 学会评定动物繁殖力的方法。		
完成任务	利用养殖场提供的原始档案数据，进行整理归纳，再利用电子表格进行统计分析并对动物繁殖力进行评定。		

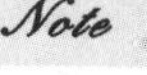

续表

<table>
<tr><td>学习要求
（育人目标）</td><td colspan="3">1. 具有“三勤四有五不怕”的专业精神。
2. 具有遵守规范、严格程序、安全操作的专业意识。
3. 具有胆大心细、敢于动手的工作态度。
4. 理论与生产实际紧密结合，具体问题具体分析。
5. 树立珍爱生命、无私奉献的医者精神。
6. 坚持理论从实践中来，再到实践中去的认知规律，提升归纳总结的能力。</td></tr>
<tr><td rowspan="2">任务资讯</td><td>资讯问题</td><td colspan="2">参考资料</td></tr>
<tr><td>1. 什么是繁殖力？正常情况下，动物的繁殖力是否能充分发挥？
2. 简要说明牛、羊、猪的正常繁殖力。
3. 牛、猪各有哪些重要繁殖力指标？如何评定？</td><td colspan="2">1. 线上学习平台中的PPT、图片、视频及动画。
2. 倪兴军. 动物繁育[M]. 武汉：华中科技大学出版社，2018。</td></tr>
<tr><td rowspan="3">考核标准</td><td>知识考核</td><td>能力考核</td><td>素质考核</td></tr>
<tr><td>1. 查阅相关知识内容和有关文献，完成资讯问题。
2. 准确完成线上学习平台的知识测验。
3. 任务单学习和完成情况。</td><td>能够正确计算动物繁殖力的各项指标，并通过对比进行评价。</td><td>1. 遵守学习纪律，服从学习安排。
2. 积极动手实践，观察细致认真。
3. 操作规范、严谨。</td></tr>
<tr><td colspan="3">结合课堂做好考核记录，按项目进行评价，考核等级分为优秀、良好、合格和不合格四种。其中优秀为85～100分，良好为75～84分，合格为60～74分，不合格为60分以下。</td></tr>
</table>

任务知识

繁殖力的评定是实际生产中对动物进行繁殖管理的重要技术手段，通过评定可及时掌握畜群的繁殖水平，了解繁殖技术的应用效果和畜群的增殖状况，及时发现繁殖障碍和技术应用方面存在的问题并采取相应的措施，有利于不断扩大畜群规模和提高畜群质量，同时最大限度地降低生产成本进而增加经济效益。

一、繁殖力的概念

繁殖力是指动物维持正常生殖机能、繁衍后代的能力，是评定种用动物生产力的主要指标。繁殖力涉及动物生殖活动各个环节的机能。对公畜来说，繁殖力反映性成熟早晚、性欲强弱、交配能力、精液质量和数量等。对母畜而言，繁殖力体现在性成熟、发情排卵、配种受胎、胚胎发育、妊娠分娩、泌乳和哺乳等生殖活动的机能。繁殖力高，表示这些机能强。

二、动物的正常繁殖力

（一）自然繁殖力

在自然环境条件下，生殖机能正常的动物采用常规饲养管理措施所表现出的繁殖水平称为自然繁殖力或生理繁殖力。自然繁殖力也可认为是繁殖极限或理想型繁殖力，即动物在生理和饲养管理均正常的情况下的最高繁殖力。

运用现代繁殖新技术所提高的动物繁殖力，称为繁殖潜能。例如，应用人工授精技术可使种公畜的繁殖效率提高上百倍，利用胚胎分割、卵母细胞体外培养和成熟技术等可使雌性动物的繁殖效率提高成千上万倍。

Note

各种动物的自然繁殖力主要取决于动物每次妊娠的胎儿数、妊娠期长短和产后第一次发情配种的间隔时间等。通常妊娠期长的动物繁殖率较妊娠期短的动物低，单胎动物的繁殖率较多胎动物低。

例如，黄牛的妊娠期为280～282天，产后第一次发情配种并受胎的间隔时间一般为45～60天，每次妊娠一般只有一个胎儿，所以黄牛的自然繁殖周期最短不会短于327天，自然繁殖率最高不会超过112%（365/327×100%≈112%）。猪为多胎动物，每次妊娠可产多个仔猪，而且不同品种以及同一品种不同胎次的窝产仔数不同。猪的妊娠期平均114天，产后第一次发情配种一般发生于仔猪断奶后1～7天，断奶最早在仔猪出生后20日龄进行，所以猪的自然繁殖周期最短不会短于136天，自然繁殖力最高不会超过2.68窝/年。水牛的妊娠期330天，分娩后第一次发情配种并受胎的间隔时间一般为45～60天，所以水牛的自然繁殖周期不会短于375天，自然繁殖率低于97%（365/375×100%≈97%）。依此类推，各种动物自然繁殖率的计算可用下式表示，即

$$\text{自然繁殖率}=\frac{365}{(\text{妊娠期}+\text{产后配种受胎间隔天数})}\times\text{每胎产仔数}\times100\%$$

或

$$\text{自然繁殖率}=\frac{365}{\text{产仔间隔天数}}\times\text{每胎产仔数}\times100\%$$

（二）各种动物繁殖力现状

1. 牛 与其他动物相比，公牛的精液耐冻性强，冷冻保存后受精率较高，所以公牛冷冻精液人工授精的推广应用较其他畜种普及，因此种公牛的利用率较其他畜种高，平均每头种公牛每年可配种1万～2万头母牛。目前，在奶牛生产中几乎所有母牛均用冷冻精液进行人工授精。在黄牛或肉牛生产中，用冷冻精液进行人工授精的比例也在逐年提高，一些省份可达90%以上，全国平均可达50%左右。

由于环境气候和饲养管理水平及条件在全国各地有差异，所以牛群的繁殖力水平也有差异。评定奶牛繁殖力的常用指标及其繁殖力现状见表7-1。在澳大利亚的肉牛生产中，繁殖力较高的母牛产犊间隔只有365天，从配种至分娩的间隔时间平均只有300天，总受胎率90%～92%，产犊率可达85%～90%，犊牛断奶成活率可达83%～88%。我国牧区黄牛由于饲养管理条件差，往往造成母牛特别是哺乳母牛产后乏情期长，发情及受胎率低，使产犊间隔大大延长，某些地区一头母牛平均两年才产一头犊牛。

表7-1 评定奶牛繁殖力的常用指标及其繁殖力现状

繁殖力评定指标	国内水平		美国威斯康星州水平	
	一般	良好	一般	良好
初情期/月	12	8	14	12
配种适龄/月	18	16	17	14～16
头胎产犊月龄/月	28	26	27	23～25
第一情期受胎率/(%)	40～60	60	50	62
配种指数	2.5～1.7	1.7	2	1.65
总受胎率/(%)	75～85	90～95	85	94
发情周期为18～24天的母牛比例/(%)	80	90	70	90
产后50天内出现第一次发情的母牛比例/(%)	75	85	70	80
分娩至产后第一次配种间隔天数	80～90	50～70	85	45～70
牛群平均产犊间隔/月	14～15	13	13	12
年繁殖率/(%)	80～85	90	85～90	95

水牛生长在我国南方农区，虽然饲草丰富，但因发情症状不易鉴定，易错过配种时机，所以产犊间隔较长。发情鉴定仔细、饲养管理水平较高的地区，牛群受配率和繁殖率较高，一般为三年两胎，即繁殖率为60%～70%，平均水平不到40%。

2. 猪 猪的繁殖力较牛和羊高，情期受胎率一般在75%～80%，总受胎率可达85%～90%，平均每窝产仔8～14头。猪的繁殖力受品种、胎次、年龄等因素影响很大，不同品种、同一品种不同家系之间繁殖力不同。国内猪的地方品种有数十个，外来猪种主要有长白猪、大约克猪、杜洛克猪和汉普夏猪等。地方猪种中，以太湖猪（二花脸猪、梅山猪等）的窝产仔数最多。地方猪种与外来猪种杂交后，就产仔数而言，以大白公猪与二花脸母猪的杂交效果最好（表7-2）。外来猪种在国内饲养后，产仔数有提高的趋势。例如，英系大约克猪在国内饲养至第二代的初产母猪窝产仔数达10.8头（n=34），分别比基础群和子一代高1.6头（n=12）和0.5头（n=52）。

表7-2 各品种猪的平均窝产仔数（头）

品种		初产母猪/头	经产母猪/头	平均/头
地方品种	二花脸猪	13.0	15.9	14.0
	梅山猪	13.8		14.8
	玉山黑猪	12.1	14.3	13.3
	松辽黑猪	10.5	12.6	11.6
外来品种	长白猪	10.0	11.7	11.4
	杜洛克	9.1	10.0	
	大约克	8.5	10.8	9.8
	汉普夏	7～8	8～9	
杂交或培育猪种	长白×大约克	11.0		
	大约克×长白	9.8	11.0	
	杜洛克×长白	10.5		
	杜洛克×长白×大约克	10.8		
	湖北白猪DIV系	10.7		
	长白×梅山	11.8	16.3	15.6
	汉普夏×梅山	12	15.2	14.8
	大白×二花脸	13.2	15.4	13.3
	长白×二花脸	9.2		
	大白×大白×二花脸	13.5		
	大约克×长白×二花脸			13.2
	杜洛克×二花脸	10.2	10.2	14.1
	汉普夏×二花脸	10.1		

3. 马 马为单胎季节性发情动物，其繁殖力较牛和羊低。目前，通常以性反射强弱（公马在一个配种期内所交配的母马数）、采精次数、精液品质、与配母马的情期受胎率、配种年限、幼驹成活率等来反映公马的繁殖力水平。繁殖力强的公马，年平均采精可达148次，平均射精量94～116 mL，精子密度每毫升1.05亿～1.41亿，受精率可达68%～86%。值得一提的是，虽然公马在自然交配的情况下最大配种能力可超过公牛，而且其精子在母马生殖道内维持受精能力的时间较长，但是，由于公马精子耐冻性较差，用冷冻精液授精时受胎率较低，以致公马冷冻精液人工授精技术的推广应用并不普及。

母马的繁殖力多以受胎率、产驹率、幼驹成活率、终身产驹数和产驹密度等指标来表示。由于母马发情期较长，且有明显的发情季节性等，一般情况下不易做到适时配种，且易发生流产，故而降低了繁殖力。

国内应用鲜精人工授精的情期受胎率，一般为50%～60%，高的可达65%～70%，全年受胎率为80%左右。由于流产率较高，实际繁殖率为50%左右。国外饲养水平较高的马场，情期受胎率可达80%～85%，而一般马场只有60%～75%，产驹率可达50%以上。

4. 羊 种公羊自然交配的年配种能力一般为30～50只母羊，用人工授精方法可以提高配种能力数千倍。目前，用鲜精人工授精的情期受胎率高的可达90%，一般为70%～85%，但用冷冻精液进行人工授精，情期受胎率一般只有50%，最高的也只有63.5%。

母羊的繁殖力因品种、饲养管理和生态条件等不同而有差异(表7-3)。绵羊大多1年1胎或2年3胎，湖羊、小尾寒羊有时可1年2胎，产2羔或3羔的比例也较高，个别能产6羔。山羊一般每年产羔1～2胎，每胎可产1～3只，个别可产4～5只。

表7-3 国内绵羊和山羊品种的繁殖力

品　　种	性成熟/月	初配月龄/月	年产羔胎数	窝产羔率/(%)
蒙古羊	5～8	18	1	103.9
乌珠穆沁羊	5～7	18	1	100.4
藏羊(草地型)	6～8	18	1	103
哈萨克羊	6	18	1	101.6
阿勒泰羊	6	18	1	110.0
滩羊	7～8	17～18	1	102.1
大尾寒羊	4～6	8～12	2年3胎或1年2胎	177.3
小尾寒羊	4～6	8～12	2年3胎或1年2胎	270
湖羊	4～5	6～10	2	207.5
同羊	6～7	8～12	2年3胎	100
内蒙古山羊	7～8	18	1	103
新疆山羊	7～8	18	1	114～115
西藏山羊	4～6	18～20	1	110～135
中卫山羊	5～6	18	1	104～106
辽宁山羊	5～6	18	1	110～120
济宁山羊	3～4	5～8	2	293.7
陕南山羊	3～4	12～18	2	182
贵州白山羊	4～6	8～10	2	184.4
云南龙陵山羊	6	8～10	1	122
青山羊	3	5	2年3胎或1年2胎	178
南江黄山羊			2年3胎	182
安哥拉山羊		17.2	2年3胎	139
莎能奶山羊	4	8		180～230
吐根堡山羊				149～201
波尔山羊	6～8	8～10	2年3胎	180～210

5. 兔 家兔性成熟早、妊娠期短、窝产仔数多，所以繁殖力高。家兔一年可繁殖3～5胎，每胎可产仔6～9只，最多可达14～15只。家兔的受胎率与季节有关，春季受胎率较高，可达85%以上，夏

季受胎率较低，只有30%～40%。家兔一年四季均可发情，繁殖年限可达3～4年。

6. 家禽 家禽的繁殖力一般以年产蛋量和孵化率来表示。通常，蛋禽的年产蛋量较高，年产蛋量最高可达335枚；肉禽的产蛋量较低（表7-4）。鸡蛋的孵化率，如按出雏数与入孵受精蛋的比例计算，可达80%以上，如按出雏数与入孵种蛋数的比例计算，一般为65%以上。

表7-4 几种家禽的繁殖力

种	品种	开产月龄/月	年产蛋量/枚	种	品种	开产月龄/月	年产蛋量/枚
鸡	来航鸡	5	200～250	鸭	罗斯褐鸭	4～5	292
	洛岛红鸡	7	150～180		海兰褐鸭	4.5	335
	白洛克鸡	6	130～150		北京鸭	6～7	100～120
	仙居鸡	6	180～200		娄门鸭	4～5	100～150
	浦东鸡	7～9	100		高邮鸭	4.5	160
	乌骨鸡	7	88～110		绍鸭	3～4	200～250
	星杂288蛋鸡	5	260～295		康贝尔鸭		200～250
	罗曼褐蛋鸡	4～5	292	鹅	太湖鹅	7～8	50～90
	伊莎褐蛋鸡	5	292		狮头鹅	7～8	25～80

三、评定繁殖力的方法

在畜牧生产中评定动物繁殖力主要依据相应评价指标来完成。评定雄性动物繁殖力的指标，主要包括精液品质评定指标（如射精量、活力、密度等）和性发育指标（如初情期、性成熟等）。评定雌性动物繁殖力的指标有初情期、性成熟、发情持续时间、发情周期、妊娠期等，但这些指标主要针对动物个体而言。本章主要介绍就群体而言的繁殖力评定指标。

（一）评定畜群发情与配种质量的指标

1. 发情率 发情率是指一定时期内发情母畜数占可繁母畜数的百分比，主要用于评定某种繁殖技术或管理措施对诱导发情的效果（人工发情率）以及畜群自然发情的机能（自然发情率）。如果畜群乏情率（不发情母畜数占可繁母畜数之百分比）高，则发情率就低。

$$发情率=\frac{发情母畜数}{可繁母畜数}\times 100\%$$

2. 受配率 受配率又称配种率，为一定时期参与配种的母畜数与可繁母畜数之百分比，主要反映畜群发情情况和配种管理水平。如果畜群不孕症患病率（乏情率）高（即发情率低），或发情后未及时配种，则受配率低。

$$受配率=\frac{参与配种母畜数}{可繁母畜数}\times 100\%$$

3. 受胎率 受胎率即总受胎率，是指配种后受胎的母畜数（妊娠母畜数）与参与配种母畜数之百分比，主要反映配种质量和母畜的繁殖机能，为淘汰母畜及评定某项繁殖技术提供依据。通常，卵巢和生殖机能均正常，并进行适时输精的母畜，受胎率高。可用如下公式表示。

$$受胎率（总受胎率）=\frac{妊娠母畜数}{配种母畜数}\times 100\%$$

由于每次配种时总有一些母畜不受胎，需要经过两个以上发情周期（即情期）的配种才能受胎，所以受胎率可分为第一情期受胎率、第二情期受胎率、第三情期受胎率和情期受胎率等，可用如下公式表示：

$$第一情期受胎率=\frac{第一个情期配种后受胎母畜数}{第一个情期参与配种母畜数}\times 100\%$$

$$第二情期受胎率=\frac{第二个情期配种后受胎母畜数}{第二个情期参与配种母畜数}\times 100\%$$

$$第三情期受胎率=\frac{第三个情期配种后受胎母畜数}{第三个情期参与配种母畜数}\times100\%$$

$$情期受胎率=\frac{妊娠母畜数}{各情期配种的母畜数之和}\times100\%$$

4. 不返情率和返情率 不返情率是指配种后一定时期不再发情的母畜占配种母畜数的百分比，反映畜群的受胎情况，与畜群生殖机能和配种水平有关。与受胎率相比，不返情率一般是观察母畜配种后一定时期（如一个发情周期、两个发情周期等）的发情表现作为判断受胎的依据，而受胎率则以妊娠检查（如直肠检查、B超检查等）或者分娩和流产作为判断妊娠的依据，因此不返情率值往往高于实际受胎率值。如果两值接近，说明畜群的发情排卵机能正常。

$$不返情率=\frac{配种后一定时期不再发情的母畜数}{配种母畜数}\times100\%$$

$$返情率=\frac{配种后一定时期返情的母畜数}{配种母畜数}\times100\%=1-不返情率$$

（二）评定畜群增长情况的指标

1. 繁殖率 本年度内出生仔畜数（包括出生后死亡的幼仔，但不包括未达预产期的死产）占上年度末可繁母畜数的百分比，主要反映畜群繁殖效率，与发情、配种、受胎、妊娠、分娩等生殖活动的机能以及管理水平有关。单胎动物的繁殖率一般低于100%，而多胎动物一般高于100%。

$$繁殖率=\frac{本年度内出生仔畜数}{上年度末可繁母畜数}\times100\%$$

2. 繁殖成活率 本年度内存活仔畜数（不包括死产及出生后死亡的仔畜）占上年度末可繁母畜数之百分比，是繁殖率与仔畜成活率的积。该指标可反映发情、配种、受胎、妊娠、分娩、哺乳等生殖活动的机能及管理水平，是衡量繁殖效率最实际的指标。

$$繁殖成活率=\frac{本年度内存活仔畜数}{上年度末可繁母畜数}\times100\%$$

3. 成活率 一般指哺乳期的成活率，即断奶时存活仔畜数占出生时活仔畜总数的百分比，主要反映母畜的泌乳力、护仔性及饲养管理水平。也可指一定时期的成活率，如年成活率为当年年末存活仔畜数占该年度内出生的总仔畜总数之百分比。

$$成活率=\frac{一定时期内存活仔畜数}{出生时的活仔畜总数}\times100\%$$

4. 增值率 本年度内出生仔畜在年末的实际数占本年度初或上年度末畜群总头数（即存栏数）的百分比，主要反映畜群的年增长情况，与繁殖管理水平有关。

$$增值率=\frac{本年度内出生仔畜在年末的实际数}{本年度初或上年度末存栏数}\times100\%$$

（三）评定某些特定动物繁殖力的指标

1. 窝产仔数 猪、兔、犬、猫等多胎动物平均每胎产仔总数（包括死胎和死产），一般用平均数表示，是评定畜群繁殖性能的重要指标。

2. 窝产活仔数 指猪群或兔群平均每胎所产活仔数，真实反映猪群或兔群增长情况。

3. 产仔窝数 一般指猪或兔等妊娠期短的动物在一年内产仔的平均窝数或胎数，产仔窝数越多，年繁殖率越高。

4. 产犊指数 又称产犊间隔，指牛群两次产犊所间隔的平均天数。由于妊娠期是一定的，因此提高母牛产后发情率和配种受胎率，是缩短产犊间隔，提高牛群繁殖力的重要措施。

5. 牛繁殖效率指数 断奶时活犊数占参加配种的母牛与从配种至犊牛断奶期间死亡的母牛数之和的百分比。在母牛死亡数为零的情况下，该指标实际为产活犊率。母牛死亡率越高，牛繁殖效率指数越小。该指标的计算公式如下：

$$牛繁殖效率指数=\frac{断奶时活犊数}{配种母牛数+配种至犊牛断奶期间死亡的母牛数}\times100\%$$

Note

6. 产犊率 产犊率是指所产犊牛占配种母牛数的百分比。与受胎率的区别，主要表现在产犊率以出生的犊牛数为计算依据，而受胎率以配种后受胎的母牛数为计算依据。如果妊娠期胚胎死亡率为零，则产犊率与受胎率相当。

7. 产活犊率 产活犊率是指100头配种母牛所产活犊数。

8. 产羔率 主要用于评定羊的繁殖力，计算公式与产犊率相同。

9. 双羔率 双羔率是指产双羔的母羊数占羔母羊总数的百分比。

（四）家禽繁殖力指标的统计方法

反映家禽繁殖力的指标有产蛋量、受精率、孵化率等。

1. 产蛋量 家禽在一年内平均产蛋枚数。受品种、营养及饲养管理等因素的影响，主要反映家禽繁殖能力。

$$\text{全年平均产蛋量(枚)}=\frac{\text{全年总产蛋数}}{\text{总饲养日}}\div 365$$

2. 受精率 种蛋孵化后，经第一次照蛋确定的受精蛋数（包括死胎）与入孵总蛋数之比的百分比。它受公鸡的精液品质、精液处置方法、授精方法、母鸡生殖道内环境的影响，是一个综合性状，但是主要用于度量公鸡繁殖性能。

$$\text{受精率}=\frac{\text{受精蛋数}}{\text{入孵蛋总数}}\times 100\%$$

3. 孵化率 有受精蛋孵化率和入孵蛋孵化率两种，分别指出雏总数占受精蛋总数或入孵蛋总数的百分比。皆受种蛋质量和孵化条件的影响，主要用来反映母鸡的繁殖性能。

$$\text{受精蛋孵化率}=\frac{\text{出雏总数}}{\text{受精蛋总数}}\times 100\%$$

$$\text{入孵蛋孵化率}=\frac{\text{出雏总数}}{\text{入孵蛋总数}}\times 100\%$$

前项指标主要是衡量孵化技术水平；后项指标可以衡量一个种禽繁殖场总体水平，包括种禽品质、饲养和孵化技术。

猪场繁殖力的统计

【目的意义】 通过计算猪的各种繁殖力指标，掌握其计算方法。能够根据计算结果正确评价猪场繁殖力和管理水平，分析猪场繁殖工作存在的主要问题。

【材料用具】 某猪场的产房原始记录等。

【方法步骤】

一、查阅养殖档案

扫码看完整档案

某猪场6号产房繁殖成绩原始记录表

母猪耳号	配种日期	分娩日期	出生数	死亡	木乃伊	畸形	弱仔	压死
40-2-2046-5592	2021/10/8	2022/2/1	13	0	0	0	1	0
40-2-2046-5674	2021/10/8	2022/2/1	13	0	0	0	1	0
40-2-2047-5832	2021/10/8	2022/2/1	13	0	0	0	1	0
40-2-2048-6202	2021/10/8	2022/2/1	12	0	0	0	0	0
40-2-2049-6355	2021/10/8	2022/2/1	13	0	0	0	0	0
40-2-2049-6383	2021/10/8	2022/2/1	14	0	1	0	0	0

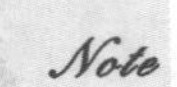

续表

40-2-2049-6425	2021/10/8	2022/2/1	14	0	0	0	0	0
40-2-2048-6171	2021/10/9	2022/2/2	13	0	0	0	1	0
40-2-2048-6103	2021/10/10	2022/2/2	14	0	0	0	1	0
40-2-2046-5639	2021/10/10	2022/2/2	14	0	0	0	1	0
40-2-2049-6335	2021/10/8	2022/2/4	14	0	0	0	1	0
40-2-2049-6466	2021/10/8	2022/2/4	14	0	0	0	1	0
40-2-2050-6606	2021/10/8	2022/2/4	12	0	0	0	0	0
40-2-2046-5688	2021/10/12	2022/2/4	12	0	0	0	0	0
40-2-2046-5714	2021/10/12	2022/2/4	14	0	0	0	1	0
40-2-2048-6106	2021/10/12	2022/2/4	15	0	0	0	1	0
40-2-2048-6129	2021/10/12	2022/2/4	15	0	1	0	0	0
40-2-2048-6143	2021/10/12	2022/2/4	13	0	0	0	1	0
40-2-2048-6209	2021/10/12	2022/2/4	12	0	0	0	0	0
40-2-2050-6586	2021/10/11	2022/2/4	14	0	0	0	1	0
40-2-2051-6865	2021/10/12	2022/2/4	12	0	0	0	0	0
40-2-2046-5501	2021/10/13	2022/2/5	13	0	1	0	0	0
40-2-2046-5616	2021/10/13	2022/2/5	13	0	0	0	0	0
40-2-2046-5618	2021/10/13	2022/2/5	13	0	0	0	1	0
40-2-2046-5704	2021/10/13	2022/2/5	13	0	0	0	1	0
40-2-2046-5731	2021/10/13	2022/2/5	12	0	0	0	0	0
40-2-2047-5795	2021/10/13	2022/2/5	14	0	0	0	1	0
40-2-2048-6124	2021/10/13	2022/2/5	14	0	0	0	1	0
40-2-2048-6156	2021/10/13	2022/2/5	12	0	0	0	0	0
40-2-2048-6162	2021/10/13	2022/2/5	14	0	0	0	0	0
40-2-2049-6476	2021/10/13	2022/2/5	12	0	0	0	0	0
40-2-2051-6801	2021/10/13	2022/2/5	13	0	0	0	1	0
40-2-2045-5433	2021/10/13	2022/2/6	14	0	0	0	1	0
40-2-2046-5507	2021/10/14	2022/2/6	13	0	0	0	0	0
40-2-2046-5536	2021/10/14	2022/2/6	13	0	0	0	1	0
40-2-2046-5777	2021/10/14	2022/2/6	13	0	0	0	1	0
40-2-2048-6136	2021/10/12	2022/2/6	13	0	1	0	0	0
40-2-2048-6146	2021/10/14	2022/2/6	13	0	0	0	0	0
40-2-2048-6165	2021/10/14	2022/2/6	14	0	0	0	1	0
40-2-2049-6356	2021/10/13	2022/2/6	13	0	0	0	0	0
40-2-2049-6390	2021/10/14	2022/2/6	12	0	0	0	0	0
40-2-2049-6455	2021/10/14	2022/2/6	12	0	0	0	0	0
40-2-2050-6577	2021/10/14	2022/2/6	15	0	0	0	1	0
40-2-2050-6734	2021/10/14	2022/2/6	14	0	0	0	0	0
40-2-2051-6810	2021/10/14	2022/2/6	12	0	0	0	0	0

续表

40-2-2051-6826	2021/10/14	2022/2/6	13	1	0	0	0	0
40-2-2051-6955	2021/10/14	2022/2/6	14	0	0	0	1	0
40-2-2046-5491	2021/10/15	2022/2/7	13	0	0	0	1	0
40-2-2046-5509	2021/10/13	2022/2/7	12	0	0	0	0	0
40-2-2046-5580	2021/10/15	2022/2/7	14	1	0	0	0	0

二、统计项目

(1) 计算窝产仔数　窝产仔数是指猪平均每胎产仔总数(包括死胎和死产),一般用平均数表示,是评定猪群繁殖性能的重要指标。

$$窝产仔数=\frac{产房总产仔数(包含死胎和死产)}{产仔胎数}$$

(2) 计算窝产活仔数　窝产活仔数是指猪群平均每胎所产活仔数,真实反映猪群增长情况。

$$窝产活仔数=\frac{产房该批次产活仔数}{产仔胎数}$$

(3) 仿上述公式统计窝平健仔数、窝平弱仔数、窝平畸形数、窝平死胎数、窝平木乃伊数。

三、小组讨论

根据统计结果,分小组讨论该猪场的繁殖水平以及可能存在的问题。

四、作业

根据统计结果填写表 7-6。

表 7-6　某猪场 6 号产房繁殖记录表　　单位:头

年/月	窝数	总仔	窝产仔数	窝产活仔数	窝平健仔数	窝平弱仔数	窝平畸形数	窝平死胎数	窝平木乃伊数

展示与评价

母猪繁殖力的统计评价单

<table>
<tr><td>技能名称</td><td colspan="5">母猪繁殖力的统计</td></tr>
<tr><td>专业班级</td><td></td><td>姓名</td><td></td><td>学号</td><td></td></tr>
<tr><td>完成场所</td><td></td><td>完成时间</td><td></td><td>组别</td><td></td></tr>
<tr><td>完成条件</td><td colspan="5">场所:机房
材料:某猪场繁殖数据
工具:计算机</td></tr>
<tr><td>操作过程描述</td><td colspan="5">自建 Excel 表格,将数据进行整理并录入,再利用 Excel 表格进行统计分析</td></tr>
</table>

续表

<table>
<tr><td>操作照片</td><td colspan="4">操作过程或项目成果照片粘贴处</td></tr>
<tr><td rowspan="4">任务评价</td><td>小组评语</td><td>小组评价</td><td>评价日期</td><td>组长签名</td></tr>
<tr><td></td><td></td><td></td><td></td></tr>
<tr><td>指导教师评语</td><td>指导教师评价</td><td>评价日期</td><td>指导教师签名</td></tr>
<tr><td></td><td></td><td></td><td></td></tr>
</table>

考核标准	优秀标准	合格标准	不合格标准
	1. 操作规范，安全有序 2. 步骤正确，按时完成 3. 全员参与，分工合理 4. 结果准确，分析有理 5. 保护环境，爱护设施	1. 基本规范 2. 基本正确 3. 部分参与 4. 分析不全 5. 混乱无序	1. 存在安全隐患 2. 无计划，无步骤 3. 个别人或少数人参与 4. 不能完成，没有结果 5. 环境脏乱，桌面未收

扫码学课件
任务 7-2

任务二 繁殖障碍

任务分析

繁殖障碍任务单

<table>
<tr><td>任务名称</td><td>繁殖障碍</td><td>参考学时</td><td>1 学时</td></tr>
<tr><td>学习目标</td><td colspan="3">1. 掌握动物繁殖障碍产生的原因。
2. 了解动物繁殖障碍的种类，掌握常见繁殖障碍性疾病的主要特征。</td></tr>
<tr><td>完成任务</td><td colspan="3">1. 能够对猪、牛、羊、马、犬等动物常见繁殖障碍进行分析和诊断。
2. 能够正确制订母畜子宫内膜炎的治疗方案并能熟练操作。</td></tr>
<tr><td>学习要求
（育人目标）</td><td colspan="3">1. 具有“三勤四有五不怕”的专业精神。
2. 具有遵守规范、严格程序、安全操作的专业意识。
3. 具有胆大心细、敢于动手的工作态度。
4. 能够理论与生产实际紧密结合，具体问题具体分析。
5. 树立珍爱生命、无私奉献的医者精神。
6. 坚持理论从实践中来，再到实践中去的认知规律，提升归纳总结的能力。</td></tr>
<tr><td rowspan="2">任务资讯</td><td>资讯问题</td><td colspan="2">参考资料</td></tr>
<tr><td>1. 什么是繁殖障碍？引发动物繁殖障碍的原因有哪些？
2. 简述雌性动物繁殖障碍的种类。
3. 简述猪子宫内膜炎的形成原因及诊治方法。</td><td colspan="2">1. 线上学习平台中的 PPT、图片、视频及动画。
2. 倪兴军. 动物繁育[M]. 武汉：华中科技大学出版社，2018。</td></tr>
</table>

续表

	知识考核	能力考核	素质考核
考核标准	1. 查阅相关知识内容和有关文献，完成资讯问题。 2. 准确完成线上学习平台的知识测验。 3. 任务单学习和完成情况。	1. 能够对猪、牛、羊、犬等动物常见繁殖障碍进行分析和诊断。 2. 能够正确冲洗母畜子宫。	1. 遵守学习纪律，服从学习安排。 2. 积极动手实践，观察细致认真。 3. 操作规范、严谨。
	结合课堂做好考核记录，按项目进行评价，考核等级分为优秀、良好、合格和不合格四种。其中优秀为85～100分，良好为75～84分，合格为60～74分，不合格为60分以下。		

任务知识

繁殖障碍是指动物生殖机能紊乱和生殖器官畸形以及由此引起的生殖活动的异常现象，如公畜性无能、精液品质降低或无精，母畜乏情、不排卵、胚胎死亡、流产和难产等。繁殖障碍严重地影响畜群的增殖和改良，应予以充分的重视和解决，对畜牧业发展具有重要的实际意义。

一、引起繁殖障碍的原因

（一）先天性疾病

公畜的隐睾症、睾丸发育不良、阴囊疝和母畜的生殖器官先天性畸形以及雄性和雌性动物的染色体嵌合等遗传疾病均可引起雄性不育和雌性不孕。

（二）饲养因素

饲养因素引起动物繁殖障碍主要表现在以下几方面。

1. 营养水平 营养水平与动物生殖既有直接关系，也有间接关系。直接作用可引起细胞发育受阻和胚胎死亡等；间接作用通过影响动物的生殖内分泌活动而影响生殖。营养水平过低，导致动物生长发育不良，可使初情期延迟，公畜精液品质降低，母畜乏情或配种后胚胎发生早期死亡。此外，母畜营养不良时，胎衣不下、难产等产科疾病的发病率增高，泌乳力下降，仔畜成活率低。营养水平过高也可引起繁殖障碍，主要表现为性欲降低，交配困难。此外，母畜如果膘情过肥，可使胚胎死亡率增高、护仔性减弱、仔畜成活率降低。

饲草和饲料中的维生素、矿物质等营养物质对动物生殖活动有直接作用。例如：维生素A和维生素E对提高精液品质、降低胚胎死亡率有直接作用；矿物质碘、锌和硒等缺乏时，精子发生和胚胎发育等均受影响（表7-7）等。

表7-7 维生素和矿物质对动物繁殖机能的影响

维生素或矿物质	出现症状
维生素A缺乏	猪、鼠胚胎发育受阻，产仔数降低，阴道上皮角质化，胎衣不下，子宫炎
维生素E缺乏	精子生成受阻，精子密度下降，异常精子增多，活性降低
维生素D缺乏	受胎率降低，死胎，胚胎发育受阻，禽产蛋量和孵化率降低，公畜精液品质下降
核黄素缺乏	母畜繁殖力降低，公畜授精力降低，严重者永久性不育
生物素缺乏	鸡孵化率降低，胚胎畸形率增加
钙缺乏	猪繁殖性能受影响
钙、磷比例失调	子宫复原推迟，黄体小，卵巢囊肿，胎衣不下，卵巢萎缩，性周期紊乱、乏情或屡配不孕，胚胎发育停滞、畸形，流产，子宫内膜炎，子宫脱出，乳腺炎等
碘缺乏	繁殖力降低，睾丸变性，初情期推迟，黄体小，乏情，弱胎或死胎，受胎率降低

续表

钠缺乏	生殖道黏膜炎症，卵巢囊肿，性周期异常，胎衣不下等
锰缺乏	乏情，不孕，流产，卵巢萎缩，难产
铜缺乏	乏情，性欲下降，睾丸变小，繁殖力降低
钴缺乏	公畜性欲降低，母畜初情期推迟、卵巢静止、流产、胎儿生活力降低、死亡率增加，胎衣不下
硒缺乏	胎衣不下，流产，胎儿生活力降低或死亡
锌缺乏	卵巢囊肿，发情异常；睾丸发育延迟或萎缩

2. 饲料中的有毒有害物质 某些饲料本身存在对动物生殖系统有毒性作用的物质，如大部分豆科植物中存在植物激素，主要为植物雌激素，对公畜的性欲和精液品质都有不良影响，造成配种受胎率下降，可引起母畜卵泡囊肿、持续发情和流产等；棉籽饼中含有的棉酚，对精子的毒性作用很强，并可引起精细管发育受阻而导致雄性不育，影响母畜卵子的受精与胚胎正常发育，可使胚胎成活率和受胎率降低；菜籽饼中含有硫葡萄糖苷毒素，用含有10%～12%未脱毒菜籽饼的饲料和不含菜籽饼的饲料饲喂种公猪进行对比试验，结果发现试验组的精子活力和密度显著降低，畸形率显著升高，配种后的受胎率显著降低和窝产仔数显著减少。

（三）环境因素

高温和高湿环境不利于精子生成和卵泡的发育及胚胎发育，对公、母畜的繁殖力均有影响。绵羊和马为季节性繁殖动物，在非繁殖季节公畜无性欲，即使用电刺激采精方法采集精液，精液中的精子数也很少。母畜在非繁殖季节卵泡不发育，处于乏情状态，卵巢静止。猪对气候环境的敏感性虽不如绵羊和马明显，但也受影响。调查北京地区900头杂种母猪的繁殖记录，发现月平均气温和湿度最高的8—9月，猪的受胎率（平均68.7%）和窝产仔数（平均9.3）最低。

（四）管理因素

发情鉴定不准、配种不适时是引起动物繁殖障碍的重要管理因素。某些动物如水牛的发情表现不明显；加上水牛喜好泡在水中，更不便于观察外阴变化情况，易导致水牛发情而未及时配种。在黄牛和奶牛人工授精中，大多数配种员都已熟练掌握输精技术，但真正掌握牛的卵泡发育规律，并能根据直肠触摸卵巢方法准确进行发情鉴定的配种员数量不多，这是配种受胎率降低的原因之一。

在母畜妊娠期间，如果管理不善，造成妊娠母畜跌倒、挤压、使役过度、长途运输、惊吓或饲喂冰冻的青贮饲料及饮冷水等，易导致流产。母畜分娩时，如果得不到及时护理，易发生难产和幼畜被压死、踩死或冻死等。采精或配种时，如果操作不当，易损伤公畜阴茎，造成阳痿等。

（五）疾病因素

生殖器病原微生物感染是引起动物繁殖障碍的重要原因之一。母畜生殖道可成为某些病原微生物生长繁殖的场所。被感染的动物有些可表现出明显的临床症状，有些则为隐性感染而不出现外观变化，但可通过自然交配传染给公畜，或在阴道检查、人工授精过程中由于操作不规范而传播给其他母畜，有些人畜共患病还可传染给人。某些疾病还可通过胎盘传给胎儿（垂直感染），引起胎儿死亡或传播给后代。此外，感染的孕畜流产或分娩时，病原微生物可随胎儿、胎水、胎膜及阴道分泌物排出体外，进而在群体中传播。公畜感染后，病原微生物能寄生于包皮或生殖器官内，从而使公畜成为带菌者。如果精液被污染，危害性更大。

二、雄性动物繁殖障碍

（一）睾丸发育不全

睾丸发育不全是指公畜一侧或双侧睾丸的全部或部分曲精细管生精上皮不完全发育或缺乏生精上皮，间质组织可能维持基本正常。所有动物均可能发生睾丸发育不全，发病率在一些牛群中可达20%，在一些猪群中可达60%。

1. 病因 睾丸发育不全大多数是由隐性基因引起的遗传疾病或是由于非遗传性的染色体组型异常所致。一般是多了一条或多条 X 染色体，额外的 X 染色体抑制双侧睾丸发育和精子生成，使公牛呈现克氏综合征症状。由于公牛到初情期睾丸才得到充分发育，在此之前因营养不良、阴囊脂肪过多和阴囊系带过短也可引起睾丸发育不良。

2. 症状 发生本病的公牛在出生后生长发育正常，周岁时生长发育指标也能达到标准，第二性征、性欲和交配能力也近正常，但睾丸小，质地软，缺乏弹性，精液呈水样，无精或少精，精子活力低，畸形精子百分比高。有的病例精液虽质量较好，但受精率低。

3. 诊断 根据睾丸大小、质地及精液检查结果，参考配种记录，在初情期即可初步诊断。睾丸活组织检查和死后剖检，睾丸完全缺乏生殖细胞，仅有一层没有充分分化的支持细胞，间质组织比例增加；精子生成抑制型者表现为不完全的生殖细胞退化，生精过程常终止在初级精母细胞或精细胞，几乎都不能发育到正常精子阶段。生殖细胞低抵抗力型的个体，曲精细管出现不同程度的退化，虽有正常形态精子生成，但精子质量差，不耐冷冻和储存。

4. 处理 本病具有很强的遗传性，可考虑将患牛去势后用于育肥或使役。即使患牛精液有一定的受胎率，但发生流产和死产的比例较高。

（二）性欲缺乏

性欲缺乏又称阳痿，是指公畜在交配时性欲不强，以致阴茎不能勃起或不愿意与母畜接触。公马和公猪较多见，其他动物也常发生。

生殖内分泌机能失调引起的性欲缺乏，主要表现在雄激素分泌不足或畜体内雌激素含量过多，可肌内注射雄激素、hCG 或 GnRH 类似物进行治疗。雄激素（丙酸睾酮或苯乙酸睾酮）的用量马和牛为 100～300 mg，羊和猪 10～25 mg，隔日一次，连续使用 2～3 次。hCG 的用量牛和马为 3000～5000 IU，促排 2 号的用量为 100～300 μg。值得注意的是，激素用量不宜过大，使用时间不宜过长，以免引起激素发生负反馈调节而抑制自身激素的分泌。实践证明，环境的突然改变、饲养场所和饲养员的更换、饲料中严重缺乏蛋白质和维生素、采精技术不佳、对公畜粗暴或鞭打、过于肥胖等，都会引起性欲不强。

（三）精液品质不良

精液品质不良是指公畜射出的精液达不到使母畜受精所要求的标准，主要表现有量少、无精子、死精子、精子畸形和活力不强等。此外，精液中带有脓液、血液和尿液等，也是精液品质不良的表现。

引起精液品质不良的因素包括气候恶劣（高温、高湿）、饲养管理不善、遗传病变、生殖分泌机能失调、感染病原微生物以及精液采集、稀释和保存过程中操作失误等。

采精频率影响精液产量和质量。比较大约克等引进猪种及杂种间隔 1 天、2 天和 6 天采精一次的精液品质，发现采精间隔时间愈长，每次射精总量、精子密度、原精活力和有效精子数增加，但每周生产的有效精子总数降低。

总之，引起精液不良的因素十分复杂，所以在治疗时首先必须找出发病原因，然后针对不同原因采取相应措施。对于饲养管理不良所引起的精液品质不良，应及时改进饲养管理措施如提高日粮标准、增加饲喂量、增加运动、改善饲料品质；若精液品质不良是因饲料品质所引起，应及时停喂，暂停配种或采精等。

由于疾病而继发的，应针对原发病进行治疗。属于遗传性原因，应及时淘汰。

（四）睾丸炎及附睾炎（阴囊积水）

睾丸炎和附睾炎通常由物理性损伤或病原微生物感染所引起。

1. 病因

（1）由损伤引起感染 常见的损伤主要有打击、啃咬、尖锐硬物刺伤等，继而由葡萄球菌、链球菌和化脓杆菌等引起感染，多见于一侧。

（2）血行感染 某些全身感染如布鲁氏菌病、结核病、放线菌病、鼻疽、腺疫沙门氏菌病等可通

过血行感染引起睾丸炎。另外，衣原体、支原体和某些疱疹病毒也可以经血流引起睾丸感染。

（3）炎症蔓延　睾丸附近组织或鞘膜炎症蔓延，副性腺细菌感染沿输精管道蔓延均可引起睾丸炎。附睾和睾丸紧密相连，常同时感染和互相继发感染。

2. 症状

（1）急性睾丸炎　睾丸肿大、发热、疼痛、阴囊发亮。公牛站立时弓背、后肢拖沓，步态强拘，拒绝爬跨。触诊时可发现睾丸紧张、鞘膜腔内有积液、精索变粗，有压痛。病情严重者体温升高、呼吸浅表、脉频、精神沉郁、食欲减少；并发化脓感染者，局部和全身症状加剧。在个别病例中，脓汁可沿鞘膜管上行入腹腔，引起弥漫性化脓性腹膜炎。

（2）慢性睾丸炎　睾丸不表现出明显的热痛症状，睾丸组织纤维变性、弹性消失、硬化、变小，产生精子的能力逐渐降低或消失。

3. 病理变化　炎症引起的体温升高和局部组织温度升高以及病原微生物释放的毒素和组织分解产物都可以造成生精上皮的直接损伤。睾丸肿大时，由于白膜缺乏弹性而产生高压，睾丸组织缺血而引起细胞变性。各种炎症损伤中，首先受影响的主要是生精上皮；其次是支持细胞，只有在严重急性炎症情况下，睾丸间质细胞才受到损伤。据测定，在轻度、重度和最重度 3 组睾丸炎中，只有最重度睾丸炎患牛的睾酮水平下降。

4. 治疗　急性睾丸炎患牛应停止采精，安静休息。发病早期可进行冷敷，后期可温敷，加强血液循环，使炎症渗出物消散在局部，涂擦鱼石脂软膏、复方醋酸铅散，阴囊可用绷带吊起，全身注射抗菌药物。在精索区注射盐酸普鲁卡因青霉素溶液（2%的盐酸普鲁卡因 20 mL，青霉素 80 万 IU），隔日 1 次。

（五）精囊腺炎

1. 病因　精囊腺炎常见于公牛，发病率 0.8%～4.2%，小公牛发病率可达 2.4%。精囊腺炎的病理变化往往波及壶腹部、附睾、前列腺、尿道球腺、尿道、膀胱、输尿管、肾等器官，这些器官的炎症也可引起精囊腺炎。精囊腺炎的病原微生物包括细菌、病毒、衣原体和支原体，主要经泌尿生殖道上行引起感染，某些病原微生物可经血源引起感染。

2. 临床症状　公牛由病毒或支原体引起的感染常在急性期后症状减退。但如果继发细菌感染，或单纯由细菌感染所致，症状很难自行消退，并可能引起精囊腺炎综合征。患牛精囊腺病灶周围炎性反应可能引起局限性腹膜炎，体温在 39.4～41.1 ℃，食欲减退，瘤胃活动减弱，腹肌紧张，拱腰，不愿移动，排粪时有痛感，配种时精神萎靡或缺乏性欲。精液中带血并可见其他炎性分泌物。如果脓肿破裂，可引起弥漫性腹膜炎。

3. 诊断

（1）直肠检查　急性炎症期双侧或单侧精囊腺肿胀增大，分叶不明显，触摸有痛感，壶腹部也可能增大、变硬，慢性病例腺体纤维变性，腺体坚硬粗大，小叶消失，触摸痛感不明显；化脓性炎症其腺体和周围组织可能形成脓肿区，并可能出现直肠瘘管，由直肠排出脓汁，同时应注意检查前列腺和尿道球腺有无封锁痛感和增大。

（2）精液检查　精液中有无脓汁凝块或碎片，颜色是否异常。精子活力低，畸形精子增加，特别是尾部畸形精子更多。

（3）细菌培养　有条件时可对精液中病原微生物进行分离培养，并检测其抗药性。为了避免包皮鞘微生物对精液的污染，可采用阴茎尿道插管，结合精囊腺和壶腹的直肠按摩，直接收集副性腺的分泌物。

4. 治疗和预后　患牛精液可引起子宫内膜炎、子宫颈炎，并诱发流产。发病公牛应立即隔离，停止交配和采精。病情稍缓的患牛可能会自行康复，生育力可望保持。

治疗时，由于药物到达患病部位的浓度太低，必须采用对病原微生物敏感的磺胺类药物和抗生素，并使用大剂量，至少连续使用 2 周，有效者在 1 个月后可康复。

三、雌性动物繁殖障碍

雌性动物繁殖障碍在实际生产中更为复杂多见，包括发情、排卵、受精、妊娠、分娩和哺乳等生殖活动的异常，以及在这些生殖活动过程中由于管理不当所造成的繁殖机能丧失，是使雌性动物繁殖力下降的主要原因之一。引起雌性动物繁殖障碍的因素主要有遗传、后天功能障碍、生殖道疾病和产科疾病等。

（一）遗传性繁殖障碍

1. 器官幼稚型和畸形 母畜生殖器官幼稚型表现为卵巢和生殖道体积较小，功能较弱或无生殖功能。如卵巢的体积和重量过小，即使有卵泡存在，其直径也不超过 3 mm，这样的母畜即使到达配种年龄也无发情表现，偶有发情，但屡配不孕。

各种动物均有可能发生不同程度的生殖器官畸形，尤其是猪的畸形率较高，约有 1/2 的不孕猪有生殖器官畸形。虽然生殖道畸形动物有正常的发情周期和发情表现，但配种后不易受孕。生殖器官畸形常见以下几种情况。

(1) 子宫角异常 缺乏一侧子宫角，或者只有一条稍厚组织，没有管腔。

(2) 子宫颈畸形 缺乏子宫颈或子宫颈不通，有的具有双子宫颈或两个子宫颈外口。

(3) 阴道畸形 有的母牛阴瓣发育过度，致使阴茎不能插入阴道。

(4) 输卵管不通或输卵管与子宫角连接不通 多见于牛，这种牛发情正常，但屡配不孕，应予淘汰。

2. 雌雄间性 雌雄间性又称两性畸形。从解剖学上来看，该个体同时具有雌雄两性生殖器官，但都不完全。雌雄间性又分为真两性畸形和假两性畸形。如果某个体的生殖一侧为睾丸，另一侧为卵巢，或者两侧均为卵巢和睾丸的混合体即卵睾体，称为真两性畸形。真两性畸形在猪和山羊中比较多见，而牛和马极少发生。性腺为某一性别，而生殖道属于另一种性别的两性畸形，称为假两性畸形。如雄性假两性畸形的性腺均为睾丸，但生殖道无阴茎而有阴门；雌性假两性畸形的性腺有卵巢和输卵管以及肥大的阴茎，但无阴门。

3. 异性孪生母犊不育 异性孪生母犊中约有 95% 患不育症，主要表现为不发情，体型较大，外部检查发现阴门狭小，且位置较低，子宫角细小，卵巢小如西瓜籽。阴道短小，看不到子宫颈阴道部，摸不到子宫颈，乳房极不发达。

4. 种间杂交后代不育 种间杂交后代（如骡）往往无繁殖能力，这种杂种雌性个体虽然有时有性功能和排卵，但由于生物学上的某些缺陷，卵子不易受精，即使卵子受精，合子也不能发育。细胞遗传学研究发现，骡的染色体数目为单数（63 条），而且染色体在第一次成熟分裂时不能产生联合，这可能是引起杂种不育的遗传基础。

也有些种间杂种后代具有繁殖力，黄牛和牦牛的雌性杂种（母牦牛）或双峰骆驼和单峰骆驼的雌性杂种（具有一个长而低的驼峰）都有繁殖力。

（二）卵巢功能性障碍

1. 卵巢静止和萎缩 卵巢静止是由于卵巢功能受到扰乱而出现功能减退。直肠检查无卵泡发育，也无黄体存在，动物不表现发情，如果长期得不到治疗则可发展成卵巢萎缩，卵巢萎缩除在衰老时出现外，母畜瘦弱、生殖内分泌机能紊乱、使役过度等也能引起，另常继发于卵巢炎和卵巢囊肿。卵巢体积缩小而质地硬化，无活性，性功能减退，发情周期停止，长期不孕。

治疗此病常用药物是 FSH、hCG、PMSG 和雌激素等。用量可根据体重和病情按照制剂使用说明而定。

2. 持久黄体 动物在发情或分娩后，卵巢上长期不消退的黄体，称为持久黄体。持久黄体在组织结构和机体的影响方面，与妊娠黄体或黄体没有区别，同样可以分泌孕酮，抑制垂体促性腺激素的分泌，引起不育。此病常见于母牛，约占 20%。母牛的持久黄体呈蘑菇状突出于卵巢表面，质地比卵巢实质稍硬。母马发生持久黄体时，有时伴有子宫疾病。母猪持久黄体与正常黄体相似，但发生黄

Note

体囊肿时体积增大。

前列腺素及其合成类似物对治疗持久黄体有显著的疗效，90%以上的母牛在注射后3～5日内发情，如肌内注射15-甲基$PGF_{2\alpha}$ 2～4 mg就可治愈。此外，FSH、PMSG和GnRH类似物等，也可用于治疗持久黄体。

3. 卵巢囊肿 卵巢囊肿可分为卵泡囊肿和黄体囊肿两种。卵泡囊肿是由于发育中的卵泡上皮变性，卵泡壁变薄，或因结缔组织增生而变厚，卵细胞死亡，卵泡液增多，卵泡体积比正常成熟卵泡增大而形成肿胀的囊泡。黄体囊肿是由于成熟的卵泡未排卵，卵泡壁上皮黄体化，或者排卵后由于某些原因而黄体化不足，在黄体内形成空腔并蓄积液体而形成。

患卵泡囊肿的母畜，由于垂体大量持续地分泌FSH，促使卵泡过度发育，分泌大量雌激素，使母畜发情征状强烈，表现为不安、哞叫、拒食、追逐、爬跨其他母畜，被称为"慕雄狂"。卵泡囊肿多发生于乳牛，尤其是高产乳牛泌乳量最高的时期，猪、马、驴也可发生。黄体囊肿由于分泌孕酮，抑制垂体分泌促性腺激素，所以卵巢中无卵泡发育，因此母畜表现为长期的乏情。在直肠检查时，黄体囊肿大（7～15 cm），壁厚而软，感觉有明显的波动。临床上往往将成熟卵泡、卵泡囊肿及黄体囊肿相混淆，根据表7-8可以区分。

表7-8 正常卵泡、卵泡囊肿及黄体囊肿的区别诊断

指　标	正常卵泡	卵泡囊肿	黄体囊肿
卵巢大小/cm	3～7	6～10（单卵泡性） 0.5～3（多卵泡性）	7～18
对疼痛敏感性	有时有	无	有时有
发展过程	3～12天	数十天至数月不明显	出现快（数十小时）而消退慢（数十天至数年）
波动感	明显	不明显	较明显
壁的厚度	适中	薄，结缔组织增生时变厚坚硬	较厚
邻近区域质地	柔软	坚硬	较硬

治疗卵泡囊肿，可用促排2号或促排3号（LRH-A2、LRH-A3），牛和马肌内注300～500 μg。治疗黄体囊肿，牛和马肌内注射卵泡刺激素（FSH）6～7.5 mg，或肌内注射氯前列烯醇0.3～0.6 mg，宫内注射量为0.15～0.3 mg。

（三）生殖道疾病

1. 子宫内膜炎 子宫内膜炎是发生于子宫黏膜的炎症。各种动物均可发生，常见于乳牛、猪和羊，在生殖器官的疾病中所占的比例最大，它可直接危害精子的生存，影响受精以及胚胎的生长发育和着床，甚至引起胎儿死亡。

根据炎症的性质，子宫内膜炎分为急性和慢性两类。根据炎性渗出物的性质，慢性子宫内膜炎又可分为隐性、卡他性、卡他性脓性和脓性四种。

视频：子宫冲洗

（1）急性子宫内膜炎 主要发生在产后，由于分娩或助产过程中产道受到损伤，或因胎衣不下、子宫脱出及流产等，都会使子宫受到感染，引起内膜的急性炎症。患畜表现为体温升高、食欲不振、精神萎靡，排出的恶露呈暗红色，有臭味，甚至呈脓性分泌物。直肠检查可感到子宫角粗大，收缩反应弱或消失，严重时有疼痛感。

（2）慢性子宫内膜炎 往往由急性炎症转化而来，主要是因感染链球菌、金黄色葡萄球菌、大肠杆菌、单胞菌和支原体等非组织特异性病原。在一些组织特异性病原感染时也可并发子宫内膜的慢性炎症，如布鲁氏菌、结核分枝杆菌等。

①慢性卡他性子宫内膜炎：直肠检查可感到子宫角变粗，子宫壁增厚，弹性减弱，收缩反应微弱。患畜一般不表现全身症状，有时体温略升高，食欲及泌乳量略有降低；发情周期正常，但屡配不孕，或者发生胚胎早期死亡；阴道内积有絮状的黏液，偶有透明或混浊黏液流出，尤其是在卧下时或发情时

流出较多，冲洗子宫的回流液略混浊，含有絮状物。

②慢性卡他性脓性子宫内膜炎：子宫黏膜肿胀、充血、有脓性浸润，上皮组织变性、坏死、脱落，甚至形成肉芽组织瘢痕，部分子宫腺可形成囊肿。患畜有轻度全身反应，如精神沉郁，食欲减退，体温略高。发情周期异常，从阴门排出灰白色或黄褐色稀薄分泌物，并污染尾根、肛周和后肢下部。直肠检查发现子宫角增大，壁的厚薄和软硬程度不一，脓性分泌物多时出现波动感、卵巢上有黄体存在。

③慢性脓性子宫内膜炎：多由胎衣不下感染、腐败化脓引起。主要症状是从阴门流出灰白色、黄褐色浓稠的脓性分泌物，在尾根或阴门形成干痂。直肠检查子宫肥大而软，甚至无收缩反应。子宫冲洗回流液混浊，像面糊，带有脓液。

2. 子宫积水 慢性卡他性子宫内膜炎发生后，如果子宫颈管因黏膜肿胀而阻塞不通，以致子宫腔内炎症产物不能排出，使子宫内积有大量液体，称为子宫积水。

患有子宫积水的母畜往往长期不发情，不定期从阴道中排出棕黄色、红褐色或灰白色稀薄或稍黏稠的分泌物。在直肠检查触诊子宫时感到壁薄，有明显的波动感，两子宫角大小相等或者一端膨大，有时子宫角下垂无收缩反应。阴道检查有时可见到子宫颈膣部轻度发炎。

3. 子宫蓄脓 主要由化脓性子宫内膜炎引起，又称为子宫积脓。因子宫颈管黏膜肿胀，或黏膜粘连形成隔膜，使脓液不能排出，脓性分泌物积蓄在子宫内形成。

患子宫蓄脓的母畜，因黄体持续存在，所以发情周期终止，但没有明显的全身变化。当患畜发情或者子宫颈管疏通时，则可排出脓性分泌物。阴道检查往往发现阴道和子宫颈膣部黏膜充血、肿胀，子宫颈外口可能附有少量黏稠液体。在直肠检查时，发现子宫显著增大，与妊娠2～3个月的子宫相似。子宫壁各处厚薄及软硬程度不一致，整个子宫紧张，触诊有硬的波动或面团样感觉。当蓄积的液体量多、子宫显著增大且两侧对称时，子宫中动脉因供血压力增大出现类似妊娠的脉搏。

子宫疾病的治疗原则是恢复子宫张力和血液供应，促进子宫内积液的排出，抑制和消除炎症。冲洗子宫是治疗本病的有效方法。临床上一般采用先冲洗子宫，然后灌注抗生素的方法，冲洗液有高渗盐水（1%～10%NaCl溶液）、0.02%～0.05%高锰酸钾溶液、0.05%呋喃西林溶液、复方碘溶液（每100 mL溶液中含复方碘溶液2～10 mL），0.01%～0.05%新洁尔灭溶液，0.1%雷夫奴尔等。常用的抗生素有青霉素（40万～80万IU）、链霉素（0.5～1 g）、氯霉素（1～2 g）或四环素（1～2 g）等。值得注意的是，由于大部分冲洗液对子宫内膜有刺激性或腐蚀性作用，残留后不利于子宫的恢复，所以每次冲洗时应通过直肠辅助方法尽量将冲洗液排出体外。冲洗子宫可每天或隔日进行，用35～45 ℃的冲洗液效果较好。

4. 子宫颈炎 子宫颈炎是黏膜及深层的炎症，多数是子宫内膜炎和阴道炎的并发症，多由分娩、自然交配和人工授精的过程中感染所致。炎症分泌物直接影响精子的通过，所以往往造成不孕，阴道检查时可发现子宫颈阴道部松软、水肿、肥大呈菜花状，子宫颈变得粗大、坚实。继发于子宫内膜炎、阴道炎的病例，应参考治疗原发病的方案和方法；如果是单纯子宫颈炎，可采用将药物栓剂放入子宫颈口的方法治疗。

5. 输卵管炎 输卵管炎多继发于子宫或腹腔的炎症，可直接危害精子、卵子和受精卵而引起不孕。治疗多采用1%～2%NaCl溶液冲洗子宫，然后注入抗生素及雌激素以促进输卵管收缩，排出炎性分泌物，使输卵管、子宫得到净化，恢复生育能力。在输卵管发生轻度粘连时，采取输卵管通气法，有时也能奏效。

6. 阴道炎 阴道炎是阴道黏膜、阴道前庭及阴门的炎症。多因胎衣不下、子宫内膜炎及子宫或阴道脱出引起。发生阴道炎的母畜，黏膜充血肿胀，甚至有不同程度的糜烂或溃疡，从阴门流出浆液性或脓性分泌物，在尾部形成脓痂，个别严重的患畜往往伴有轻度的全身症状。治疗本病一般采用收敛药或消毒药冲洗阴道。

（四）产科疾病

1. 流产 母畜在妊娠期满之前排出胚胎或胎儿的病理现象称为流产。表现形式有早产和死产

两种。早产是指产出不到妊娠期满的胎儿，虽然胎儿出生时存活，但因发育不完全，活力低下，死亡率很高。死产是指在流产时从子宫中排出已死亡的胚胎或胎儿，一般发生在妊娠的中期和后期。

在妊娠早期，由于胎盘尚未形成，胚胎悬浮于子宫液中，死亡后发生组织液化，被母体吸收或者在母畜再发情时随尿排出而未被发现，此种流产称为隐性流产。隐性流产的发病率很高，猪、马、牛、羊均易发生，马有时可达20%～30%，牛有时可达40%～50%。

引起流产的原因很多。生殖内分泌功能紊乱和感染某些病原微生物，是引起早期流产的内在原因；管理不当，如过度拥挤、跌倒和外伤等，是引起后期流产的外在原因。通常按照流产的发生原因将其分为传染性流产、寄生虫性流产和普通流产。

2. 胎衣不下 各种动物在分娩后，如果胎衣在以下时间内不排出体外（马1.5 h，猪1 h，羊4 h，牛12 h），则可认为发生胎衣不下，也称为胎盘滞留。各种动物都可能发生胎衣不下，相比之下以牛最多，尤其在饲养水平较低或生双胎的情况下，乳牛胎衣不下的发病率一般在10%左右，个别牧场可高达40%。猪和马的胎盘为上皮绒毛膜型胎盘，胎儿胎盘与母体胎盘连接不如牛、羊的子叶型胎盘紧密，所以胎衣不下发生率较低。

除了饲养水平低和生双胎可引起胎衣不下外，流产、早产、难产、子宫扭转都能在产出或取出胎儿后因子宫收缩无力而引起胎衣不下。此外，胎盘发生炎症、结缔组织增生，使胎儿胎盘与母体胎盘发生粘连，也容易引起产后胎衣不下。

胎衣不下包括胎衣部分不下和胎衣全部不下。当胎衣全部不下时，胎儿胎盘的大部分仍与子宫黏膜连接，仅见一部分胎膜悬挂于阴门之外，易于判断。当胎衣部分不下时，胎衣的大部分已经排出体外，只有一部分胎衣残留在子宫内，从外部不易发现。牛胎衣部分不下诊断的主要依据是恶露的排出时间延长，有臭味，并含有腐败胎盘碎片。马在胎衣排出后，可在体外检查胎衣是否完整。猪的胎衣不下多为部分残留，患猪常表现为精神不安，体温升高，食欲减退，泌乳减少，喜喝水；阴门内流出红褐色液体，内含胎盘碎片。检查排出的胎盘上脐带断端的数目是否与胎儿数目相符，可判断猪的胎衣是否完全排出。

对于胎衣不下的治疗主要采取注射催产素、手术剥离以及抗生素预防感染等手段，应加强处理后的饲养管理，以最大限度恢复母畜的繁殖力。

任务三　提高动物繁殖力的措施

扫码学课件
任务 7-3

任务分析

提高动物繁殖力的措施任务单

任务名称	提高动物繁殖力的措施	参考学时	1学时
学习目标	掌握提高动物繁殖力的主要措施。		
完成任务	利用场里的档案数据，进行整理归纳，再利用电子表格进行统计分析并对动物繁殖力进行评定，分析存在的问题，总结提高繁殖力的措施。		
学习要求（育人目标）	1. 具有"三勤四有五不怕"的专业精神。 2. 具有遵守规范、严格程序、安全操作的专业意识。 3. 具有胆大心细、敢于动手的工作态度。 4. 能够理论与生产实际紧密结合，具体问题具体分析。 5. 坚持理论从实践中来，再到实践中去的认知规律，提升归纳总结的能力。		

续表

<table>
<tr><td rowspan="2">任务资讯</td><td colspan="2">资讯问题</td><td>参考资料</td></tr>
<tr><td colspan="2">简要说明提高动物繁殖力的主要措施。</td><td>1. 线上学习平台中的PPT、图片、视频及动画。
2. 倪兴军. 动物繁育[M]. 武汉：华中科技大学出版社，2018。</td></tr>
<tr><td rowspan="3">考核标准</td><td>知识考核</td><td>能力考核</td><td>素质考核</td></tr>
<tr><td>1. 查阅相关知识内容和有关文献，完成资讯问题。
2. 准确完成线上学习平台的知识测验。
3. 任务单学习和完成情况。</td><td>能够正确计算动物的繁殖力各项指标，并通过对比进行评价。</td><td>1. 遵守学习纪律，服从学习安排。
2. 积极动手实践，观察细致认真。
3. 操作规范、严谨。</td></tr>
<tr><td colspan="3">结合课堂做好考核记录，按项目进行评价，考核等级分为优秀、良好、合格和不合格四种。其中优秀为85～100分，良好为75～84分，合格为60～74分，不合格为60分以下。</td></tr>
</table>

任务知识

动物繁殖是动物生产的重要环节之一，与动物饲养、管理、遗传育种、疾病防治的关系十分密切。提高动物繁殖力的最终目标是最大限度地减少种公畜和种母畜的饲养量，增加生产畜群的饲养量，降低成本，以提高畜产品产量和质量，从而提高畜牧生产的经济效益。因此，提高畜群繁殖力的措施必须综合考虑上述因素，从提高公畜和母畜繁殖力两方面着手充分利用现代化繁殖新技术，挖掘优良公畜、母畜的繁殖潜力。

一、加强种畜的选育

在新品种或新品系选育过程中应重视繁殖特性。繁殖性状的遗传力虽然较低，但其对畜牧业经济的影响不容忽视。从长远的角度分析，繁殖力是种群特性稳定延续的基础，畜牧生产中必须予以重视。选育过程中应侧重公畜的精液品质和受精能力，母畜的排卵率和胚胎成活率等，及时发现并淘汰有遗传缺陷以及老、弱、病、残等生殖缺陷的个体，确保繁殖群的活力。

二、加强母畜的繁育管理

1. 提高适繁母畜在群体中的比例 母畜是繁殖的基础，母畜的数量越大，畜群的繁殖速度就越快，一般适繁母畜应占群体的50%～70%。

2. 做好发情鉴定和适时配种 准确的发情鉴定是掌握适时配种的前提，是提高繁殖力的重要环节。不同动物有不同的发情特点，通过发情鉴定可以推测它们的排卵时间，然后决定配种时间，以保证已获能的精子与受精力强的卵子相遇，结合完成受精。大家畜的发情鉴定方法，目前准确性最高的还是通过直肠触摸卵巢上卵泡的发育情况。而小家畜则用公畜结扎输精管的方法进行试情效果最佳。此外，同时结合应用酶免疫测定技术测定乳汁、血液和尿液中的雌激素和孕酮水平，进行发情鉴定的准确性也很高，而且操作方便，结果判断客观。

输精部位对母畜的受精率有较大影响，牛、马、驴和猪等的受精部位以子宫体内为宜，绵羊、山羊、犬、兔等的输精部位以子宫颈内为宜。输精时的动作不可粗暴，避免损伤母畜的生殖器官引起出血感染，进而引起配种失败。

3. 减少胚胎死亡和防止流产 胚胎死亡是影响产仔数等繁殖力指标的一个重要因素。研究认为，牛一次配种后的受精率在70%～80%，但最后产犊率只有50%，其原因是早期胚胎死亡。猪和羊的早期胚胎死亡率也非常高，达到20%～40%，马的胚胎死亡率为10%～20%。胚胎死亡的原因比较复杂，精子异常、卵子异常、激素失调、子宫疾病及饲养管理不当等均可能引起。对于妊娠后期

的母畜,相互挤斗、滑倒、使役过度和管理不当等是流产的主要原因。因此,必须规范操作技术,加强饲养管理,以减少胚胎的死亡和防止流产。

三、提高公畜的配种功能

1. 提高公畜的配种能力 将公畜与母畜分开饲养,注意维护其健康的体质,采用正确的调教方法和异性刺激等手段,增强公畜的性欲,提高配种能力。对于性功能障碍的公畜可用雄激素进行调整,长时间调整得不到恢复和提高的公畜则必须淘汰。

2. 提高精液品质 加强饲养和合理使用公畜,是提高精液品质的重要措施。在平时的饲养过程中要注意公畜的营养需求,长期缺乏维生素和微量元素而引起公畜精液品质降低的现象在生产中常有发生。配种季节到来之前,应对种公畜进行检查,发现有繁殖障碍或精液质量差的个体应及时治疗或淘汰,用性欲旺盛、精液质量好的公畜进行配种。还要注意可用公畜在群体中的比例,比例过低或者母畜发情过于集中,易引起公畜使用过频,从而降低精液品质。对人工授精使用的精液,要严格进行质量检查,不合格的精液禁止用于配种。精液进行稀释前后不宜在室温下久置,而应避光、防震,在较低温度下保存。

四、加强饲养管理

1. 确保营养全面 营养缺乏、能量不足以及饲料搭配不合理是造成母畜不育的重要原因。如果营养不良,加上使役过度,生殖功能就会受到抑制。饲料过多且营养成分单纯,缺乏运动,可使母畜过肥,也不易受孕。例如,长期饲喂高蛋白饲料、脂肪或碳水化合物饲料时,可使卵巢内脂肪沉积,卵泡发生脂肪变性。

饲料中的维生素和矿物质对家畜的繁殖功能有重要影响,当饲料中的维生素 A、B 族维生素和维生素 E 等缺乏时,母畜的卵巢、子宫和胎盘等会出现各种病变,引起不孕不育。

2. 加强环境控制 母畜的生殖功能与光照、温度和湿度等外界因素的变化有密切关系。天气过于寒冷或炎热会影响其正常发情,受胎率也会下降。长途运输、环境骤变等应激反应,使生殖功能受到抑制,造成暂时性不孕。所以饲养场场址选择和畜舍建筑应充分考虑环境控制问题,还应注意夏季防暑降温、冬季防寒保暖。场址周边多栽种一些落叶乔木,除了美化环境外,还具有遮阴降温和减轻风沙的作用。

适量的运动对提高公畜的精液品质、维持公畜旺盛的性欲有较大的作用,应为公畜准备一定的运动场地。

饲养管理人员还要注意动物福利问题,不能粗暴对待动物,疼痛、惊恐等因素均可引起肾上腺素分泌增加,LH 分泌减少,催产素释放和转运受阻,进而影响动物的正常繁殖。

五、推广应用繁殖新技术

1. 全面推广人工授精及冷冻精液技术 人工授精的推广,可使公畜的繁殖效率大大提高。随着超低温生物技术的发展,人工授精技术对提高公畜利用率的作用更大。目前,人工授精技术在牛、猪、羊的生产应用中比较普及,应通过良种补贴政策加大推广应用的力度。

2. 推广应用能够提高母畜繁殖利用率的新技术 目前用于提高母畜繁殖利用率的新技术主要有同期发情技术、超数排卵和胚胎移植技术、胚胎分割技术、显微注射技术、卵母细胞体外培养及体外成熟技术、体外受精技术等。但值得注意的是,与常规繁殖技术相比,推广应用这些新技术的成本偏高,所以在应用这些繁殖技术时最好与育种结合起来,即应用这些繁殖技术提高优秀母畜的繁殖效率,以提高畜牧业生产的经济效益。

六、控制繁殖疾病

1. 控制与繁殖相关的普通病 与畜禽繁殖相关的普通病(营养代谢病、内科病、外科病和产科病等),如之前所述睾丸炎、卵巢囊肿、生殖道炎和胎衣不下等,多因饲养管理不当、技术操作不规范和环境不适等引起,由于影响因素复杂,涉及繁殖过程的各个环节,所以解决的办法也应是多方面的。

（1）畜舍的选址、结构和设施搭配合理，最大限度满足畜禽的生理需求。

（2）制定科学的饲养管理制度，不但要总结自身的管理经验，还要吸收引用先进国家的管理模式。

（3）提高管理人员和技术人员的素质，使繁育控制科学化，减少不必要的失误。

（4）大病的动物经过治疗后要重新评价其繁殖力。

2. 控制与繁殖相关的常见传染病与寄生虫病 当一些传染病与寄生虫病发生时会累及生殖器官，导致生殖障碍，如布鲁氏菌病、钩端螺旋体病、弧菌病及毛滴虫病等，引起妊娠母畜早期胚胎的丢失、死亡及不同阶段胎儿的流产。解决此类现象应注意平时的卫生管理，定期消毒，切断病原微生物传播途径。还要制定合理的免疫程序，按照实际需要进行预防接种，提高群体免疫力。疾病一旦发生要及时隔离治疗，若不能有效控制则应彻底淘汰，不能留为种用。

七、做好繁殖组织和管理工作

提高动物繁殖力的技术是技术工作和组织管理工作相互配合的综合技术，不单纯是技术问题，所以必须有严密的组织措施相配合。

（1）建立一支有事业心的技术队伍。

（2）定期培训、及时交流经验。

（3）做好各种繁殖记录。

扫码看答案

1. 什么是繁殖力？评价猪繁殖力的指标有哪些？
2. 影响动物繁殖力的因素有哪些？
3. 简述提高动物繁殖力的主要技术措施。
4. 简述雌性动物的繁殖障碍。
5. 某奶牛场年初存栏 100 头可繁母牛，年末有 94 头产犊，在 1 月、2 月和 3 月分别有 80 头、50 头和 17 头牛发情。假设受配率 100%，第一次配种后有 48 头受胎，第二次配种后有 35 头受胎，第三次配种后又有 11 头受胎。请计算该奶牛场第一情期受胎率和第二情期受胎率。

参考文献

[1] 杨利国.动物繁育新技术[M].北京:中国农业出版社,2019.

[2] 倪兴军.动物繁育[M].武汉:华中科技大学出版社,2018.

[3] 李凤玲.动物繁殖技术[M].北京:北京师范大学出版社,2011.

[4] 许美解,李刚.动物繁育技术[M].北京:化学工业出版社,2013.

[5] 王锋.动物繁殖学实验教程[M].北京:中国农业大学出版社,2006.

[6] 王锋.动物繁殖学[M].北京:中国农业大学出版社,2012.

[7] 徐相亭,秦豪荣.动物繁殖[M].北京:中国农业大学出版社,2008.

[8] 张忠诚.家畜繁殖学[M].北京:中国农业出版社,2004.

[9] 朱兴贵,王怀禹.畜禽繁育技术[M].北京:中国轻工业出版社,2016.

[10] 邱文然.禽生产[M].西安:西安交通大学出版社,2014.

[11] 周其虎.动物解剖生理[M].北京:中国农业出版社,2008.

[12] 倪兴军.养羊与羊病防治[M].重庆:重庆大学出版社,2015.

[13] 张响英,孙耀辉.动物繁殖技术[M].北京:中国农业出版社,2018.

[14] 马仲华.家畜解剖学及组织胚胎学[M].3版.北京:中国农业出版社,2005.

[15] 郑行.动物生殖生理学[M].北京:中国农业大学出版社,1994.

[16] 张洲.家畜繁殖[M].北京:中国农业出版社,2006.

[17] 潘和平,杨具田.动物现代繁殖技术[M].北京:民族出版社,2004.

[18] 赵兴绪.兽医产科学[M].5版.北京:中国农业出版社,2017.

[19] 刘小明.猪生产[M].武汉:华中科技大学出版社,2013.

[20] 解志峰.动物繁殖技术[M].北京:中国轻工业出版社,2013.

[21] 岳文斌.动物繁殖新技术[M].北京:中国农业出版社,2003.

[22] 徐占晨.浅谈种公猪精液的稀释、保存和运输[J].黑龙江动物繁殖,2009,17(2):46-47.

[23] 朱士恩.家畜繁殖学[M].6版.北京:中国农业出版社,2015.

[24] B. Hafez. Reproduction in Farm Animals[M]. 7th ed. Baltimore: Lippincott Williams and Wilkins, 2000.